JN094533

KYOTO
UNIVERSITY
PRESS

学術選書 097

チャールズ・H・ラングミューアー
宗林由樹 訳

生命の惑星 下

ウォリー・ブロッカー 著

ビッグバンから人類までの地球の進化

京都大学
学術出版会

口絵 25　オーストラリアの縞状鉄鉱床　図 16-0 も参照

1 cm

口絵 26　縞状鉄鉱床の試料　図 16-5 も参照

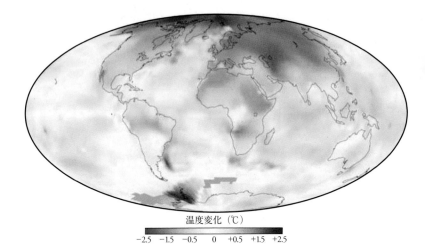

温度変化（℃）

-2.5 -1.5 -0.5 0 +0.5 +1.5 +2.5

口絵 27 2000〜2009 年の平均温度変化　図 20-6 も参照

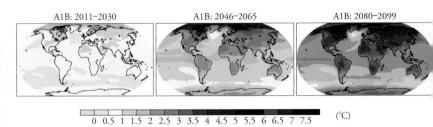

A1B: 2011-2030   A1B: 2046-2065   A1B: 2080-2099

0 0.5 1 1.5 2 2.5 3 3.5 4 4.5 5 5.5 6 6.5 7 7.5   （℃）

口絵 28 温度予測の全球地図　図 20-17 も参照

目　　次

第 13 章　表面に入植する　惑星過程としての生命の起源 ····　1

第 14 章 競争を生き抜く

第 15 章 表面にエネルギーを与える

第18章　気候に対処する　　自然の気候変動の原因と結果 ···· 155

第19章　ホモ・サピエンスの興隆

第20章　舵を取る人類　惑星の文脈における人類文明 …… 213

第21章　私たちはひとりぼっちか？
宇宙の生存可能性についての疑問 ························· 265

表面に入植する

惑星過程としての生命の起源

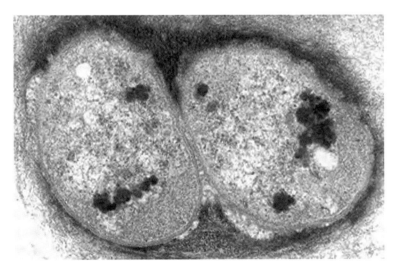

図 13-0：細菌細胞の分裂完了時の透過型電子顕微鏡写真．細胞膜が外部の物質と細胞質との境界を定めていることに注意．倍率 20,000 倍．（Image reprinted by permission from the author, M. Halit Umar, and the copyrightholder, © Microscopy UK or their contributors, Copyright 2000）

　生命はどのように始まったのか？　これは，地球史のうちで最もよくわかっていない問題である．35〜30億年前に原始生命が存在した証拠がある．しかし，状態のよい化石記録は，カンブリア紀が始まった5億4,300万年前以降，地球史の最近10％に限られる．生命が誕生した地球の最初期の直接的な記録は，まったく残っていない．そのため，生命の起源を理解するには，惑星の最も深い過去に隠された過程を推測する，注意深い捜査が必要である．

　最も重要な証拠は，生命それ自身から得られる．生命は，アルファ粒子核種である**炭素**（C）に依存している．炭素は，ばく大な多様性を持つ，巨大な三次元の分子を構築する．また，炭素は，多くの酸化状態を持ち，生命のエネルギー過程に不可欠な電子を容易に授受できる．その他の必須元素は，水素（H），酸素（O），窒素（N），および硫黄（S）である．これら5元素は，生物物質の98％以上を占める．リン（P）も重要な役割を果たすが，その濃度は低い．これらの元素は，恒星の元素合成によって豊富につくられた．水素および岩石をつくる重い元素の少数の例外を除けば，生物の化学組成は太陽とよく似ており，恒星内元素合成の法則が生命の発展に強く影響したことを示す．

　生命の起源がひとつであることは，すべての生物に共通性が存在することからあきらかである．すべての生物は，**細胞**からできている．生命の最古の証拠は**単細胞生物**であり，それは現在も生きている最も原始的な生物とよく似ている．現在のすべての細胞は，構築ブロックとして同じ分子のセットを含む．**炭水化物**，**脂質**，**アミノ酸**，および**核酸**である．アミノ酸は，特定のキラリティーを持つ．すなわち，それらは「左手型」である．また，すべての細胞は，同じ化学マシンを持つ．その中心は，DNAからRNAを経てタンパク質に至る経路である．この経路が，細胞の活動，DNAの遺伝の役割，およびアデノシン三リン酸（ATP）によるエネルギーの貯蔵と放出の過程を支配する．

　生命の単一性と時間を通しての漸進的変化は，**最初の共通祖先**の存在を指し示す．この原始的な細胞から，後のすべての生物が進化した．生命の起源は，この最初の細胞へとつながる過程の連続として見ることができる．これには，以下の過程が含まれる．（1）適切な物質状態にある構築ブロック分子の合成，（2）簡単な成分から複雑な分子の合成，（3）細胞内容物を

保持する外膜の発達，（4）キラリティーの選択，および（5）化学サイクルの自己複製．このうち最初の 3 つの過程には，あきらかな証拠がある．残りの過程には，その可能性を示す実例が見つかっている．

　生命は，しばしば「自然に逆らう」ものと見なされる．なぜなら，生命は秩序を増加させ，エントロピーを減少させるので，熱力学法則を破っているように見えるからである．また，生命は，多くの「鶏と卵」のパラドックスを持っている．秩序の増加が可能であるのは，生命が入れ子のシステムであり，太陽と地球から得られるエネルギーを変換しているからである．生命は，それが存在しないときに比べて，エネルギー変換を促進し，大きなシステムにおけるエントロピーのより速い生産を可能にする．「鶏と卵」の関係は，化学サイクルの漸進的な進化において，サイクルが互いに依存するようになったとすれば，必然的な結果である．持続性にも有利だろう．

　生命の誕生と進化は，太陽系の過程である．生命は，地球と太陽からエネルギーを得て，惑星のサイクルに完全に依存している．生命の起源は，それを可能にした惑星条件を理解しなければ解決できない．生命が効率的で自然な惑星過程であるならば，生命は宇宙にあまねく存在するだろう．

はじめに

　現在の地球は，生命に満ちている．顕微鏡のスケールで，そのほとんどが同定されていない数百万種の生物が，あらゆる生態学的地位（ニッチ，niche）を占めている．見たところ好ましくない環境である油田の塩水，毒性廃棄物の山，地殻深部の割れめなどにも生命は存在する．生命は，たいへん成功している．海水 1 mL は，1,000 万以上の微生物を含む．私たちの肌の 1 平方センチメートルは数百万の微小な細胞の動物園であり，それらの生物は私たちの老廃物によって生きている．これらすべての生物は，どこから来たのか？　生命はどのように始まったのか？　生命は惑星の偶然なのか，それとも正常な惑星機能の一部なのか？　生物は地球表面の受動的な乗客なのか，それとも惑星システムに必須の部分なのか？　生物は惑星の生存可能性に影響をおよぼし，惑星を改変したのか？　これからの章は，以上の問題を扱う．これらは，地球の生存可能性を理解する上で中心的な問題である．

● 生命と宇宙

　生命は，分子に基づく化学現象である．その内部，生物どうし，および環境との間で，複雑なサイクルを通して物質とエネルギーを輸送する．地球そのものと同じように，生命はシステムであり，第 1 章で述べた自然システムの特徴を有している．しかし，生命は，ダーウィンの進化にしたがう点で，他の自然システムと区別される．また，生物は，固体の惑星をつくっている岩石や金属とは基本的に異なる化学構造に基づいている．しかし，生物と岩石は，どちらも周期表の中央あたりにあるひとつの元素の化学挙動に依存している点で共通している．それらの元素は，4 価の原子価を持ち，三次元の結合をつくり，三次元の構築ブロックとなる．第 4 章で議論したように，岩石では 4 価の元素はケイ素 (Si) であり，基本的な構築ブロックはシリカ四面体 (SiO_4^{4-}) である．生物では 4 価の元素は炭素 (C) であり，その構築物はすべての生物の基礎となる有機分子である．炭素とケイ素は，どちらもアルファ粒子核種であり，宇宙に豊富に存在する．では，周期表の中央に存在する他の元素はどうだろうか？周期表の炭素とケイ素の下の元素は，ゲルマニウム (Ge) である．これも 4 価の原子価をとる元素であり，ゲルマニウム酸塩 (germanates, GeO_4^{4-}) と呼ばれる三次元分子の大きな集合をつくる．しかし，ゲルマニウムは，原子量が 72であり，質量数 56 の鉄 (^{56}Fe) よりも重いため恒星でわずかしかつくられない．ゲルマニウムは不揮発性元素であるが，その地殻存在度はたった 1 ppm に過ぎない．それは，ケイ素の 250,000 分の 1 である．恒星の元素合成過程が，ゲルマニウムを惑星過程の重要な材料から退けるのだ．

　炭素は，ケイ素に比べて 5 つの大きな長所を持つ．それは，より複雑な三次元構造，より多様な化学反応，およびより容易な化学輸送を可能にする．

(1) 通常の惑星条件で，炭素は他の元素と結合するだけでなく，炭素原子どうしでも結合する．炭素 – 炭素結合は，多くの有機化合物の骨格となる．

(2) 有機分子は，曲がり，折りたたまれ，タンパク質や DNA のような大きく複雑な三次元構造を形成する．これらの分子は，生命過程の中心

にある. 一方, ケイ酸塩鉱物は, 比較的硬く, 曲がらない.

(3) 炭素は, さまざまなありふれた分子をつくる. 炭素分子は, 同じ温度, 圧力において, 固体 (石灰岩, 木など), 液体 (アルコール, ガソリン, アセトンなど), または気体 (二酸化炭素 (CO_2), メタン (天然ガス, CH_4) など) となる. このことは, 固体, 液体, および気体のリザーバー間での炭素の輸送と交換を可能にする.

(4) 炭素は, 水 (H_2O) に可溶な化合物 (糖, アルコールなど) と不溶な化合物 (木, 油など) をつくり, 固体と液体の有機化合物の共存と交換を可能にする.

(5) 炭素は, 多様な酸化数を持ち (例えば, 二酸化炭素では +4 価, 単体の炭素では 0 価, メタンでは -4 価), エネルギーの流れと貯蔵を可能にする電子移動反応を起こす.

　炭素の結合の融通性のため, 有機分子の集合はケイ酸塩分子の集合よりもずっと大きい. 数百万の異なる有機分子が知られている (図 13-1). ケイ酸塩鉱物の種類は, 数千くらいである. ケイ酸塩と対照的に, 有機分子は, 変化と修飾においてほとんど無限の可能性を持つ. 異なる物質状態で存在できること, およびあるかたちでは流体中で不動であり, 別のかたちでは流体によって輸送されることは, 化学サイクルを可能にする. 電子伝達過程は, エネルギーを環境から集め (摂食あるいは光合成によって), 貯蔵し, 輸送する機能を生む. それは, 生物内部および生態系におけるエネルギーシステムを可能にする. 固体地球は, 数千年から数百万年という地質学的なタイムスケールで物質とエネルギーを輸送する. 固体地球は, 主に温度と圧力の変化に基づいて, 状態の変化とエネルギーの輸送を実現する. 一方, 有機分子は, 生命に適切なさまざまなタイムスケールで, 同じような機能を実現できる. 細胞中のエネルギー移動の時間は, マイクロ秒よりも短い. 食物の貯蔵と, 生態系を通しての物質とエネルギーの輸送の時間は, 数年から数十年にもおよぶ.

　宇宙の生命と地球の初期生命に関する最大の疑問は, 私たちとはまったく異なるかたちの (例えば, 炭素に基づかない) 生命がありえるかということである. そのような可能性を完全に排除することはできないが, これまでに述べた観点

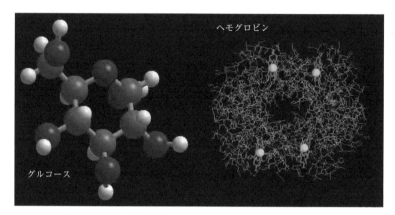

図 13-1：有機分子の球棒モデル．左は，グルコース $C_6H_{12}O_6$．24 原子からなり，分子量は 180．4 つの結合を持つ灰色の球が炭素原子である．右はヘモグロビン $(C_{738}H_{1166}N_{203}O_{208}S_2Fe)_4$．分子量は約 67,000．個々の細かい点が原子を示す．大きな灰色の球は，4 つの鉄原子である．ヘモグロビンは，異なる 20 種類を含む 574 個のアミノ酸でできている．(University of Arizona)

から，炭素以外の元素に基づく生命システムの可能性はきわめて低いと思われる．例えば，ケイ素に基づく生命は，炭素の生命に比べて，大きな不利を背負うだろう．実際，私たちが知る限られた例に基づいて考えると，恒星の元素合成によってつくられた元素の存在度，および周期表の元素の性質が直接的な結果を生ずる．ケイ素と鉄を中心元素とするケイ酸塩と金属は，岩石惑星の三次元構造をつくる．炭素を中心元素とする有機分子は，生物の構造をつくる．これらの元素は，宇宙で豊富につくられ，その基本的な原子構造に由来する特徴と三次元構造の構築能を持っている．

第 5 章で見たように，地球の元素存在度は，太陽と隕石の非気体元素の存在度と比べれば理解できる．固体地球の元素存在度は，元素の揮発性による違いはあるが，全体としてコンドライト隕石と一致している．このように考えると，鉄，マグネシウム (Mg)，ケイ素，および酸素 (O) の優勢を理解できる．これらの元素は，惑星の 90 ％以上を構成する．

固体惑星がたった 4 つの元素で支配されているように，有機生命も少数の元

素でほとんど構成されている．人体において，水素，酸素，および炭素は，原子数では 98 ％を占め，重量では 93 ％を占める．次に豊富な 3 つの元素は，窒素 (N)，硫黄 (S)，およびリン (P) である．有機分子の 99 ％は，これら 6 元素でできている．あきらかに，生物は，岩石や金属と根本的に異なる化学組成を持つ．私たちは，地球の破片の代表物からつくられているのではない．

しかし，宇宙的視点から生物の化学組成を見ると，水素，炭素，酸素，窒素，および硫黄の優勢は驚くに値しない．固体地球において，鉄，マグネシウム，ケイ素，および酸素が主要であることは，恒星内元素合成の間につくられる量と，惑星形成時の揮発性元素の損失を考え合わせると理解できる（表 5-5 参照）．同様に，私たちは生物の元素組成を理解できる．生物は，揮発性元素に依存しており，岩石に優先的に取り込まれる難揮発性の親石元素，およびコアに取り込まれる親鉄元素に乏しい．この観点から，周期表の初めの 28 元素を見直してみよう（表 5-5 参照）．水素は，宇宙で最も豊富な元素であり，生命にとってもきわめて重要である．ヘリウム (He) とその他の希ガスは，化学反応性に乏しいので，生命のような低温の化学システムにはほとんど取り込まれない．リチウム (Li)，ベリリウム (Be)，ホウ素 (B) は，ビッグバンの間にごく少量しかつくられなかった．次に最も豊富な元素は，元素合成の間につくられるアルファ粒子核種の ^{12}C と ^{16}O である．また，^{14}N は，周期表で ^{12}C と ^{16}O の間にある偶数質量数核種である．これら 3 つの核種は，元素合成によって豊富につくられ，生命において中心的役割を果たしている．フッ素 (F) とナトリウム (Na) は奇数質量数であり，ネオン (Ne) は希ガスである．マグネシウム，アルミニウム (Al)，およびケイ素は，豊富に合成されるが，難揮発性で親石性であるため岩石に取り込まれる．リンは，一見すると難しい．リンは，周期表でケイ素の次，窒素の下にあり，元素合成において相当量つくられるが，アルファ粒子核種や窒素に比べればずっと少ない．リンは生命に必須の有機分子に広く含まれるが，原子数では少量成分である．例えば，アデノシン三リン酸分子は，生物のエネルギー輸送において中心的役割を果たし，リン 3 原子と，炭素，水素，窒素，酸素の 44 原子を含む．リンの役割は重要であるが，その総量は小さい．生物に次に豊富に存在する元素である硫黄 (S) も，アルファ粒子核種である．硫黄も生命にとって中心的であるが，その相対存在度は低い．これは，硫黄が

8

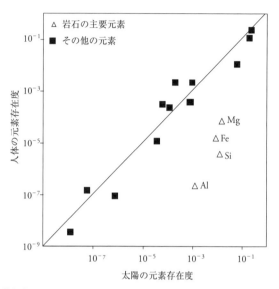

図 13-2：人体と太陽における Li, Be, B, C, N, O, F, Na, Mg, Al, Si, P, S, K, Ca, Fe の相対存在度の比較．値は H/1,000 に規格化してある．きわめて親石性の強い Si, Al, Mg と親鉄性の Fe を除くと，人体と太陽の元素の相対存在度は，だいたい一致している．

鉄と結合して，コアに取り込まれたためと考えられる．硫黄より重い残りの元素は，奇数質量数であるか，希ガス，あるいは親石的または親鉄的である．

　図 13-2 は，希ガスおよび岩石を形成する元素（鉄，マグネシウム，ケイ素，アルミニウム）を除く多くの元素について，太陽系存在度と人体存在度の間にほぼ比例関係があることを示す．生物の化学組成は，宇宙的な視野に立てば，おおむね合理的に説明できる．化学組成において，生物は固体地球と相補的である．固体地球は，太陽および太陽系の元素から，多くの揮発性元素を引いたものを代表する．生物は，太陽および太陽系の元素から，岩石と金属を生成し固体地球を形成する元素を引いたものを代表する．

　もちろん，H_2O や CO_2 のような少量物質が惑星システムで重要な役割を果たすように，鉄，カルシウム，亜鉛 (Zn) のような少量元素は生命システムに

おいてきわめて重要な役割を果たす．骨には，カルシウムが必須である．ヘモグロビンは，最も重要な成分として，中心に鉄を含む．酵素のおよそ半数は，重要な成分として金属原子を持っている．生命は，その化学組成において，完全に惑星のものであると言える．

生命の単一性

ほとんどの人にとって，私たちを取りまく生命の印象は，偉大な多様性である．古い食べ物に生えるカビ，セコイアスギ，牡蠣，コブラ，ゴキブリ，そしてヒトは，それぞれまったく違って見える．同時に，私たちはまったく異なるかたちの生物の間に，重要な共通性を見いだす．哺乳類は多くの共通の性質を持ち，顕花植物も多くの共通の性質を持っている．

私たちは生物の間に差異を見て，その多様性に驚くが，生物を顕微鏡レベルあるいは分子レベルで調べると，すべての生物が必須の特徴を共有していることがわかる．この事実により，生命の起源に関する疑問は，最も簡単な単細胞生物の起源の問題に還元される．その生物は，現在のすべての生物と同様に，必須の特徴を有していた．その特徴とは何だろうか？

生命は細胞である

すべての生物は，同じ特徴を持つ**細胞** (cells) からできている．単細胞の細菌であろうと，異なる 210 種類を含む数十兆個の細胞の集合体であるヒトであろうと，生命は細胞である[1]．図 13-3 は，この簡単な事実を図解している．菌類の細胞が，ヒトの体細胞と比べられている．どの生物を顕微鏡で調べても，すべてが細胞からできている．細胞は，膜によって外界との境界をつくり，膜を通して選択的な物質輸送を起こす．その内部では，同じような分子，化学反応，およびサイクルが，代謝と複製を行う．動物と植物の細胞には，重要な違いがある．植物細胞は外壁を持ち，その主成分はセルロースである．しかし，

---

1) ウイルスは，注目に値する例外である．しかし，ウイルスは，自己の複製を依存する細胞生物から独立して生きられない．

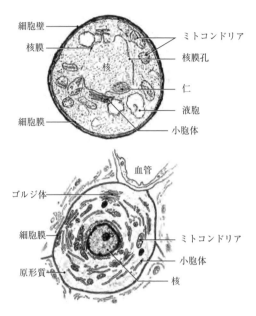

図 13-3：2つの真核細胞の比較. 上は, 菌類の細胞. 下は, ヒトの細胞. 細胞膜, 核, 細胞小器官, および原形質など, 外見と構造におおまかな類似性があることに注意.

共通性は, 差異よりもはるかに大きい.

すべての生物は同じ種類の分子を用いる

20世紀後半, 生物化学が進歩し, 生命を分子レベルで研究できるようになった. 生命の精密な研究は, すべての生物の間のさらに驚くべき共通性をあきらかにした. 原子レベルでは, 共通性はすべての生物をつくる少数の元素に現れる. 次に, これらの原子が結合し, H_2O, CH_4, アンモニア (NH_3), CO_2, リン酸 (H_3PO_4) のような少数の構築ブロックをつくる. さらに, これらのブロックが結合して, 膨大な多様性を持つ大きな**有機分子** (organic molecules) をつくる.

　大きな有機分子は，細かく見るときわめて多様であるが，4 種類の高分子に分類できる．それらは，すべての細胞に共通しており，細胞マシンの基本機能を果たしている．4 種類の高分子は，炭水化物，タンパク質，脂質，および核酸である．

　炭水化物（carbohydrates）は，細胞の活動のエネルギー源である．炭水化物は，水と炭素の化合物で，一般に化学式 CH_2O で表される．炭水化物は，次式のような**酸素発生型光合成**（oxygenic photosynthesis）の化学反応によりつくられる．

$$CO_2 + H_2O + エネルギー \rightarrow CH_2O + O_2 \tag{13-1}$$

ここで炭素原子の酸化数が CO_2 の ＋4 価から炭水化物 CH_2O の 0 価に変化し，酸素原子の酸化数が CO_2 と H_2O の －2 価から酸素分子 O_2 の 0 価に変化することに注意しよう．これは，電子が酸素原子から炭素原子に移動した結果である．このような**電子移動**（transfer of electrons）は，多くの有機反応の核心である．炭素原子は，4 つの電子を失うか，または 4 つの電子を得ることによって満たされた電子殻をつくるため，電子移動反応において特別な存在である．

　簡単な炭水化物である糖のグルコースは，化学式 $C_6H_{12}O_6$ で表され，固有の構造を持つ（図 13-1 参照）．フルクトースは，同じ化学式で表されるが，構造が異なる．フルクトースとグルコースが結合すると，スクロースをつくる．デンプンやセルロースのように，巨大で複雑な炭水化物もある．これらは，100 個以上の原子からできている．

　炭水化物の**酸化**（oxidation）は，細胞が利用できるエネルギーを放出する．その反応式は，例えば次のようである．

$$C_6H_{12}O_6 + 6\,O_2 \rightarrow 6\,CO_2 + 6\,H_2O + エネルギー \tag{13-2}$$

　有機炭素は CO_2 に変換され，電子は反応式 13-1 と逆向きに，炭素原子から酸素原子へ移動する．私たちは，暖炉で木を燃やすとき，この電子移動反応を利用して熱を得る．私たちのからだは，もっと制御されたかたちで炭水化物を「燃やし」て，細胞代謝に必要なエネルギーを得ている．

　脂質（Lipids）は，炭水化物よりも酸素が少なく，より還元された炭素を持つ．より多数の電子移動が可能であるため，より高い潜在的エネルギーがある．脂

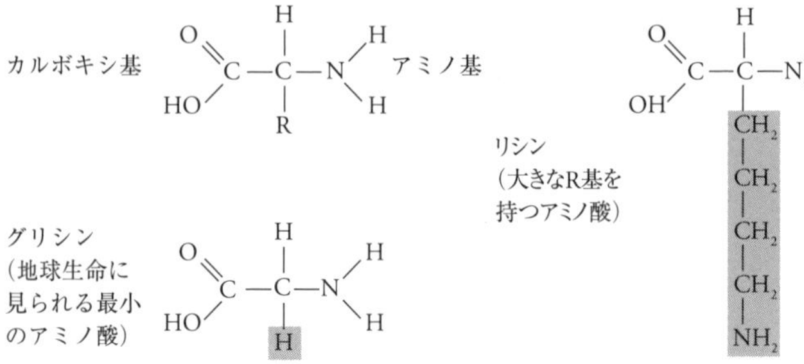

図 13-4：アミノ酸の構造式．アミノ基とカルボキシ基はすべてのアミノ酸に共通であり，R 基はアミノ酸ごとに異なる．R 基が水素のグリシンと，より大きいリシンを示す．

質は，1 分子あたりに高いエネルギーを貯蔵する上で，たいへん効率的である．私たちのからだは，炭水化物を脂質に変えることで，余分な食物エネルギーをコンパクトなかたちで貯蔵する．脂質は，動物の脂肪，植物の油である．また，脂質は，細胞膜の基本構造をつくる．

地球生命の**アミノ酸**（amino acids）は，**タンパク質**（proteins）の構築ブロックとなる 20 種類の分子である．アミノ酸は，特徴的な化学構造を持つ．中心の炭素原子は，アミノ基（NH_2），カルボキシ基（COOH），水素原子，および R 基と呼ばれる側鎖と結合している（図 13-4）．最初の 3 つの基は，すべてのアミノ酸に共通している．側鎖をつくる R 基の個性が，アミノ酸どうしの違いを生ずる．アミノ酸の化学式は，$H_2NCHRCOOH$ と表される．R 基は，疎水性（水と共存することを好まない）であることも，親水性（水に接することを好む．この種のアミノ酸は極性アミノ酸と呼ばれる）であることもある．アミノ酸の第三の種類は，荷電アミノ酸と呼ばれ，R 基は正または負の電荷を持つ．これらの種類の中で，個々のアミノ酸は異なるサイズとかたちを持つ．例えば，地球生命に見られるアミノ酸で最も大きくかつまれなものは，側鎖に 18 個の原子を含むトリプトファンである．最も簡単なアミノ酸はグリシン H_2NCH_2COOH であり，その R 基は水素原子である．実験室では，地球生命のタンパク質には含まれない多くの他のアミノ酸も合成されている．また，アミノ酸は，炭素質コンドライトに広く見いだされ，星間宇宙の分子合成におい

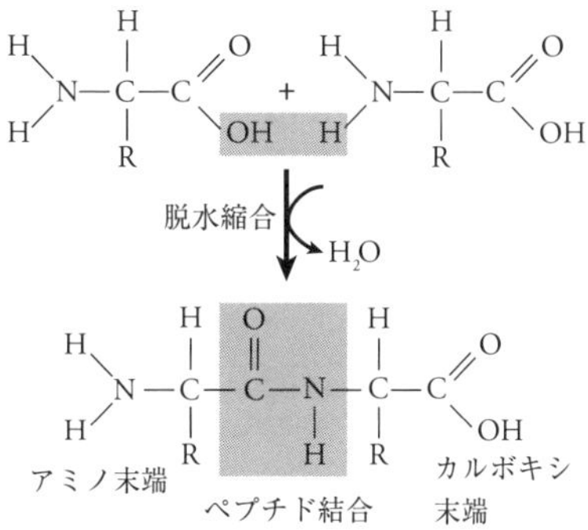

図 13-5：ペプチド結合反応．この結合により，アミノ酸はタンパク質をつくる．反応は脱水を含むことに注意．2 つのアミノ酸のアミノ基とカルボキシ基が結合するとき，水分子が除かれる．タンパク質は，一般にペプチド結合で結びついた数百のアミノ酸からなる．

ても主要な有機化合物である．

　アミノ酸の重要な点は，カルボキシ基とアミノ基が**ペプチド結合**（peptide bond）をつくることである（図 13-5）．アミノ酸に共通するこの能力が，巨大なタンパク質の合成を可能にする．タンパク質は，10,000 以上の種類があり，生物の基本構造，酵素，ホルモンなどに用いられる．それらは，酸素輸送，筋肉収縮，その他数えきれない代謝機能に含まれる．タンパク質が「言葉」であると考えれば，20 種類のアミノ酸はタンパク質のアルファベットである．その結合は，生物に見られる膨大な種類のタンパク質をつくる．きわめて複雑な分子が，アミノ酸からつくられる．例えば，ヘモグロビンは，化学式 $C_{2952}H_{4664}N_{812}O_{832}S_8Fe_4$ で表され，4 つの鉄原子を取り囲む 500 個以上のアミノ酸からできている（図 13-1 参照）．

　個々のアミノ酸は，左手と右手のかたちで生じる．それらは，互いに鏡像関係にある（図 13-6）．この**キラリティー**（chirality）は，アミノ酸が互いに組み合わさる上できわめて重要である．例えば，人が握手するとき，一人が右手を，もう一人が左手を出すと困るようなものである．また，かたちが合うように左手と右手を重ねることは，不可能である．異なるキラリティーの分子は，からだにまったく異なる効果をおよぼす．例えば，左手型のサリドマイドは，効果

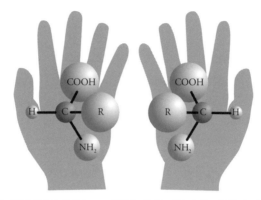

図 13-6：アミノ酸分子のキラリティーの図解．自然のほとんどの過程で，左手型と右手型の両方のアミノ酸が合成されるが，生命は左手型のアミノ酸のみを用いる．これら 2 つの型を区別した初期の選択過程があったに違いない．アミノ酸がペプチド結合で結びついてつくられるタンパク質の「かたち」は，キラリティーによってまったく異なることに注意．（Image courtesy of NASA）

的な催眠鎮静剤であり，1950 年代に妊婦に処方された．製薬過程で少量生じる右手型は，胎児に先天異常を引きおこした．

　多くのアミノ酸が，実験室でつくられる．およそ 70 種類が知られており，それらはすべて右手型と左手型を持つ．地球生命のきわだった特徴は，すべての生物が左手型の 20 種類のアミノ酸だけを使っていることである．

　核酸（nucleic acids）は，細胞において，情報，通信，記憶の機能を果たす．タンパク質と同じように，核酸も共通の構造を持つ．骨格となる糖，リン酸，および二種類の塩基分子からなる 5 つの基本的な構築ブロックがある（**ヌクレオチド**，nucleotide）．プリン塩基には，アデニンとグアニンがあり，ピリミジン塩基には，チミン，シトシン，およびウラシルがある．**デオキシリボ核酸**（deoxyribonucleic acid, DNA）は，アデニン，グアニン，シトシン，およびチミンを用いる．**リボ核酸**（ribonucleic acid, RNA）は，チミンの代わりにウラシルを用いる．核酸分子の重要な特徴は，相補的な鎖をつくることである．この性質により，核酸分子は複製し，情報を伝達する．RNA は，DNA の一本鎖に結合し，タンパク質を合成するために必要な情報を得て，それを細胞の別の部分

に運ぶ. 二本鎖から成る DNA は, 2 つの一本鎖に分かれて, 複製し, ほとんど同一の情報と指令をひとつの世代から次の世代に伝える (第 14 章参照).

　以上の 4 種類の分子は, 生物組織において異なる機能を持つ. その機能は, エネルギー源, エネルギー貯蔵, 構造, および指令と情報伝達である. 炭水化物は, 即時のエネルギー源である. 炭水化物を酸化して CO_2 と H_2O に戻す反応が, 細胞活動の基本エネルギーを生ずる. 脂質は, 過剰のエネルギーを将来に備えて効率的に貯蔵する. 脂肪は, 生体に過剰の炭水化物が蓄積されるときにつくられ, 食料が不足したときに消費される. 脂質は, その他にも重要な機能を持ち (血中のコレステロールなど), さらに細胞膜の重要な成分である. アミノ酸は, 互いに結合してきわめて多様なタンパク質をつくり, 生物の構造をつくる. また, 効率的な細胞機能を可能にする触媒, すなわち酵素として働くものもある. 核酸は, 細胞機能の指示キットを与え, また, 細胞内および世代間の情報伝達の手段を与える. 植物, 動物, 単細胞生物などすべての生物は, 同じ分子と同じ基本構造を用いる. これらの観点から, 生命はひとつであると言える.

すべての生物は同じ化学マシンを用いる

　細胞の基本的な外観の共通性, および細胞に存在する限られた種類の分子の共通性に加えて, 限られた数の化学マシンがすべての細胞活動の基礎となっている.

　おそらく最も基本的なマシンは, 核酸とタンパク質の間の関係である. それは, DNA に含まれる指示キットを細胞内で動作させる. DNA は, どのアミノ酸がタンパク質に配置されるかを指定するコードを運ぶ. RNA は, DNA のコードを読み, そのコードをあるタンパク質に運ぶ. そこでは, 適当なアミノ酸が配置される. DNA から RNA を経てタンパク質へ至る伝達は, 細胞動作の**セントラルドグマ** (central dogma) である. 個々のアミノ酸は, DNA 一本鎖中の 3 つの連続する核酸塩基によってコードされる. それは, コドンと呼ばれる. DNA には 4 種類の塩基があるので, コドンの総数は 4^3, すなわち 64 である. これらが, 20 個のアミノ酸, および「開始」と「終了」の命令をコー

ドする．ひとつの DNA 鎖は多くのタンパク質をコードすることがあるので，いつ仕事が完了するかを RNA が知るために，「開始」と「終了」のコードは不可欠である．可能なコドンの数はアミノ酸の種類の数より大きいので，いくぶんの冗長性があり，複数のコドンが同一のアミノ酸をコードする．タンパク質の合成，情報の記憶，およびひとつの世代から次の世代への遺伝情報の伝達のメカニズムは，すべての細胞で働いている．

　また，個々の細胞は，基本的な駆動エネルギーを持つ．それは，細胞膜を横切る電荷配置である．この電荷配置による電場は，細胞機能の基本的な化学反応に欠かせない電子の流れを起こすマイクロバッテリーとして働く．

　細胞のエネルギー変換に関する化学サイクルも，すべての生物できわめてよく似ている．第 15 章で詳しく議論するように，細胞のエネルギー流通は，リン酸分子の結合と解離を含むアデノシン二リン酸（ADP）とアデノシン三リン酸（ATP）の間の変換である．ほとんどの細胞において，この変換の基本的メカニズムは，**クエン酸回路**（citric acid cycle）である．これは，一連の複雑な化学反応を含み，エネルギーが使われるか貯蔵されるかによって，ADP と ATP の間の変換をどちらの方向にも進めることができる．

　以上の共有された特徴は，地球の生命における深遠な共通性を示す．すべての生物は，同じ化学構築ブロックを用いる，同じキラリティーの限られた数のアミノ酸を用いるというような詳細に至るまで共通している．また，すべての生物は，タンパク質の合成，世代間の情報の伝達，およびエネルギーの生産，貯蔵，消費などを同一の基本メカニズムで行う細胞からできている．20 世紀後半の発見は，細胞レベルから原子レベルまでにおける，生命の驚くべき単一性をあきらかにした．

● 最初の生命

　地球の生命の歴史は，生きている生物と化石の詳細な研究によってあきらかにされる．**化石**（fossils）は，かつて生きていた生物の遺骸であり，堆積岩の中に保存されている（図 13-7）．化石記録は，驚くべき生物多様性をあきらかにした．化石を残した生物のほとんどは，現在では生きていない．専門家以外に

図 13-7：チェコ，ボヘミア，シュロトハイムから得られたカンブリア紀の三葉虫．カンブリア紀の始まる 5 億 4,300 万年前より以前には，硬組織を持つ化石は見つからない．（Photograph courtesy of Museum of Comparative Zoology, Harvard University）

あまり知られていないことは，目に見える化石記録は，先カンブリア時代と**カンブリア紀**（Cambrian period）の間の境界である 5 億 4,300 万年前にようやく現れることである．実際，肉眼で見える化石となるバイオミネラルの殻や骨の出現が，この境界を定めている．5 億 4,300 万年は，人間の基準によれば長い時間であるが，地球の歴史ではほんの 12％に過ぎない．もし，私たちが 10 億年（地球史の 25％）前の地球を訪問したとすれば，それはまったく私たちの知らない惑星だろう．草も，木も，灌木もない．哺乳類も，魚も，虫も，昆虫もいない．私たちが食べられるものは何もなく，不毛の大地の他にはほとんど見るべ

原核細胞		真核細胞	
0.2〜1 μm		1〜10 μm	
小量のDNA		原核細胞の1,000倍のDNA	
20分で分裂		24時間で分裂	
嫌気性が多い		通常好気性（O_2を利用）	

複雑な　　細胞膜での
細胞膜　　呼吸と光合成

簡単な　　特殊化した小さな細胞小
細胞膜　　器官による呼吸と光合成

原核細胞の
相対サイズ

核がない．遺伝物質は
環状の二本鎖DNA

核中の遺伝物質
多くのDNA鎖

図 13-8：原核細胞と真核細胞の模式図．細胞は同じ大きさで描かれているが，実際のサイズは大きく異なる．真核細胞の左の小さな原核細胞が，相対サイズを表している．原核細胞は，一般に小さく，長さ1ミクロン以下である．一方，真核細胞は，ふつう10ミクロンくらいである．体積には1,000倍の差がある．このことは，真核生物が原核細胞を取り込み，共生関係をつくることによって進化したというアイディアに信憑性を与える．

きものがない．そう考えると，タイムトラベルは不便である．

　しかし，初期の生命の存在には，多くの証拠がある．それらは，化石として保存される硬い部分を持たなかった．植物と動物はいなかったが，きわめて多様なかたちの生物が繁栄し，遍在していた．その生物は，数百万種の**単細胞生物**（unicellular organisms）である．また，単細胞生物は，後のカンブリア紀に現れた複雑な多細胞生物の構築ブロックとなった．

　単細胞生物は，2つの大きなグループに分けられる．**原核生物**（prokaryotes）と**真核生物**（eukaryotes）である（図13-8）．これら2つのグループは，どちらも上で述べた生命の特徴を有しているが，その細胞は大きく異なっている．原核細胞は一般に小さく，直径が1ミクロン（1ミリメートルの1,000分の1）未満である．それらは，小量のDNAを持ち，細胞核がなく，20分で分裂し，倍加する．細胞の内部構造は，分化していない．原核細胞は，本質的に膜の大袋であり，その中に細胞代謝と複製に必要な基本成分を収めている．これらの原始

的な生物では，光合成と呼吸のような重要な反応の多くは，細胞膜で起こる．

原核生物は，私たちの周囲および内部に，信じられないほどの豊富さで生きつづけている．私たちのからだは真核細胞でつくられているが，人体には真核細胞の 10 倍もの原核細胞が存在する．原核生物は，私たちを取りまき，私たちのからだに何十億も生息しているが，小さすぎて見ることができない．私たちの皮膚の 1 平方センチメートルは，100 万の原核生物のすみかである．脇の下には，その 10 倍が生息している．ひとりの人間の表面に生息する原核生物の数は，地球の全人口よりも多いのだ．1 立方センチメートルの海水は，1,000 万の原核生物を含む．1 立方センチメートルの土壌は，1 億の原核生物が生息する大都会である．原核生物は，その多様性，数，および適応性において，あきらかに植物や動物を圧倒している．目に見えない原核生物の世界は，ほとんどの地球化学サイクルの基礎である．その目に見えないバックボーンが，生命を持続可能にしている．原核生物の影響は，あらゆるところにある．土壌の健康から，海洋の光合成能力，私たちの消化システムの正常な機能，さらに古い食物に生えるカビや多くの病気まで．

真核細胞は，いとこの原核細胞に比べて，複雑な工場である．それらは，ずっと大きく（直径 1〜10 ミクロン．体積は 1,000 倍），複雑な内部構造を持っている．DNA は，細胞核に収められている．細胞内部には，**細胞小器官**（organelles）と呼ばれる種々の分子マシンが存在する．例えば，ミトコンドリアは呼吸，葉緑体は光合成の機能を果たす．対照的に，原核細胞の内部は，わずかしか分化していない．真核細胞は原核細胞の 1,000 倍の DNA を持ち，その複製にはおよそ 24 時間を要する．

真核細胞の中で重要な機能を行う細胞小器官は，それ自身の DNA を持ち，ある種の原核細胞と近縁関係にある．リン・マーギュリスは，今では広く受け入れられている概念を提唱した．それは，真核細胞の細胞小器官は，さまざまな原核細胞の**共生**（symbioses）により発達したというものである．共生した細胞はついにはひとつの個体に完全に融合したが，その祖先の主要な機能を保存している．真核生物は，初期の原核生物群集の進化的産物であると言える．しかし，最初の真核生物がどのように誕生したかについては，なお多くの議論がある．

およそ 6 億年前に現れた**多細胞生物**（multicellular organisms）は，真核細胞の集合体である．多細胞生物の細胞は，特定の機能を果たすために特殊化した．例えば，私たちのからだの腎臓細胞，肝臓細胞，神経細胞，血液細胞，筋肉細胞などは，すべて真核細胞であり，専門的かつ協調的な機能に進化した．生命の全体的発展は，きわめて簡単に見ると次のようである．最初に原始的な原核細胞が生まれ，それらが結びつき，より大きくより複雑な真核細胞に変化し，さらにそれらが多細胞生物に変化した．巨視的な生物は，カンブリア紀に出現し，今では私たちのまわりのいたるところに見られる．

生命はいつ始まったのか？

以上のように，生命の歴史の全体的な流れは理解されている．しかし，生命の歴史には，地質記録に最初の生物が出現した年代を含めて，タイムスケールが必要である．個々の微生物は小さいので，よい顕微鏡がなければ見ることができないが，微生物が大きな群集をつくると，目で見えるようになる．地質記録において特に重要な微生物群集は，**ストロマトライト**（stromatolites）と呼ばれる岩石をつくる．ストロマトライトは，炭酸塩堆積物に保存される成長構造である．それは，ふつう浅い海に生息する光合成微生物群集によってつくられる．ある種の細菌の代謝は，細胞と細胞の間に炭酸カルシウム（$CaCO_3$）を沈殿させる．炭酸塩が沈殿すると，生きている細菌は，日光を求めて上へ向かって繁殖し，また炭酸塩の薄い層を沈殿させる．この過程が，数千年をかけて特徴的な岩石構造をつくる．特殊な環境では，これらの構造は，沈殿を引きおこした微生物の細胞の遺骸さえ保存する．しかし，ほとんどの場合，炭酸塩の段階的固化は，生物の遺骸を破壊する．

ストロマトライトは，最も古い岩石にも存在したらしい．地球史の初めの数十億年に広く分布するようになった．現在の地球でも，ごくまれな環境で成長している．したがって，現在成長している試料を調べて，その堆積構造をはるか昔につくられた試料と比較することができる．図 13-9a は，代表的な場所であるオーストラリア，シャーク湾の現在のストロマトライトを示す．その堆積構造は，35 億年前の最も初期の地質記録に保存されたストロマトライトとよ

図 13-9：上．オーストラリア，シャーク湾の現在のストロマトライト．（photograph courtesy of Paul Hoffman and Francis Macdonald, Harvard University）下．34 億 5,000 万年前のオーストラリア，ワラウォナ地層のストロマトライト様構造の例．さまざまな証拠は，この構造が微生物マットと関係してつくられたことを示す．ものさしは，長さ 15 cm．（photograph courtesy of Andrew Knoll, Harvard University, based on Allwood et al., Proc. Natl. Acad. Sci. 106 ［2009］, no. 24: 9548–55）

く似ている（図13-9b）．ストロマトライトの証拠は，岩石の年代と同じ35億年前に，細菌が繁栄していたことを示すと考えられている．

初期生命のさらなる証拠は，炭素同位体から得られる．生物は，重い炭素同位体 ^{13}C より軽い炭素同位体 ^{12}C を好み，^{12}C を3.0％だけ多く濃縮する．第9章で述べた安定同位体比の表記法 $\delta^{13}C$ 値（規格化された $^{13}C/^{12}C$ 比）を用いると，生命によってつくられる有機化合物は，$CaCO_3$ のような無機化合物に比べて，約30‰軽い（より負である）と表現される．35億年前の岩石から分離されたある種の有機化合物は，この「軽い」炭素のしるしを持っている．

もうひとつの証拠は，**バイオマーカー**（biomarkers）と呼ばれる複雑な有機化合物から得られる．それらは，生物によってのみつくられ，簡単に分解しない．ロジャー・サモンズと共同研究者は，27億年前の岩石に，光合成によってつくられるバイオマーカーの証拠を見つけた．このことは，光合成が27億年以上前に始まったことを示す．それは，大気中酸素がめだって増加した24億年前よりかなり以前のことである（第15〜16章で詳しく議論する）．

しかし，太古の生命とその能力に関する以上の証拠には，疑問の余地がある．ジョン・グロチンガーは，古代のストロマトライトと似た構造が，無機的過程によってもつくられることを示した．有機化合物の証拠も，それを含む岩石が地殻に数十億年も存在したのか，後の生物による影響を受けていないかという問題をもっている．地殻の割れめと間隙を循環するすべての水は微生物を含んでいるので，数十億年にわたって微生物の影響から岩石を隔離することはきわめて難しい．さらに，地殻の深部で有機化合物からつくられる石油化合物も「軽い」炭素を含んでおり，そのあちこちへの移動も汚染の原因となる．これらの理由のため，有機化合物の証拠は，それだけでは決定的とは見なせない．実際，最近の注意深い研究によれば，27億年前の岩石に含まれるバイオマーカーは，もっと若い化合物であることがわかり，非常に古い年代に光合成が始まったことを示す主な証拠から外された．

したがって，最初期の生命の決定的証拠には，証拠と合理的説明の組み合わせが必要である．目で見える信頼できる証拠，炭素同位体，その岩石がどれだけきれいか，どのような地質環境で生じたかなどの情報が必要である．炭素同位体の証拠はないが，組織構造上の証拠，および微化石とバイオマーカーの証

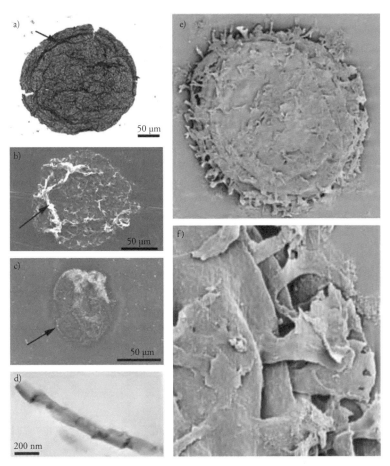

図 13-10：初期の微化石の写真．写真は，透過光顕微鏡，後方散乱環境制御型走査電子顕微鏡，および透過型電子顕微鏡による．左の写真 (a) 〜 (d) は，32 億年前の岩石における細胞生物を示すと解釈されている（Javaux et al., Nature 463 [2010]: 18）．右の写真は，中国北部，汝陽地層から得られた真核生物 *Shuiyousphaeridium macroreticulatum*．15 億年前に真核生物が存在した決定的な証拠である．写真 (e) の細胞のサイズは，約 300 ミクロン．写真 (f) は，この細胞の約 40 ミクロンの特徴を示す（Javaux et al., Geobiology 2 [2004], no. 3: 121-32）．

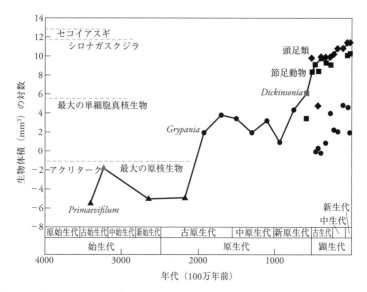

図 13-11：岩石から得られた（および現在の）生物の最大サイズの時間変化．三角は原核生物，丸は真核生物，四角は動物，ひし形は維管束植物を表す．（Modified from Payne, et al., Photosynth. Res. (2010) DOI 10.1007/s11120-010-9593-1）

拠は，34 億 5,000 万年前のストロマトライトから得られる（図 13-9b）．2010 年現在，最も決定的な証拠は，32 億年前の岩石にある（図 13-10a-d）．そこには，古代の微生物の細胞膜などの構造が保存されている．また，多くの地質学者は，35 億年前の岩石から得られた目で見える証拠，および炭素同位体の証拠は，生命がそのときすでに存在していたことを示すと考えている．光合成を行う **藍色細菌**（cyanobacteria）は，20 億年前の岩石に見いだされたが，大気中 O_2 の最初の増加を考慮すると，もっと昔に出現したはずである．34 億 5,000 万年前のストロマトライトが光合成細菌を含むとすれば，光合成はさらに昔に始まったのだろう．目で見える美しい真核生物の証拠は，15 億年前の岩石に現れる（図 13-10e,f）．また，そのかなり確からしい証拠は，20 億年前の岩石からも得られている．

　原核生物から，真核生物，多細胞生物への漸進は，生物の最大サイズとおおむね相関している．ジョナサン・ペインらは，さまざまな証拠から生物の最大サイズを見積もり，時間に対してプロットした．それは，時間にともなう生命の漸進をよく表している（図13-11）．以上のすべての証拠によれば，私たちが認識できる最初の生命は，原核生物の生活形とよく似ており，その子孫は今なお生き残っている．地質生物学の探偵にとって，これは非常な幸運である．現在の原核生物の細胞と群集を研究すれば，祖先の原始的な原核生物が初めて現れた岩石記録の中に何を探すべきかについて，手がかりが得られる．したがって，生命の起源についての疑問は，私たちが知る最も簡単な生物の起源に還元される．その細胞は共通祖先として必要な特徴を持っており，すべての生物はそれから進化した．

生命の起源

　前節で述べた背景は，生命の起源を理解するための枠組みを与える．生命は，地球史の初期，直接の証拠はないが，35億年前までに誕生したと考えられる．現在のすべての生物は，驚くほど単一的な化学組成を持ち，それは太陽系を反映している．また，すべての生物の間の関係を示すきわめて特殊なプロセスを共有している．生命は，最も簡単な原核生物から徐々に進化したと考えられる．それは，岩石記録から確かめられる．したがって，生命の起源に関する疑問は，地球史初期のかなり短い期間に，惑星環境が最も原始的な共通祖先をどのように生みだしたかということになる．この最も簡単な生物が誕生するには，どのような過程が必要だっただろうか？

　50年前，この疑問に科学的に取り組むことは困難だった．現在でもなお大きな挑戦であるが，糸口は見つかりつつある．細胞の化学マシンについての理解が進み，生命の働きを化学的に正しく記述できるようになった．また，初期の惑星環境についての理解が進み，細胞の化学マシンを発達させた可能性のある特殊な化学実験が試みられるようになった．「生命の不思議はどのように始まったのか？」という漠然とした疑問は，初期の惑星条件についての知識の増加に基づいて，より限定された一連の問題に分解された．生物のさまざまな化

合物は，生命がない条件からどのように現れたのか？　基本的な有機分子の構築ブロックは，どのようにつくられたのか？　これらの分子は，どのようにして結合し，より大きなポリマーを生じたのか？　細胞膜の基本構造は，どのようにつくられたのか？　定常状態の化学サイクルは，どのようにして現れたのか？

　はかりしれない大きな疑問から，焦点を合わせた具体的な問題への変換は，科学の進歩の特徴である．本書を通して見てきたように，少し前にははかりしれない不思議であった多くの疑問が，今では定量的な理解の対象となっている．宇宙はどのように始まったのかという疑問は，ビッグバンの証拠からあきらかにされた．元素はどこから来たのかという疑問は，恒星内部の理解からあきらかにされた．地球はどのくらい古いのか，地球はどうして長い間熱いままで地質学的に活発であるのかという疑問は，放射能と固体の対流の発見によってあきらかにされた．家族の類似性のような特徴がどのようにして世代から世代へ引きつがれるのかという疑問は，DNAの構造に基づいてあきらかにされた．大西洋の両側の大陸はなぜジグソーパズルのピースのようにぴったりと合うのかという疑問は，プレートテクトニクスの詳しい運動によってあきらかにされた．「生命はどのように始まったのか？」という疑問は，大問題のひとつであり，まだ満足できるほどには理解されていない．しかし，本章でこれから見るように，徐々に精密な問題を提出することにより，生命の起源を理解する基本設計は，急速に進歩している．解答の全体的な構造を示す「基本設計」に基づいて，より満足できる理解が，今後数十年のうちに現れるだろう．この枠組みは，2つの方向から現れる．

（1）化学生物学のさらなる発展に基づく，生命の働きについてのより完全な理解．

（2）現在および過去の惑星環境のより完全な理解．その惑星環境は，原材料とエネルギーの流れを供給し，初期生命を可能にした．

生命に至る道程

　生命の歴史についての私たちの理解によれば，最も原始的な生物であり，化石記録の最も深いところから見いだされるものは，原核細胞である．原核細胞は，複雑な生物すべての基礎となる基本的な化学マシンを持っている．化石記録は生命の漸進的な多様化と複雑化をあきらかにし，進化論はその発展の枠組みと理解を与える（第 14 章参照）．また，DNA の理解は，進化の過程の基礎となる詳細な化学的メカニズムを与える．化石，進化，および化学生物学のすべてが連合して，最も原始的な細胞を現在の生物多様性に関係づける．

　しかし，状況は簡単ではない．生命の樹の根元に置かれ，それからすべての生物が系統づけられる生物は知られていない．現在のすべての生物は進化しており，生命進化の最初期の記録は隠されている．現在の原核生物は，初期生命の代表ではない．むしろ数十億年の進化を経た，きわめて遠い子孫である．しかし，生命は共通祖先の存在を指し示しており，私たちはその特徴を推定できる．この未知の生物は，**一般共通祖先**（universal common ancestor, UCA）と呼ばれる．一般共通祖先は，すべての生物に共通する以下のような特徴を有していただろう．

- すべての細胞は，同じ，限られた元素の構築ブロックからできている．それらは，適当な物質状態にある水，炭素，窒素，リンなどの化合物である．
- すべての細胞は，細胞膜を持つ．細胞膜は，生物を環境から隔離する．化学物質は，細胞膜を通して交換される．
- すべての細胞は，同じ有機化合物のセットで働き，生命の基本的なメカニズムを実行する．その有機化合物は，炭水化物，アミノ酸，核酸，および脂質である．
- すべての細胞は，左手型のアミノ酸と，右手型の核酸で働く．すなわち，細胞は決まったキラリティーを持ち，ランダムではない．
- すべての細胞は，細胞内の化学サイクルをつかさどる細胞内組織を持つ．その働きにより，生物は環境の変化に直面しても，定常状態を保

つことができる.

- すべての細胞は，複製の手段を持ち，情報をひとつの世代から次の世代に伝達する.

これらの特徴がどのように発達したかを調べよう.

元素と簡単な構築ブロック分子

水素，炭素，酸素，および窒素は，細胞重量の96%以上を占める．すでに指摘したように，生命の基本的な構築ブロックは，恒星内元素合成で最も豊富につくられた元素でできており，銀河系全体で不足することはない．ある元素の存在よりも問題となるのは，元素が正しい化学形と物質状態にあることである．例えば，現在，ほとんどの科学者は，最初に還元体の炭素が必要であったと信じている．すなわち炭素の一部は，酸素とではなく，水素と結合していたはずである．なぜなら，還元体の炭素（CH_4）は，酸化体の炭素（CO_2）より有機分子をつくりやすいからである．

さらに重要な必需品は，液体の水である．すべての生きている細胞は，主成分として水を含む．重量では，細胞のおよそ70%が水である．水は特別な化学的特性を持ち，生命ならびに気候の安定性に重要な役割を果たす．水は極性物質であり，多くの物質を溶解できる．後で見るように，極性は最初の細胞の容器をつくる上でも必須であった．水は，融解熱，蒸発熱，および熱容量が大きい．そのため，条件が大きく変わっても液体状態のままである．さらに，水の固体は液体よりも軽く，塩分の高い水は0℃でも凍らず高密度となるので，水の対流と鉛直循環を強める．これらの特徴が，水を生命に欠かせない媒体としている．分子は，水に溶解し，水によって輸送される．水は，生命に必要なさまざまな反応が起こる安定した環境を提供する．水は，あきらかに現在の地球表面には豊富である．地球史の初期には，隕石の衝突が頻発し，その巨大なものは月を形成した．地球の表面温度は高く，水は沸騰し，液体の水は存在しなかった．しかし，第9章で見たように，ジルコンの酸素同位体組成の証拠から，44億年前には液体の海洋が形成されていたと考えられる．液体の水は，

生命の最初の地質記録よりはるか昔から存在したので，生命の誕生にとって障害とはならなかっただろう．

必須の生物化学原料をつくる

　必要な元素と分子が手に入れば，次のステップは生命過程の基礎となる有機分子を合成することである．**有機**（organic）という語は，もともとその分子が生物によってのみつくられ，純粋に物理的な過程ではつくられないと考えられたことに由来する．今では，私たちは有機分子を合成する多くの物理過程があることを知っている．実際，非常にたくさんあり，どれが最も重要であったかわからないほどである．第 4 章において，私たちは，銀河の星間空間における有機分子の証拠を見た．また，現在，地球に飛来する炭素質コンドライトがアミノ酸などの有機分子を含むことを認めた．彗星の研究も，有機分子の存在をあきらかにした．そのため，ひとつの可能性として，地球は生命の有機分子の前駆物質をつくる必要がなかったかもしれない．前駆物質は，惑星形成の間に，きわめて還元的な太陽系星雲から地球に配達されたかもしれない．宇宙由来の有機分子が衝突によってどれくらい分解されたか，また，十分な量が存在したかどうかは不明である．次に述べるように，地球自身も簡単な有機分子をつくるさまざまな手段を持っていた．

　この問題に関する最も重要な実験は，1952 年にスタンリー・ミラーによって行われた．彼はノーベル賞受賞化学者ハロルド・ユーリーの研究室の学生だった．ミラーは，図 13-12 のような実験装置を考案した．この装置では，H_2O，CH_4，水素（H_2），NH_3 の混合物が蒸発と降雨のサイクルをつくり，その混合ガスに放電を起こすことができる．この実験は，さまざまなアミノ酸とその他の有機分子を合成した．さらに，条件を変えたその後の実験は，初期の地球環境に存在したと考えられる条件で，すべての必須アミノ酸，糖，ヌクレオチドの核酸塩基，およびアデノシン三リン酸（ATP）が合成されることを示した．

　もうひとつの可能性のある環境は，深海の熱水噴出孔である．噴出孔は，化学反応に有利な条件を持つ．豊富な海水，高温と大きな温度勾配，H_2 を含む

30

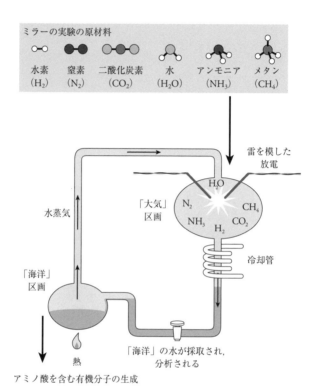

図 13-12：ミラー・ユーリーの実験装置の図解．大気の過程がアミノ酸を含むさまざまな有機分子をつくることをあきらかにした．

気体化合物，その他の還元体分子，非平衡条件，有機反応の触媒となる金属，豊富で多様な鉱物表面，および化学組成の異なる流体の混合などである．これらすべては，多くの化学反応を可能にする．この条件を実験室で再現するのは難しい．その反応は，一般に平衡ではなく，高温，高圧，および大きな温度勾配の下で起こる．さまざまな条件での有機化合物の合成反応を熱力学計算で解析するために，大きな努力がなされた．その結果，高温でかなり還元的な海底熱水と海水の混合によって，さまざまな有機分子の合成反応が起こることが示

された.

　以上の実験, 観察, および熱力学計算は, アミノ酸, 脂質, 炭水化物, および核酸の成分が惑星にありそうな多様な環境で合成されることをあきらかにした. 生命に欠かせない分子原料の無生物的合成は, 実証された. 無生物的合成は, 生命の複雑な有機分子の構築ブロックを提供できるのである.

複雑な分子をつくる

　現在の生物に含まれる分子は, ミラーの実験でつくられる簡単な有機化合物よりももっと複雑である. 小さな構築ブロックは, 結合して, より複雑な**モノマー**(monomers) をつくらねばならない. 例えば, RNA と DNA を構成するヌクレオチドは, 核酸塩基, 糖, およびリン酸の結合によってつくられる. モノマーは連結して, **ポリマー**(polymers) と呼ばれる長い鎖をつくる. アミノ酸は, きわめて厳密な規則にしたがって結合し, さまざまなタンパク質や酵素をつくる. ヌクレオチドは, 結合して長い鎖をつくり, RNA と DNA の核酸となる. 簡単な糖は, 結合して複雑な炭水化物をつくる. 簡単な脂肪酸は, 結合して脂質を生じ, さらにそれらが集合して膜をつくる. 生命への次のステップは, より複雑なモノマーの合成と, それらの結合によるポリマーの合成である.

　ポリマーを合成する可能性がある多くの過程が提案され, さかんに研究されているが, 問題は簡単ではない. 塩基, リン酸, および糖からヌクレオチドを合成することはそれほど難しくなく, 明快な解答がある. しかし, モノマーが存在しても, ポリマーが自動的につくられるわけではない. モノマーが高濃度であること, したがって何らかの濃縮が必要である. ポリマー生成反応の多くは水の脱離を含むので, 海水に溶解した状態では難しい. さらに, アミノ酸のポリマーは左手型のキラリティーを持ち, DNA と RNA をつくるポリマーのキラリティーは右手型である. 単にポリマーをつくるだけではない. 右手型と左手型を区別する選択過程が必要である. これらの難問は, いまだ解決されていない.

　ほとんどの過程は, 有機分子の構築ブロックを薄い濃度でしかつくらないので, 構築ブロックの間でさらに反応が起こるためには, 濃縮が必要である. 例

えば，アミノ酸がミラー・ユーリーの過程によって大気中でつくられ，雨水によって海に運ばれたとすれば，海洋での濃度はごく低くなるだろう．さらに，多くの有機分子は，他の化学反応，加熱，冷却などによって次第に変化するので，寿命が短い．したがって，単に必要な分子の構築ブロックをつくるだけではなく，それらを濃縮しなければならず，しかもそのための時間は限られている．

水はすべての生物の形成過程に必要な共通の溶媒であるので，水の凝固と蒸発は溶質を濃縮するメカニズムとして可能性がある．アミノ酸は，希薄溶液が蒸発すると，強く濃縮される．アミノ酸の間の結合は，ペプチド結合と呼ばれ，脱水によってつくられる．そのため，蒸発は，アミノ酸を濃縮するのみならず，結合を有利にする．例えば，初期の地球では，月が今よりもっと近くにあったため，潮の干満が大きく，潮だまりが現在より多く存在したと考えられる．そこでは，海水の補給と蒸発が繰り返されただろう．濃縮過程は，系の水の量を減らし，脱水反応をより起こりやすくする．例えば，アミノ酸を含む水を熱い岩石の上で蒸発させると，ペプチド結合が生じ，アミノ酸のポリマーがつくられる．

有機原料の濃縮は，それだけでは生物に特徴的な化学を起こすのに十分ではない．現在の生物は分子の「利き手」を高度に選択している．グリシン以外のすべてのアミノ酸は，右手型と左手型を持つ．アミノ酸を合成する自然の惑星過程は，右手型と左手型をほぼ等量ずつ生成する．しかし，生物には左手型だけが現れる．タンパク質の重要な特徴は物理的形状にあり，それは材料のアミノ酸が結合するとき，どのような角度をとり，どのように曲がるかによって決まるので，キラリティーは必須である．アミノ酸のキラリティーの単一性は，生命の働きの中核をなしている．

キラリティーは，RNA と DNA においても重要である．糖リボースは，右手型と左手型を持つ．地球の生命では，右手型のみが見られる．この選択性は，右手型の二重らせんをつくる．それは常に同じ方向に曲がり，左手型のらせんと対称である．キラリティーの選択は，生物の決定的な特徴である．

キラリティー選択の起源は，まだよくわかっていない．実験によれば，核酸の右手型らせんの成長は，左手型の成分を取り込むと停止する．この場合，キ

ラリティーの単一ならせんのみが成長し，究極的に成功する．アミノ酸では，キラリティーの起源はもっとあいまいである．生きている細胞では，キラリティーはタンパク質合成に関与する酵素によって支配される．酵素はキラルであり，それゆえ，タンパク質合成の利き手を保存する．したがって，そのようなキラル選択性の始まりには，キラルな鋳型が必要であっただろう．原始の化学物質のスープには右手型と左手型のアミノ酸が含まれていたが，キラルな鋳型はその一方だけを選択的に結合したのだろう．

　濃縮とキラリティーの問題に対するひとつの有力な解答は，鉱物表面である．鉱物表面は，簡単な有機分子の構築ブロックから大きな分子を合成するのにも役立つ．実験は，鉱物表面に単分子膜がつくられることをあきらかにした．粘土鉱物が特に興味深いのは，その層構造と細かい粒径が多くの規則的な表面を提供すること，そしてその表面が分子膜の配列に役立つ特徴を持っていることである．鉱物表面は，水からの分子の濃縮，表面に結合した分子と水中の分子の間の相互作用，および同じ形状を持つサイトに吸着したモノマーどうしによるポリマー生成のメカニズムを与える．また，粘土鉱物は，十分に小さい粒径となり水に懸濁するので，相互作用と輸送の可能性を大きくする．興味深いことに，鉱物表面はキラリティーの単一性にも寄与するかもしれない．ある種の鉱物の表面はキラルであり，そこに吸着して層をつくる分子は単一のキラリティーを持ちうる．したがって，鉱物表面は，モノマーを濃縮するサイトとなり，特定の分子を選択し，ポリマー合成の環境を提供し，さらに同じキラリティーを持つ分子のみを受容する可能性がある．

　初期の生命には，左手型と右手型の両方があったかもしれない．それらは，効果的に相互作用できなかっただろう．ひとつの型で起こる有機反応は，もうひとつの型にとっては不活性であるかもしれないし，致命的であるかもしれない．両方の型の生物が生存することは，安定ではないだろう．そのため，一方が死に絶え，もう一方が生き残ったのだ．

細胞の容器

　すべての細胞は，**細胞膜**（cell membrane）の中にある．細胞膜は，細胞の化学

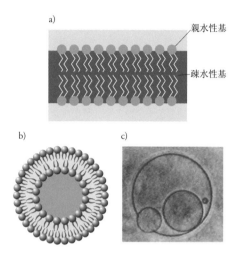

a)

親水性基

疎水性基

b)

c)

図 13-13：初期の細胞容器がいかにつくられたかを表す図解．親水性および疎水性の端を持つ脂肪酸分子は，二分子膜をつくる．(a) その結果，疎水性の端だけが水と接する．次に，二分子膜が，リポソームと呼ばれる球をつくる．(b) リポソームは，膜の中に疎水性の端を完全に隔離する．現在の細胞膜も，このような構造を持つ．写真 (c) は，実験的につくられたリポソームである．それらは結合すること，あるいは他のリポソームを内部に含むことがある．また，割れて，分かれることもできる．

成分を外部環境から隔離し，膜を通した選択的輸送を行い，安定性を維持し，栄養を摂取し，老廃物を排出する．適当な容器の創造は，生命に必須である．

　膜容器の特徴は，水の特別な化学的性質と深く関係している．水分子は，2つの正に荷電した小さな水素原子を持ち，もう一方の端に負に荷電した大きな酸素原子を持つ．このため，水は正と負の電荷を両端に持つ**極性分子**（polar molecule）である．液体では，水分子は小さな磁石のように配列する．水の極性は，他の分子が水に溶けるときに大きな影響をおよぼす．一般に，極性物質は水に容易に溶けるが，脂肪や油のような非極性物質は溶けない．ある種の分子は，一端が極性で親水的であり，もう一端は非極性で疎水的である．親水性の端は水に溶けることを好み，疎水性の端は水を避ける．洗剤はそのような性質を持ち，そのため泡をつくる．

　細胞膜は，脂肪酸でできている．脂肪酸は，きわめて安定で，簡単には分解されない．その長寿のため，前生物過程に容易に利用されたのだろう．脂肪酸は，親水性と疎水性の端を持つ．脂肪酸を水に入れると，親水性の端を水に向け，疎水性の端を隔離しようとする．この性質により，親水性の端が外側に，疎水性の端が内側に位置する**二分子膜**（bilayers）が形成される（図 13-13）．さらに安定な形態は，二分子膜でできた球である．この球の内部と外部の表面は，分子の親水性の端でつくられ，疎水性の端は水から完全に隔離される．この小球は，**リポソーム**（liposomes）と呼ばれ，細胞膜の基本的な特徴とよく似ている．しかし，現在の生物の細胞膜は，細胞の内と外の間の物質輸送を促進する複雑な細胞マシンを進化させている．

　以上の考察から，簡単な過程により脂肪酸の容器が形成され，それが他の有機化合物を取り込み，細胞の前駆体を生じた可能性が考えられる．

ミッシングリンク

　ここで，私たちは，生命の起源の理解における最大のギャップに直面する．これまで私たちは，生命に必要な元素は豊富にあったこと，簡単な有機分子の構築ブロックをつくる多様な環境があったこと，モノマーを濃縮しポリマーを生成する可能性，ひとつのキラル型を選択する可能なメカニズム，および細胞膜の発生について論じてきた．これらすべてのステップが，生命に必須である．しかし，生命は自立した自己複製の過程であり，それはこれらのステップのはるか先にある．これまでに述べたステップだけでは，私たちを一般共通祖先に導けない．現在からもはや存在しない一般共通祖先に向かって時間をさかのぼる見方と，生命の必須の構築ブロックをつくった初期の惑星過程から時間を前に進める見方との間には，大きなギャップが残されている．この未解決のギャップは，すべての必須の原料がともに作用して，自己複製機能を持つ化学システムをつくるという，決定的なステップを含む（図 13-14）．

　多くの問題が，このギャップを埋めることをきわめて困難にしている．第一に，私たちは，よい歴史記録のない，非常に長い時間を見ている．それは，10億年におよぶかもしれない．10億年の間には多くのことが起こるだろう．例

36

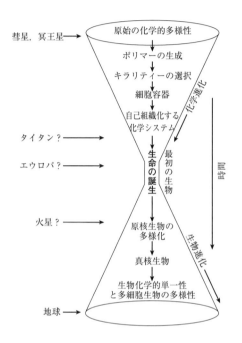

図 13-14：生命の起源についての私たちの理解におけるボトルネックを表す図.（Modified from Jonathan I. Lunine, Earth: Evolution of a Habitable World (Cambridge: Cambridge University Press, 1999)）

えば，その約半分の時間のうちに，生命は単細胞生物から私たちが現在見る複雑な生態系へと進化した．利用できる長い時間を認識することは難しい．この長い時間のうちに，多数の出来事が起こり，確率のきわめて低い出来事も当然となったかもしれない．例えば，もしある出来事の起こる確率が 100 万分の 1 であっても，数百万の機会があれば，その出来事は見込みのないものから，当然のことに変わる．それは，100 万週にわたって宝くじを買い続ければ，誰もが当選者になるようなものである．そのように長いタイムスケールは，実験室の実験では再現できない.

　生命の発達は，多くの引き続くステップを含んでいるに違いない．それは，

私たちがまだよく知らない環境で起こった．実験室実験は，ふつう単一の環境を設定して行われる．粘土表面での実験，硫化物と相互作用する熱水の実験，紫外線照射を受ける大気の反応などのように．一方，生命の誕生は，おそらく地球の環境の多様性とその間の循環に依存した交換と反応を含む．ある環境でつくられた化学物質は，輸送され，まったく別の環境でつくられた他の物質と反応しただろう．そして，彗星や隕石の衝突，巨大火山活動，急激な気候変動のような破局的な大事変が重要だったかもしれない．私たちは，そのような出来事が最近十億年に生命に深く影響をおよぼしたことを知っている．地球史の初期には，大事変の頻度は，はるかに高かっただろう．

　あきらかに，私たちが見る現在の生物は，非常に複雑であり，相互に関連しているので，上で議論した基本原料と簡単に結びつけられない．長く連続した中間のステップがあり，それが基本的な生命の構築ブロックと完全に機能化され自己複製するシステムとの間をつないだに違いない．現在のすべての生物に共通する複雑さのひとつは，DNA，RNA とタンパク質の間の関係である．DNA は，細胞の記憶と指令を運ぶ．RNA は，その指令を読み取り，タンパク質と酵素の合成を可能にする．一方，タンパク質と酵素は，DNA と RNA の間の情報伝達を可能にするために必要である．したがって，古典的な「鶏と卵」の問題がある．DNA はタンパク質合成をコード化するために必要であり，タンパク質は DNA が指令を出せるようにするために必要である．そのようなシステムは，どのように進化したのだろうか？

　生命をつくる過程に不可欠であったあるステップが，生命が次のステップに移ったときに消滅してしまったことは十分考えられる．きわめて単純化された例で考えよう．複数の異なる環境があり，そこで一連の反応が起こり，最終的に分子 A と分子 B がつくられたとしよう．これらの環境は，地球史のある期間に特異的であり，その後消滅した．次に，A と B が反応して分子 C を生成する．C は，逆反応により A と B を生ずる．それらは，エネルギーの生産と放出を含む安定なサイクルを形成し，太陽光や熱水噴出孔で維持される．現在の観察によれば，A と B は C をつくるために必要であり，一方，C は A と B をつくるために必要である．このサイクルは，「鶏と卵」の特徴を持つ．サイクルが持続するのは，それがサイクルであり，一方向に完全に進む反応ではな

いからである．このサイクルは，他のサイクルと相互作用し，さらに複雑な関係をつくることができる．その関係も，また前駆体を失うだろう．さて，最後に科学者が現れて，その関係がどのように始まったかを解明しようとするのを想像してみよう．彼には，現在のシステムの前駆体を生じた環境に関する直接的な知識はない．「鶏と卵」のパラドックスは，過渡的な反応の系列，および時間とともに次第に結びつけられ，進化する関係から生じると考えられる．

DNA－RNA－タンパク質のサイクルは，特殊化された酵素が関与する無数のステップを含む複雑なサイクルであり，数千の小さな進化の結果である．この認識から，現在の生物に生き残っている完全に発達したシステムに先立って，もっと簡単な形式の複製とタンパク質合成があったというアイディアが生まれた．

ひとつのアイディアは，DNA－RNA－タンパク質の関係に先立って，DNAが関与しない**RNA ワールド**（RNA world）があったというものである．RNA は，以下の利点を持つ．RNA は，DNA と同様に，ヌクレオチドのかたちで情報を運ぶことができる（DNA と RNA の違いは，4つの塩基のうちひとつだけである）．RNA は，タンパク質合成の促進剤として働く．また，RNA は，前生物合成によってつくられやすい．RNA ワールドにさらなる支持を与えるのは，リボザイムと呼ばれるある種の RNA が酵素としても働くという発見である．したがって，RNA は，それだけで原始細胞に必要な主な機能（記憶，複製，タンパク質合成，および酵素活性）をすべて満たす可能性を持つ．このことが，RNA ワールドのアイディアを生んだ．その後，DNA が記憶を次の世代に遺伝する機能を果たす，より進化したワールドが現れたのかもしれない．DNA は，RNA より安定であり，細胞記憶にとってより優れた記録デバイスである．最後には，DNA に基づくシステムが，進化上より有利になったのだろう．一方，RNA ワールドは，必要な前駆体だったが，もはや存在しなくなったのだろう．

● 生命の起源に関する一般的考察

これまで議論したさまざまな過程は，生命の起源を実証的に理解するための進歩と未解決の問題を示している．この分野における重要な新しい発展が，しばしば科学論文に発表されている．難問のひとつは，地球環境の多様性である．

生命が惑星の過程であるならば，それを試験管で再現することはできない．例えば，太古の熱水噴出孔が生命の起源に有利な場所であったという説がある．最も原始的な細菌は，好熱性（熱を好む）であり，噴出孔にふさわしい．熱水噴出孔は，集中したエネルギーと化学成分の勾配の源であり，地球表面近くのリザーバーを特徴づける紫外線照射および破滅的な衝突から護られている．そのような環境を実験室で再現することは，きわめて難しい．現在の噴出孔生物のほとんどは，実験室で培養できない．自然科学の方法は，変数と実験のパラメータを厳密に制御する．一方，生命の起源には，変動する多様な条件が重要であったかもしれない．おそらく，さまざまな惑星環境の間の相互作用が必要であっただろう．この多様性と数億年というタイムスケールのため，人間の実験による挑戦は鋭気をくじかれる．

　大きな疑問は，惑星系には生命に向かう根本的な傾向があるのか，それとも地球の生命は確率的に起こりにくい過程の連鎖を必要とする，めったにないきわめて特殊な存在であるのかということである．この大きな疑問に関して，生命は特に 2 つの点で人を当惑させる．ひとつは，生命は熱力学法則を犯しているという議論である．熱力学では，あなたは常に負ける．乱雑さ，すなわち**エントロピー**（entropy）が増大する不可避の傾向がある．また，すべての過程において避けられないエネルギーの損失があるので，あなたは投入したエネルギーと等量のエネルギーを回収することはできない．生命は，これらの法則に反しているように見える．なぜなら，生命は無秩序から生じた秩序のようであり，進化によって，時間とともに秩序の範囲が大きくなっていると言える．また，生命は，エネルギーをつくる．植物は，大気と土壌から原材料を得て，光合成によってそれらをより高エネルギーの化合物に変える．その消費は，動物の生命の基礎となっている．炭素を酸素から分離することが，エネルギー源をつくる．このエネルギー源が，食物連鎖で利用され，現代文明に動力を供給する．熱力学法則に支配された宇宙における秩序とエネルギーの創造は，どのようにすれば理解できるだろうか？

　エネルギーの疑問は，入れ子のシステムの中で秩序と高エネルギー化合物がつくられるという事実によって解決される．小さなシステムは，大きなシステムから得られるエネルギーを利用する．地球には，太陽から大気に届くエネル

ギーと，地球内部から来るエネルギーのばく大な流れがある．地球表面の生命は，これらの外部エネルギーによって生きている．太陽系全体において，エネルギーは下流へ流れており，ほとんどのエネルギーは失われている．植物は太陽エネルギーを利用するが，その効率は完全ではない．光合成によってつくられるエネルギーは，入射する光子のエネルギーの一部に過ぎない．したがって，生命は，宇宙のエネルギー散逸の非効率性を利用していると言える．生命が可能であるのは，大きなシステムの小さな部分であるからだ．私たちは，その存在を宇宙からもたらされるエネルギーの流れに完全に依存している．

秩序の発生についての疑問は，おそらくもっと好奇心をそそる．生命は，エントロピー増大の法則に反しているように見える．しかし，より大きなシステムにおいてエントロピー生産が最大になる（すなわち，エントロピーの変化速度が最大になる）ようにスケールを調節すれば，生命は熱力学法則と調和する．プロセスは，より効率的にエントロピーを生産できれば，よりうまくいく．この原理は，簡単な物理システムから容易に理解できる．なべに2つの穴があり，一方が他方より大きければ，ほとんどの水は大きな穴から流れ出る．2つの水車があり，一方の摩擦が他方より小さければ，なめらかな水車はより速く回転し，より多量の水を処理し，単位時間あたりにより多くのエネルギーを生ずる．液体が熱対流するか否かは，どの過程がより効率的にエネルギーを散逸するかに依存する．岩石は，斜面を転がり落ちるとき，最も急な経路を通る．利用可能なエネルギーをより効率的に利用するプロセスは，そのエネルギーを獲得する．そしてより効率の悪いプロセスに対して「勝つ」．

生命も，この文脈で見ることができる．例えば，一片の木材は，大気と平衡にない．木の有機化合物は，酸素の存在下では熱力学的に不安定である．しかし，無菌環境にある乾燥した木材は，きわめてゆっくりと腐敗する．私たちは，木材を使って長寿命の家を建てる．もし，その木材を細菌のいる湿った土に埋めたなら，細菌は木材のエネルギーを利用して，それをずっと速く腐敗させる．シロアリは，細菌よりもさらに効率的なエントロピー生産者である．同様に，細菌は，堆肥の山をつくるのに欠かせない．堆肥の山のミミズは，もっと効率的である．私たちのからだは，この点できわめて効率的である．私たちは，植物や動物の物質を摂取し，それを数時間で低エネルギーの化合物に変換する．

一方，同じ物質がキッチンカウンターの上や堆肥の中で分解するには，数週間から数か月を要する．

　植物についてはどうだろうか？　植物の葉と同じ反射特性を持つが，光合成をしない緑色の地面を想像してみよう．それは，短い時間太陽光に当てると，温かくなる．その後光をさえぎると，熱は徐々に散逸する．一方，光合成を行う葉は，太陽光をただちに化学エネルギーに変換するので，冷たいままである．すなわち，不活性な物質に比べて，葉はより効率的にエントロピーを生産すると言える．

　プロセスは，可能なエネルギーを利用して，反応をより効率的に完全に起こすものであれば，有利である．すなわち，効率の悪いプロセスより成功する．この観点から見ると，生命はエネルギーの処理効率を最大にするプロセスである．進化も，この観点から見ることができる．進化的変化は，エントロピー生産の速度を次第に大きくする系列である．生命は，エントロピー生産にあらがうのではなく，エントロピー生産を最大にするのだ！　これは，生命が非常に成功したことを説明できる．生物は，すべての生態学ニッチを占め，多数のエネルギー源を利用し，水とエネルギーと栄養素が利用可能になれば，どこであれ豊富に現れる．エネルギー消費を最大化する必然的な結果が生物であると考えると，生物は自然である．私たち自身の種としての成功も，この文脈で見ることができる．私たちは，道具と燃料を使うことで，他のどの生物よりもはるかに効率的に環境からエネルギーを獲得できる．

　より効率的なエネルギー散逸に導くプロセスとして生命を見るならば，生命の起源は確率的に起こりそうもないことではなく，宇宙のエネルギー論の自然な結果である．エントロピーの観点から見ると，生命は，エントロピー増大の基本的な熱力学法則に反抗するのではなく，冷徹にそれにしたがっている．秩序の形成は，必然的により大きなシステムにおける無秩序の増大をともなう．エネルギー流と秩序形成の組み合わせは，エントロピー生産を最大にする．生命の起源につながる一連の過程は，エネルギー消費とエントロピー生産を最大化するという成功によって，駆動されるのだろう．生命の化学反応の効率的な駆動体である酵素が成功したのは，利用可能なエネルギーをより効率的に処理できるからである．共生が起こったのは，相互作用により各々の生物がエネル

ギーをより効率的に処理できるからである．そして，成長し，複製し，必要な原材料を補充するサイクルを利用するシステムは，循環と再生を含まず，エネルギーと物質を使いつくすシステムよりもっと成功するだろう．この観点から見れば，生命の誕生に関する詳しいメカニズムの多くはまだわからないが，惑星の生命への駆動力は，宇宙の根本的な特徴であると言える．

● まとめ

　生物の化学組成は，おおよそ太陽の組成と一致しており，生物の基本的な化学原料は豊富にある．生命の中心は，炭素元素と水分子である．炭素は，周期表のすべての元素のうちで特異な性質を持ち，生物をつくるのに最適である．また，水は，特別な化学的特性を持ち，中心的役割を果たす．水と有機化合物の両方が，地球史の初期に存在し，生命の起源に適した環境を提供した．

　すべての生物は，基本的な分子，分子マシン，および細胞の構造において，驚くほど一貫しており，共通の起源を示唆する．おそらく35億年前までに現れた最初の生命は，原核生物であった．それ以来の生命の進化は，論理的にその原核細胞と関係づけられる．生命の起源を発見する仕事は，一般共通祖先の候補を見つけることである．一般共通祖先は最も簡単な原核生物として現れ，その後のすべての生物は，数十億年の間にそれから進化した．生命の起源につながる道程の可能な枠組みが設計され，そのステップの多くは実験室で再現された．最古の岩石記録より古い惑星環境の詳細に依存した多くの未知のステップが残されているので，生命の起源を真に生物化学的に再現することは難しい．最も困難なステップは，「細胞様」の容器に含まれた高分子から，自然選択によって進化できる自己複製生物に至るところである．

　生命は，秩序を形成し，エネルギー散逸の効率を増すことによって，大きなシステムのエントロピー生産を高める．この意味で，生命は基本的な熱力学法則に対する自然な応答である．正当な理由に基づいて，適当な惑星環境があれば，生命は惑星進化の自然な結果であると言えるだろう．

参考図書

Andrew A. Knoll. 2004. Life on a Young Planet: The First Three Billion Years of Evolution on Earth. Princeton, NJ: Princeton University Press. 斉藤隆央訳. 2005. 生命　最初の 30 億年—地球に刻まれた進化の足跡. 紀伊國屋書店.

Jonathan I. Lunine. 2005. Astrobiology: A Multidisciplinary Approach. Boston: Pearson Addison-Wesley.

J. William Schopf, ed. 2002. Life's Origin: The Beginnings of Biological Evolution. Berkeley: University of California Press.

Alonzo Ricardi and Jack W. Szostak. 2009. The origin of life on Earth. Scientific American 301(3): 54–61.

第 14 章

競争を生き抜く

生物多様性の創造における進化と絶滅の役割

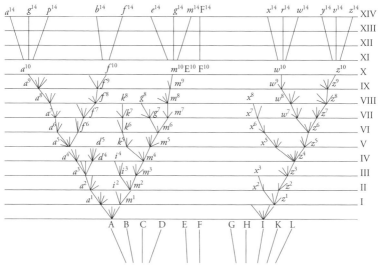

図 14-0：1859 年刊行の『種の起源』において，ダーウィンが最初に生命の樹の概念を説明した図．彼は，次のように書いている．「この樹の最初の成長以来，多くの大枝と枝が衰えて，落下した．さまざまなサイズの失われた枝は，属，科，あるいは目の全体かも知れず，その生きている標本はない．私たちは，化石状態で見つかったものからそれを知るのみである……新しい芽が生じ，すくすく育てば，枝を出し，弱々しい枝の上に高く茂るようになる．世代を経て，偉大な生命の樹になったと私は確信する．その死んで折れた枝は地面を満たし，その広がった美しい枝は樹の表面を覆っている.」

　すべての生物は，細胞構造，代謝，および化学経路において注目すべき単一性を有している．しかし，私たちはまわりを見まわすと，生命の多様性に驚くばかりである．初期の博物学者は，**生物多様性**を組織的に分類した．その分類は，最も大きなスケールの**界**から，個々の生物を指す**種**までの階層を持つ．もともと植物と動物が2つの界であったが，微生物の世界についての知識が深まり，生命は3つの**ドメイン**のなかの5つまたは6つの界に分類された．3つのドメインは，**真正細菌**，**古細菌**，**真核生物**である．植物と動物は，どちらも複雑な真核細胞から成り，同じドメインに含まれる．単細胞の原核生物は，惑星の遺伝的多様性の大部分を有し，互いに大きく異なるので，2つのドメイン（真正細菌と古細菌）をつくる．このような多様性は，共通の起源からどのようにして生じたのだろうか？

　過去と現在の間の連鎖は，地質記録の**化石**として保存されている．地球史を通した生命の漸進的変化は，堆積岩の地層の注意深い研究によってあきらかにされた．それは，いくつもの世代の生物が絶滅し，新しい種が出現した生物の歴史をあきらかにした．現在の生物は，地質記録の共通祖先に結びつけられる．地質学的なタイムスケールは，生物集団の突然の変化に基づいて，大きく分けられる．この理由により，**先カンブリア時代**と**顕生代**の境界である5億4,300万年前に硬組織を持つ最初の化石が現れた後，時代の区分が急に増加する．顕生代は，大量絶滅によって3つの代に分けられる．チャールズ・ダーウィンは，現在の生物と化石記録を調べた．彼が観察したのは，生物の差異は別の大陸の間では大きく，近くの島の間では小さいことである．ダーウィンは，**進化論**を提唱した．生物は，**自然選択**の過程により，次第に多様になるという説である．自然選択では，競争と環境変化が個体群にストレスを与え，ある特徴を持つ個体が成功して繁殖する．小さな変化が長い時間積み重なって，生物多様性を生じた．ダーウィンの直感的な理論は，DNA の発見により実証された．DNA は，遺伝形質，および DNA 配列における定常的な小さな変化にメカニズムを与えた．現在の DNA 配列は，過去の変化の生きている記録である．同じような DNA を持つ生物は最近の共通祖先を持ち，大きく異なる DNA を持つ生物はずっと昔に分岐した．

　肉眼で見える大きさの生物の進化は，きわめて遅く，人間のタイムスケールではわからない．新しい種は，存在する種のごくゆっくりとした変異に

よって現れるからである．1 日で複数の世代が交代する細菌では，進化は十分に速く，実験室で観察できる．そのため，進化の確かな証拠は，微視的生物から得られる．進化には，誕生する種と絶滅する種の両方が必要である．地質記録によると，大量絶滅を除けば，バックグラウンドの絶滅速度は 1 年あたり約 0.00001 % である．よって，4,000〜5,000 万年で種の 99 % が絶滅する．しかし，地質時代に種の数は著しく増加しており，種の誕生は種の絶滅より速かったことを示す．種の誕生はゆっくりであるが，種の絶滅は突然訪れる．人類による惑星の支配は，絶滅速度を 10,000 倍に増加させた．その結果，進化の半面である絶滅がはっきりと現れつつある．人類による絶滅速度が継続すれば，現在の巨視的生物の多様性は数百年のうちに失われるだろう．

● はじめに

これまでの章で，私たちは，細胞レベルで見たときの生命の単一性を強調し，最初の原始細胞，すなわち現在のすべての生物の一般共通祖先がいかに現れたかを考えた．原始細胞はごく小さいので，顕微鏡でしか見ることはできない．地球の表面の生命は，訓練されていない肉眼にはよくわからなかっただろう．

現在の生命と何と異なることだろう！　現在，生物はあらゆるところに生きていて，その多様性は畏敬の念を起こさせる．セコイアスギ，牡蠣，コブラ，ミツバチ，ヒト，そして古い食物に生えるカビ．砂漠であれ，氷河地域であれ，どこでも生命が見られる．生存可能性は，地球の歴史を通してあきらかに増大した．私たちの住む惑星は，おそらく生命が誕生できた唯一の場所ではないが，生物は繁栄して，あまねく生存している．生存可能な惑星の形成は，これまでに議論した初期条件に加えて，最初の原始生命から，現在観察される複雑で多様な生態系への 30 億年以上にわたる惑星の**進化** (evolution) を含む．私たちの次の課題は，この変化を記述し，そのメカニズムを解明することである．

どのようにすれば**生物多様性** (diversity of life) を適切に記述できるだろうか？　私たちは，多様性を見るのと同時に，異なるかたちの生物の間に大きな共通性

を見る．哺乳類は多くの特徴を共有しており，多くの顕花植物もそうである．私たちは，直感的に類似性の程度を認識する．ある生物は互いにきわめて似ており，あるものは少し似ており，また他のものは大きく異なる．人々は，そのような見かけの観察に基づいて，生物を組織的に分類する試みを長い間続けてきた．18世紀の博物学者は，彼らが見ることのできた生物多様性を記述し，分類し，理解しようとした（彼らは，微生物の広大な世界についてはほんのわずかしか知らなかった）．最有力者であったスウェーデンの博物学者カロルス・リンナエウは，植物と動物の階層的な分類法をつくった．その基本形は，現在でも生きつづけている．例えば，ホモ・サピエンス（*Homo sapiens*，賢いヒト）という術語は，**種**（species）を命名する彼の**二名法**（binomial nomenclature）にしたがっている．

　リンナエウは，共通の特徴にしたがって，種をグループに分けた．その方法は，容易に理解できる．ヒト，チンパンジー，およびゴリラは，多くの特徴を共有している．オオカミ，イヌ，コヨーテもそうである．あるいは，ボブキャット，ヒョウ，トラもそうである．イヌは，ゴリラやヒョウよりも，コヨーテと似ている．これらの動物は，アリ，顕花植物，海藻は言うまでもなく，魚やトカゲにもない共通の特徴を持つ．このような問題の注意深い考察が，巨視的な生物の分類を可能にした．ある特徴（植物と動物のような）は，大きなグループできわめて広く共通している．ある特徴（ひづめがひとつで，四つ足で歩くのような）は，少数で共有されている．種のレベルまで下ると，その特徴の集合は固有となる．初期の博物学者は，地球上に見られるすべての生物を正しく分類したいという情熱を持っていた．彼らは，長くつらい航海に進んで参加した．不治の病にかかって港に止まることもあったが，探検し，生物を収集し，組織化し，生物多様性を理解しようとした．また，新しくつくられた博物館に標本を保存した．多様な生物を共通の特徴に基づいて個々のグループへ分類することは，惑星の生命を発見する興奮に満ちた偉大な過程だった．これらの初期の分類学者は，生命を一般性と生物の数が減少する順序の階層構造に組織化した．それは，界，門，綱，目，科，属，種である（図14-1）．彼らは微生物の世界についてはよく知らなかったので，2つの**界**（kingdoms）は植物と動物であった．

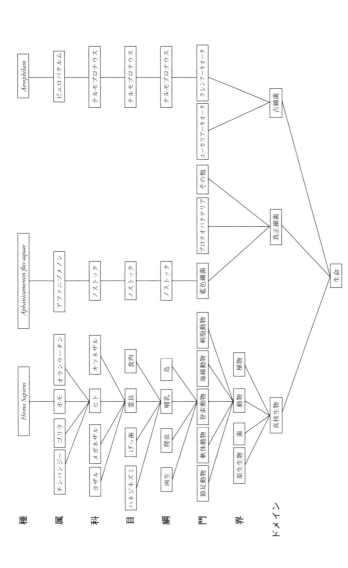

図 14-1: 現生生物の初期の分類スキーム。入れ子になった階層において、ドメインと界は最も大きな集合であり、種は最も具体的である。例えば、私たちはホモ・サピエンスである。動物界、脊索動物門、哺乳綱、霊長目、ヒト科、ホモ属、サピエンス種である。

　顕微鏡の発達により，微生物の発見と研究が進み，すべての生物が細胞構造を持つことがあきらかになった．19世紀半ば，微生物の世界を原生生物界とすることが新たに提唱された．原核生物と真核生物が明確に区別されると，植物と動物はともに真核細胞からなる点で近縁であることがわかった．20世紀後半，DNA解析によって，原核生物は根本的に異なる遺伝子系統を含むことがあきらかにされ，**真正細菌**（bacteria, eubacteria）と**古細菌**（archaea, archaebacteria）に分割された．その結果，生命は3つの**ドメイン**（domains）に分類された（真核生物，真正細菌，および古細菌）．それらは，さらに5つまたは6つの界に分けられる．2つは，原核生物の真正細菌界と古細菌界である．2つは単細胞または単純な多細胞の真核生物が属する原生生物界と菌界である．そして，多様化した真核生物の植物界および動物界がある（図14-1）．

　DNAは，厳密で定量的な多様性の指標となる．小さいが速やかに増殖する生物のDNA配列があきらかにされ，その結果は，初期の博物学者が行った見た目に基づく定性的な分類と比較された．私たちが見ることのできる巨視的な変化は，DNAの詳細な分子配列と対応していた．DNAは，すべての生物の外観と代謝を指示する．ヒトどうしの間では，DNAの99.9％が共通している．ヒトのDNAは，チンパンジーと96％，マウスと90％，遠い親戚の哺乳類であるカモノハシと80％共通している．このような見た目の差異とDNA変化量の間の一致は，生きている生物と絶滅した生物（外観のかたちは化石として残っているが，DNAは残っていないもの）を比較することを正当化した．微生物の世界は見た目の差異は小さいが，その発見は生物多様性に新しい次元を加えた．これについては，本章の後半でもっと詳しく議論しよう．

● 岩石記録からあきらかにされた生命と地球の歴史

　初期の生物学者が生きている生物の多様性を同定し分類していたころ，地質学者は層序記録に取り組んでいた．彼らは，異なる岩石層を最も古いものから，最も新しいものへと並べようとしていた．この研究は，萌芽期の産業革命の燃料となる石炭層がどこにあるかを予測するために実用上重要であった．18〜19世紀には，放射年代測定は存在しなかったので，特定の岩層に対して，

絶対的な年代を与えることはできなかった．その代わりに，地質学者は，堆積
岩の相対的な年代を手がかりにしなければならなかった．相対年代の原理は，
17 世紀デンマークの地質学者ニコラウス・ステノによって導かれた．彼が気
づいたのは，堆積物は一般に水から沈降するか沈殿する粒子によって形成され
ること，個々の堆積物層は遠い距離までたどれることである．さらに，上層の
形状はその下の層と一致しており，より深い層がすでに存在した上に沈殿した
ことを示す．**地層累重の法則** (law of superposition) は，この原理を明文化したも
のである．連続する平らな地層では，層序断面を上に進むにつれて，年代は次
第に新しくなる．もちろん，細かく見れば，この原理の例外がある．堆積物は
斜面にも積もり，断層によって他の地層の上面に押し上げられることもある．
しかし，この原理は，基本的に堅固である．変形を受けていない地層は，地質
記録に富む（図 14-2）．また，地層累重の法則は，変形され，断層を生じた岩
石の複雑な層序を解きあかす上でも役に立つ．

　この手順は，地層が連続的につながっている限られた範囲ではたいへんうま
くいく．しかし，離れた場所の岩石は，どのように比べればよいだろうか？
岩石そのものは，ほとんど区別できない．頁岩，砂岩，あるいは石灰岩は，そ
れぞれ別の頁岩，砂岩，あるいは石灰岩ときわめてよく似ている．そこでロゼッ
タストーンとなるのが化石である（図 14-3）．化石として同定された数千の動
物と植物の種が，化石群の目録に注意深く記載された．化石群は，ある特定の
時代に同時に生きていた生物の集合である．化石群は，すべての大陸で同じ層
序にしたがって現れる．場所によって岩石の種類の正確な順序は異なるかもし
れないが，化石群の変化は常に規則的である．ひとつの場所が完全な層序記録
を保存することはありえないが，化石群は部分的な層序を相互に比較して，ひ
とつの全体層序にまとめることを可能にする．

　最古の堆積岩は，化石を含まない．この化石のない時代は，かつてはすべて
先カンブリア時代 (Precambrian) としてひとまとめにされた（図 14-4）．からだ
の硬組織を含むよく保存された化石は，層序記録に突然現れる．その最初の層
は**カンブリア紀** (Cambrian period) と呼ばれ，特徴的な化石は三葉虫である（図
13-7 参照）．三葉虫は，層序柱を上がるにつれて変化し，やがて消失し，若い
岩石ではまったく見られない．そのずっと後に，最初の魚類が現れる．木は，

図 14-2：水平な地層の 2 つの例．地層累重の法則にしたがって，他の地層の上に堆積した．
変形していない層序では，若い地層は，より古い地層の上に見られる．上：グランドキャニ
オンの堆積岩．下：オレゴン州，コロンビア川玄武岩層群の玄武岩溶岩流．（Courtesy of U. S.
Geological Survey）

図 14-3：地球の別の時代の大きく異なる化石生物群．上は，オルドビス紀生態系（5 億～4 億 2,500 万年前）の想像図．無脊椎動物が支配的で，脊椎動物や植物は存在しない（Figure © C. Langmuir）．下は，ペルム紀（3 億～2 億 5,000 万年前）の群集．複雑な植物，および優勢な爬虫類が見られる（Image © by Karen Carr (www.karencarr.com)）．これら 2 つの時代の岩石は，完全に異なる化石群を持っており，それらは異なる大陸の岩石をひとつの層序にまとめる上で役に立つ．

54

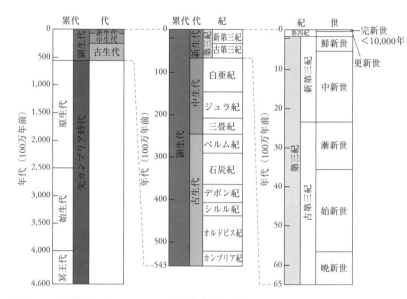

図14-4：地質学的タイムスケールは，もともと層序関係と化石記録に基づいて構築され，放射年代測定により確証され，定量化された．左の時間軸は，地球史全体を表す．化石記録が存在する顕生代は，地球史のほんの10％を占めるに過ぎない．右の2つの列は，その左の列の短い時間を拡大したものである．(Courtesy of U.S. Geological Survey)

さらに若い．このように，全球の層序柱は，底部にある最も古い岩石から，頂部の最も若い岩石まで，相対的な時系列にそって並べられ，確立された（図14-4）．

私たち個人の生活でも，過去の歴史でも，正確な日付はなくても，ある時間範囲に名前を付けることができる．例えば，ティーンエイジャー，青銅器時代，中世のように．それらは，初めと終わりの出来事で区切られた時間範囲である．地質学者は，地質時代の相対的タイムスケールに同じ慣習を用いた．特徴的な化石群を持つ時代に名前を与え，化石群があきらかに変化するところを境界に定めた．その境界は，ふつうそれまで豊富だった種の突然の消失に結びつけられる．命名は，階層的なシステムにしたがう．累代，代，紀，世，期の順である（専門家だけが，世と期について詳しい知識を持っている）．硬組織を持つ

動物の出現は，地球史の画期的な出来事であり，先カンブリア時代と呼ばれる初期の長い時代と**顕生代**（Phanerozoic eon）を区分する．顕生代の中では，多数の種が消滅した事変がしばしばあり，これらは**大量絶滅**（mass extinctions）と呼ばれる．最も大きな絶滅は，代を区切るのに用いられる．ペルム紀と三畳紀の間の絶滅では，存在した**属**（genera）の約 80％ が消滅した．これは，**古生代**（Paleozoic era）と**中生代**（Mesozoic era）を区分する．白亜紀末の恐竜（およびすべての種の約半分）の消滅は，中生代と**新生代**（Cenozoic era）の境界と定義される．人類文明の興隆にともなう多数の絶滅，森林破壊，および環境変化は，新しい代の境界となるかもしれない．私たちの活動によって，地球表面の全体が変化しているからだ（第 20 章参照）．

　初期の地質学者にとって，時代変化の記録は相対的であった．しかし，第 6 章で述べたように，放射年代測定によって，生物に基づいて組み立てられた層序のタイムスケールが検証された．堆積物は，異なる時代の岩石が風化されてできたさまざまな粒子を含むが，同じ地層に見いだされる火成岩が個々の層の年代を与える．これらの年代は，層序柱の妥当性を示し，地質時代に正確な年代を与えた（図 14-4）．例えば，先カンブリア時代−顕生代の境界は，5 億 4,300 万年前であることがわかった．その後の時間は，地球史のほんの 12％ に過ぎないのだ！

　放射年代測定により，先カンブリア時代を次第に詳しく調べられるようになった．この時代の地層には化石記録がないので，異なる地域の断面を相互に比較することはできなかった．定量的なタイムスケールは，先カンブリア時代を累代−代−紀の枠組みに分割した．地球の誕生から，知られている最古の岩石までの時代は，**冥王代**（Hadean eon）と呼ばれる（冥王代の若い方の境界は，より古い岩石が発見されると変化する）．現在知られている最古の岩石は，カナダのアカスタ片麻岩であり，その年代は 40 億年前である．それは，**始生代**（Archean eon）の始まりを定義する．始生代は，25 億年前まで続く．次の累代は，**原生代**（Proterozoic eon）と呼ばれ，5 億 4,300 万年前にカンブリア紀が始まるまで続いた．始生代と原生代は，このようにきわめて長い時間を含むので，いくぶん恣意的に各々3 つの代に分けられる．さらに，原生代は，よく定義された紀に分けられる．原生代の最も若い岩石は，10 億年前から 5 億 4,300 万

年前までの新原生代というきわめて重要な時代に属する．この時代には，複数のスノーボールアース事変があったキオゲニアン（クライオジェニアン）紀が含まれる．多細胞生物が最初に発達したエディアカラ紀は，新原生代の最も若い紀で，顕生代カンブリア紀のすぐ下の地層である．これらの時代の名称は，初めはいくぶん難解だろうが，使っているうちに古くからの友人のようになるだろう．それらは，私たちが地球史の出来事を議論する上で役に立つ用語である．

● 化石と現在の生命を結びつける：進化論

19世紀初め，科学者は，生物多様性を解明するために，肉眼での2つの研究を発達させた．現在の多様性を示す現生生物の研究，ならびに多様性の時間変化を示す化石記録の研究である．これらの研究は，どのように結びつけられるだろうか？　化石記録の生物は，新しく発見された生物の分類学とどのように比較されるだろうか？　生命は，時間とともにどのように変化したのだろうか？　注目すべき発見は，ほとんどの化石生物はもはや生きていないことであった．生きている三葉虫や恐竜は，存在しない．最も若い化石記録に見られるマストドンやサーベルタイガーのような大型の哺乳類も，今日では絶滅している．したがって，生きている生物を分類したのと同じ手法を用いて，化石記録の変化を分類することが重要である．生物のほとんどの分類は形態上の差異に基づいており（何本足か，その甲虫の触角までの体節は5つか6つかなど），また化石は形態をあきらかにするので，現在の生命を化石記録と関連づけることができる．この比較により，現在の似た種における多くの特徴は，地質記録の共通祖先に関連づけられることがわかった．さらに過去にさかのぼると，この共通祖先は，他の種の共通祖先と形態学的に結びつけられる．すなわち，共通の共通祖先が，見いだされる．この関係が，**生命の樹**（tree of life）の概念を与える（図14-5）．現在見られる多様化した種は，成長する個々の小枝の端に位置している．究極の源である最初の生物は，幹の根元に位置している．生命の樹は，時間による変化を表すことに注意しよう．これは，現在生きている種のみを対象とする生命の分類（図14-1参照）とは異なることに注意しよう．

生命の歴史と多様性を理解するための偉大な進歩は，19世紀半ばに成し遂

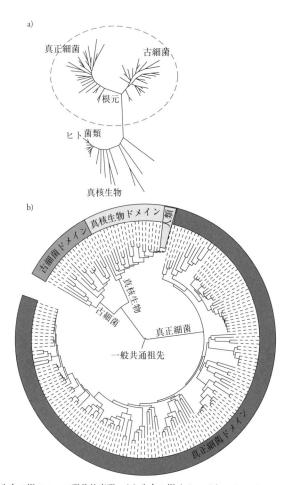

図 14-5：生命の樹の 2 つの現代的表現．（a）生命の樹（adapted from Pace, Science 276［1997］: 734-40）．（b）ゲノム配列に基づく，生命の樹のもうひとつの表現．中心が生命の樹の根元であり，生命の一般共通祖先に相当する．異なる陰の領域は，生命の 3 つのドメインを表す．濃い灰色は真正細菌，灰色は古細菌，薄い灰色は真核生物である（原生生物，菌類，動物および植物を含む）．ホモ・サピエンス（ヒト）は，薄い灰色の領域の右端から二番目に位置している．生命の遺伝的多様性のほとんどは，単細胞生物に存在することに注意．（modified after iTOL: Interactive Tree Of Life; http://itol.embl.de/itol.cgi）

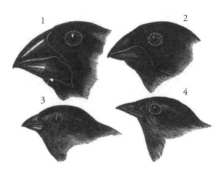

1. Geospiza magnirostris.　2. Geospiza fortis.
3. Geospiza parvula.　4. Certhidea olivasea.

図 14-6：エクアドル沖，ガラパゴス諸島の異なる島々から得られたフィンチ．ダーウィンに
よるオリジナルの挿絵．ダーウィンが気づいたのは，これらのフィンチは，気候が大きく異
なる南アメリカの種と似ているが，互いに少しずつ異なることである．彼は次のように書い
ている．「生命の条件，島々の地質学的性質に類似性は何もない……実際，これらすべての
点でかなりの相違がある．一方，ガラパゴス諸島とカーボベルデ諸島の間には，火山性の土壌，
気候，高度，島々の大きさなどにかなりの類似性がある．しかし，その生息動物はまったく
異なっているのだ！　カーボベルデ諸島の生息動物は，アフリカのものと関係がある．同様
に，ガラパゴスの生息動物は，アメリカのものと関係がある．」

げられた．当時，地質時間が非常に長いことに対する確かな証拠と，全体的な
生物の多様性についての進歩した理解が得られていた．チャールズ・ダーウィ
ンは，世界一周航海を通して，オーストラリアのような大陸の物理的隔離が生
きている種に大きな差を生じたことを見た．また，わずかに隔離されたガラパ
ゴス諸島の島々では，個体群に小さな差があることを観察した（図 14-6）．多
くの知識の蓄積と地質記録によって示された膨大な時間の認識が，ダーウィン
の偉大な総合である**進化論**（theory of evolution）を生みだした．ダーウィンの説
によれば，生物は**自然選択**（natural selection）により時間とともに次第に多様化
する．自然選択では，競争と環境変化が個体群にストレスを与え，ある特徴を
持つ個体の繁殖を有利にする．長い時間のうちに小さな変化が積みかさなり，
生物の多様性を生む．この変化は，生きている生物の物理的隔離による差異，
ならびに化石記録における段階的変化によって確かめられる．このようにして，

現在の生物多様性と時間変化の両方が，ひとつの過程によって説明できるようになったのだ．

　ダーウィンのアイディアは，19 世紀に大論争を巻きおこした．現在でも，生物学者ではない多くの人には，理解しがたく，受け入れがたい説である．難しさのひとつは，進化は数百万年から数十億年を通して働くが，私たちの寿命はその 1 万分の 1 にも足りないことである．そのため，私たちは，経験のうちに新しい種の出現を見ることがない．むしろ，生物は，きわめて変化しにくいように見える．ヒトはずっと地球に生きており，ナラの木はナラの木であり，イヌはイヌである．進化論が提唱されたとき，それは直接的な観察や実験ではなく，異なる場所の生物の差異やその歴史的解釈に基づいていた．おそらく，私たちは，小さな変化がありそうなことは受け入れられる．しかし，どうしてそれが生きている生物の大きな多様性につながるのだろうか？　鯨と木は，ほんとうに共通の祖先を持つのだろうか？

　地質時代についても，同じような問題がある．人間の経験では，地球はほとんど変化しないように見える．数億年の変化の結果を推測することは難しい．この断絶が，プレートテクトニクスの理解を妨げた．しかし，今では，私たちは放射年代測定に基づいて，地質学的タイムスケールを真実として受け入れている．正確なプレート運動の測定が磁気異常に基づく推定とぴったり一致したことにより，プレートテクトニクスは事実として証明されたのだ．進化にも，同じような決定的証拠があるだろうか？

 DNA 革命

　進化論の理解と進歩へのめざましい貢献は，DNA の発見であった．DNA は，遺伝物質であり，種の特異性を支配し，遺伝形質にメカニズムを与える．今世紀の変わりめ以来，さまざまな種のゲノムが正確に記述され，私たちはこれまでになく詳細に種の中および種の間の差異の起源を理解した．**突然変異**（mutations）は，もはやダーウィンの時代のように仮説的，定性的な概念ではない．突然変異は，DNA 鎖の塩基配列の変化として現れる．突然変異は，さまざまなかたちで起こる．DNA の複製の正確さは，100％ではない．DNA の一

部は，切りとられ，付け足され，あるいは二重写しにされる．このことが，生物の漸進的変化のメカニズムを与える．ある変化は致死的となり，ある変化は有利となる．有利な変化は，生き残る．DNA は，進化のメカニズムを与え，変化した特徴を次の世代に伝えるのである（図 14-7）．

　進化を実験室のタイムスケールで実験できるドメインがある．それは，微生物の世界である．環境変化による淘汰圧のもとで，世代と DNA 複製の数が，進化の速度を支配する．ヒトでは，1 世代はおよそ 30 年，1,000 世代は 3 万年であり，それは私たちの歴史記録や視野をはるかに超えている．進化が起こるのを見るためには，人間のタイムスケールのうちに数千世代が現れるほど寿命の短い生物が必要である．そして，その環境を操作できなければならない．最も単純な細菌は，1 時間くらいで分裂し，1 日で 20 以上の世代が現れる．ひとつの細菌をアダムと呼ぶことにしよう．それは，1 週間に 100 世代を進み，個体数は数十億以上に増えるだろう．増殖は，個々の細菌の増殖速度と寿命の比，および栄養素の利用可能性に依存する．栄養素の枯渇，物理的条件の変化，有害な病気のような危機は，個体数の急激な減少を引きおこす．特殊な突然変異を持つ少数のものだけが生き残り，それらから遺伝的に異なる個体群がふたたび増加する．もし，この細菌種が自分たちの歴史を書いたならば，それは個体数の壮大な興隆と，数百世代にわたる衰退で綴られるだろう．試験管の黙示録の歴史は，人間の夏期休暇よりも短いタイムスケールで起こる．いくつかの実験室では，この種の実験が 10 年以上にわたって続けられており，相当な遺伝的多様性を生んでいる．

　これらの詳細な実験を通して，進化は実験室で観察された．生物学者は，ひとつの細胞から始めて，それが数万世代をかけて進化し，環境変化に応じて多様な能力と挙動を発達させるのを観察した．そして，その変化を進化した生物の DNA 上にマッピングした．さまざまな種類の遺伝子の導入および共生の発達も，実験によって観察された．したがって，寿命の長い大きな生物の変化を実験で直接調べることは難しいが，短寿命の微生物を用いる実験は，遺伝子変化による進化の実在をあきらかにする．

　巨視的には，数世紀で生じる複雑な種の変化を思い浮かべることができる．イヌ，家畜，植物の多様性と特殊化，および特定の特徴を発達させる品種改良

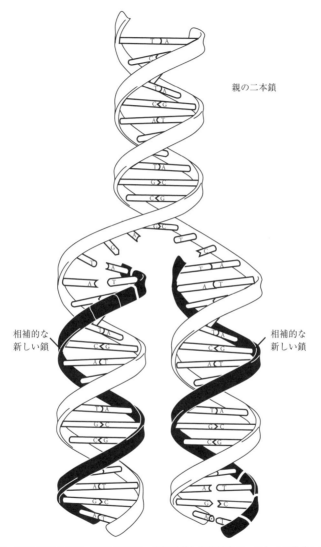

親の二本鎖

相補的な
新しい鎖

相補的な
新しい鎖

図 14-7：DNA 複製の図解．DNA 複製は，遺伝形質と突然異変が，ひとつの世代から次の
世代に伝わることを可能にする．（Illustration by artist Darryl Leja, courtesy of National Human
Genome Research Institute）

の一般的利用は明白である．この変化のいくつかは，種の分化に近づいている．セントバーナードとチワワの間の繁殖は，物理的に事実上不可能である．もし，母がチワワであれば，死んでしまうだろう．ほとんどの都市居住者にはなじみがないが，人間の介在による作物の変化も偉大である．抗生物質耐性菌のような新しい疾病の出現は，ヒトの将来の健康にとってきわめて深刻な進化である．

　DNA 配列の漸進的変化が避けられないこと，生きている生物を使って実験室で観察されることを知れば，進化は現実の確率的過程であると理解できる．ある種の 2 つの個体群が 2 つの島に孤立したとすれば，それぞれの個体群は徐々に異なる方向に進化するだろう．この変化は，時間が経つにつれて次第に大きくなり，ついには遺伝的類似性がかけ離れて交配できなくなる点に達する．遺伝的差異の程度は，時間とともに増大するので，2 つの新しい種が遺伝的に同一であったときからの経過時間を示す時計となる．この過程が数百万年にわたって繰り返されると，最近の共通祖先を持つ種のグループを生ずる．これらの種は，同じような DNA を持つ．きわめて古い共通祖先を持つ種のグループでは，DNA により大きな差異がある．なぜ近くの島の種はわずかに異なるのか，なぜカンガルーのようなオーストラリアの動物は北アメリカの動物と大きく異なるのかという疑問は，上述の過程により説明できる．この過程によれば，アフリカと南アメリカの生物化石は，2 つの大陸が接していたときには同じであったが，次第に異なる植物相と動物相に変化したことも見事に説明できる．

　DNA に基づく種の同定の定量性は，生命の樹を定量的に構築することを可能にする．DNA の類似の程度により，種の間の差異を定量化し，共通祖先以降の時間を推定できる．このように，現在の遺伝的多様性は，過去についての情報も含んでいる．生物 A のゲノムを生物 B のゲノムと同じにするためには，どのくらいの遺伝的変化が必要だろうか？　遺伝的変化が多少とも一定の速度で起こるとすれば，遺伝子時計は，生命の樹で 2 つの枝が分かれた時代を推定するのに使えるだろう（図 14-5 参照）．

　生命の樹の概念は，今生きている 2 つの種は，決してどちらかの子孫ではないことを示す．進化に関する一般的な誤解は，例えば，「ヒトは，類人猿の子

孫である.」のような記述で表される. しばしば, この記述はヒトがゴリラや
チンパンジーの子孫であることを意味すると解釈されるが, それはまちがいで
ある. そうではなくて, ヒトとチンパンジーは, 共通祖先から進化した「いと
こ」である. 現在, この 2 つの種は, DNA の約 96 ％が共通である. これは,
ヒトとチンパンジーのゲノム配列が完全に定量化された結果に基づいている.
突然変異時計によれば, その差異が生じるには, およそ 600 万年を要する.
やがて, その共通祖先が化石記録の特定の種として同定され, 現在の多様性,
化石記録, および定量的 DNA 測定を関連づけるだろう. 私たちとチンパンジー
で異なる DNA 上の場所は, ついには 2 つの種が分化するに至った突然変異の
経路をあきらかにするだろう.

　DNA の定量的解析は, 微生物の世界の詳しい研究も可能にした. そこでは
外見上の差異は, 巨視的な多細胞生物ほどはっきりしない. ヒトは 30 億以上
の塩基対を持つが, 典型的な原核生物は 100 万の桁の塩基対しか持たない.
しかし, 多くの細菌種の DNA 配列が解析されるにつれて, これらの単細胞生
物はきわめて多様な遺伝子を持ち, 惑星の遺伝子多様性のほとんどを占めるこ
とがわかった. カール・ウーズは, DNA に基づく生物多様性の新しい概念を
提唱した. その説によれば, 私たちが見ることのできる生物をすべて含む真核
生物は, 地球史を通して発達した遺伝的多様性の全体のほんの一部分に過ぎな
い (図 14-5b 参照).

　細菌の DNA の関係を詳しく調べた結果, 漸進的突然変異とは異なるもうひ
とつの進化のメカニズムがあきらかにされた. 細菌は, 時々, ひとつの生物か
ら他の生物へ遺伝子を転移するのだ. この型の DNA の変化は, **遺伝子の水平
伝播** (horizontal gene transfer) と呼ばれる. それは, 遺伝子が生命の樹のひとつ
の枝にそって縦方向に伝わるのではなく, 異なる枝の間で横方向に伝わるから
である. ウイルスは, 突然変異ではない, 別の遺伝子転移のメカニズムである.
ある種のウイルスは, その DNA を宿主の細胞に注入し, それは宿主の DNA
に取り込まれるからである. 遺伝子の水平伝播は, 微生物ではしばしば観察さ
れる. その頻度があまりにも高いので, 多くの生物学者は, 厳密に直線的な生
命の樹の概念は微生物ドメインにはもはや当てはまらないと考えている. そし
て, 生命の樹の深い根元は, 多くの交換と相互結合を含んでおり, 種と種が遺

伝的に混じりあっている．微生物の世界は，遺伝情報の広大な倉庫である．微生物は，その情報を伝播し，競争圧やさまざまな環境に適応している．

Column ―――――――――――――――――――――――――――――――――

言語の進化

　生命の進化と比較して，言語の進化を考えることは有益である．言語では，より短いタイムスケールで，小さな変化や相互作用が多様性を生ずる．私たちは自分の寿命のうちに言語の変化に気づくことは少ないが，シェイクスピアの戯曲を読む人には，現代英語とシェイクスピアの英語の間の差異はあきらかである．この変化は，400 年以内に生じた．現代英語とチョーサーおよびベーオウルフとの間の差異は，約 1,000 年かかって生じたもので，より大きい．ラテン語からヨーロッパ言語への分化は，わずか 2,000 年の間に起こった．インド・ヨーロッパ言語の共通の源は，紀元前 5,000 年頃にヒンディー語，ペルシャ語，ロシア語，およびゲール語に分化した．ある変化は，ひとつの孤立した言語において，漸進的に起こった．ある変化は，侵略，あるいは異なる 2 つの言語圏の間のコミュニケーションの発達によって起こった．新しい言語は，両方の言語圏が進化させた材料を利用した．長い時間と大きな距離の隔離は，大きな差異を生ずる．密接なコミュニケーションは，共有と共通性を発展させる．現在起こっているグローバルな言語の交換は，多くの少数言語の消滅を招いている．言語も，それがどこから来たか，いつ共通言語から分化したか，どのように他の言語と融合したかという歴史を含んでいる．さらに，言語も正確に，しかしまったく完全にではなく，ひとつの世代から次の世代に伝えられる．言語の多様性が明確に示すことは，小さな変化と結合が時間につれて次第に大きな差異となり，やがて互いに通じなくなることである．

　言語進化と生物進化との類似性は，あきらかである．小さな変化が時間を経て積み重なり，言語を分離し，やがて伝達不能とする．変化は，時間と分離によって促進される．新しい言語は，突然現れるのではなく，小さな変化から時間をかけて生じる．現在の言語は，その先祖のルーツを持ち，共通の親言語に

さかのぼれる.「言語の樹」は,生命の樹と同様に組み立てられる.数学用語で表現すれば,言語の分化は,生物の進化と多くの類似度を持つ.DNA は,細胞の「言語」である.生物学的変化は,言語の変化よりずっとゆっくりと起こるが,両者は原理と結果においてよく似ている.

$-$ *Column*

　進化論から見た DNA の奇跡は,それが遺伝形質のメカニズム,漸進的な進化を簡単かつ定量的に理解する基礎,および多様性を厳密に定量化する可能性を与えることである.また,DNA は,歴史を刻み込んでいる.それは,現在の多様性が時間をかけてどのように進化したかの記録である.したがって,DNA は,進化にきわめて正確で定量的なメカニズムを与える.現在,実験室の科学者は,DNA 鎖を操作し,生物の特徴を変化させ,新しい進化のメカニズムを生みだすことができる.それは,人類による遺伝子操作である.

● 進化の半面としての絶滅

　進化のもうひとつの特徴は,常に 2 つの相補的な過程が起こったことである.古い種の絶滅と,新しい種の漸進的な出現である.惑星上の種の全数は,絶滅するものと,出現するものとのバランスに依存する.化石記録から得られる全体的な属の数の時間変化は,図 14-8 に表されるようである.地質記録は,バックグラウンドの絶滅速度があり,それが短期間の大量絶滅で中断されたことを示す.最大の大量絶滅は古生代と中生代の境界で起こり,およそ 70〜90％ の種がたった数百万年のうちに絶滅した.この急激な減少の後,中生代の間,多様性と種数は増加した.次の急激な減少は,中生代最後の白亜紀と新生代最初の第三紀の境界で起こった.その大量絶滅以降,種数はふたたび次第に増加した.現在,人類が新しい大量絶滅を引きおこし,惑星に影響をおよぼしつつある.

　化石記録の研究は,バックグラウンドの絶滅速度が 1 年あたり約 0.00001％であることを示す.この数値は,放射性核種の崩壊定数と類似のものと見ることができる.1 年あたりに種が絶滅する速度は,1 年あたりに原子が崩壊する

66

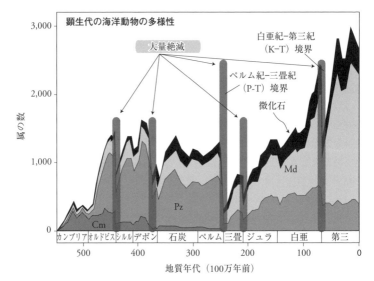

図 14-8：地質時代を通した異なる属の数の変化．属の数は顕生代を通して大きく増加したが，その全体的な増加は繰り返された急激な絶滅，すなわち大量絶滅によって中断されたことに注意．5 つの最大級の大量絶滅を灰色のバーで示す．Cm はカンブリア型の動物，Pz は古生代型の動物，Md は現代型の動物を表す．カンブリア紀に特徴的な動物群は，ペルム紀‐三畳紀境界（古生代‐中生代境界）で永久に絶滅した．（Modified after Sepkoski, Bulletins of American Paleontology 363 (2002). See also strata. geology. wisc. edu/jack)

速度と似ている．この用語法によれば，種の絶滅の「崩壊定数」は，$10^{-7}\mathrm{y}^{-1}$ である．これは，ひとつの種の平均寿命が 1,000 万年であることを意味する．また，すべての種の半減期は 690 万年となる．この絶滅速度にしたがえば，すべての種の 99%が 4,600 万年で絶滅する．

　しかし，図 14-8 に示されているデータは，種の数が時間とともに減少していないことを示す．カンブリア紀以前には，複雑な生物は存在しなかったが，地質記録によれば，やはり種数の全般的な増加傾向があった．種が絶滅するだけであれば，多様性と種の数は必然的に減少する．したがって，種の誕生は，種の絶滅より速い速度で起こってきたに違いない．バックグラウンドの絶滅速度によれば，4,600 万年で種の 99%が絶滅し，ほぼ完全に種が入れかわる．こ

の時間は，地球史の 1% よりも短い．生物学的変化は，地球のタイムスケールでは，きわめてダイナミックな速度で起こる．そのような変化は，幸運である．なぜなら，避けられない環境変化に（それがあまりに急激でなければ），生物が適応することを可能にするからである．

　しかし，私たち人間のタイムスケールでは，新しい種の出現はきわめて遅い過程である．100 万種あたり，1 世紀の間にたった 16 の新しい種が誕生するだけである．この誕生は，新しい種がどこからともなく突然現れるのではなく，漸進的な進化である．かつては同じ種であった 2 つの種は，突然変異に次ぐ突然変異を経て異なるようになり，ついに別の種として同定される．新しい種の出現は，そのように微妙で漸進的であり，私たちの目にはほとんど見えない．

　しかし，進化の半面である絶滅は，もっと見やすい．絶滅は突然だからだ．人間のタイムスケールにおける絶滅は，誰の目にもあきらかである．人口の指数関数的増加と文明化による生息環境の急激な変化が，多くの種の絶滅を引きおこしている．この分野の専門家は，現在の巨視的生物の絶滅速度を 1 年あたり約 0.1% と見積もっている．この崩壊定数は $10^{-3} \mathrm{y}^{-1}$ であり，バックグラウンドの 10,000 倍である．すなわち，人類は絶滅速度を 1 万倍に加速しているのだ．進化の一面である大量絶滅が，ますます顕在化するだろう．もし，新しい種の出現速度が同じように加速されているならば，最近 2 世紀の間に地球の種の 20% 以上が新しくなったはずである．進化のこの面も，またあきらかになるだろう．絶滅は，急激な速度変化にしたがう．一方，種の誕生は，DNAの突然変異という遅い分子過程に制限されている．このため，種の出現は私たちにははっきりと見えないが，進化の半面である絶滅はまったく明白である．

　以上のように，進化の証拠は堅固である．進化は，生命の地質記録に基づいており，DNA の分子メカニズムによって理解され，絶滅の観察からあきらかに必須であり，さらに実験室での実証を受けている．進化論は，ビッグバン理論やプレートテクトニクス理論と同じように，私たちの理論評価で 10 点満点である．そして，私たちが住む世界を科学的に理解するための確固たる基礎のひとつである．

● まとめ

　現在の生物多様性，化石記録，進化論，および DNA の研究に基づく最新の証拠から，私たちは，現在の生物の複雑さと多様性が漸進的な進化の結果であることを理解できる．進化は，分子的基礎に基づいて理解され，確証される．時間をさかのぼると，現在のすべての種に対して共通祖先たちを見つけることができる．さらに，それらは地球の初期に生まれた共通の祖先を持つ．すべての生命の単一性は，一般共通祖先を指し示す．進化過程の詳細は，この単一性のうちに多様性が生じたメカニズムをあきらかにする．

　ダーウィンの進化論の天才的直感を完全に把握することは難しい．彼が直感したことは，特徴が遺伝すること，特徴は時間とともに徐々に変化すること，そして好ましい（生存と繁殖に有利な）変化の選択が時間を経て漸進的な進化を生ずることである．進化は，化石記録，および生物の多様性と共通性からあきらかにされる．ダーウィンが提唱したとき，これらのアイディアはメカニズムを持たなかった．DNA は，ひとつの世代から次の世代への遺伝形質の伝達にメカニズムを与えた．特定の DNA 配列における小さな変化によって，突然変異と漸進的変化の方法が与えられた．したがって，DNA は，厳密で詳細な現代生物化学と，ダーウィンによって提唱された生命と進化の全体的理解とを結びつける．この総合は，科学史において最も偉大な瞬間のひとつであった．2つの独立な手法が収束し，生物化学，生物学，古生物学，および地球史の統一的な理解をもたらした．

　進化過程の 2 つの面は，新しい種の出現と既存の種の絶滅である．今では存在しない過去の種には，この両方が起こった．地球上の種の総数は，顕生代の間に増加した．巨視的な種の誕生は，きわめてゆっくりとした過程であり，人間のタイムスケールではほとんど気づかれない．しかし，微生物界では容易に見いだせる．絶滅は，突然である．人類がすべての生態系を支配したことによる著しい環境変化は，絶滅速度を 10,000 倍に加速した．それは，進化過程の半面である絶滅をはっきりと現しつつある．

参考図書

Lynn Margulis and Michael F. Dolan. 2002. Early Life; Evolution on the Pre-Cambrian Earth. Sudbury, MA: Jones & Bartlett Learning.

Andrew A. Knoll. 2003. Life on a Young Planet: The First Three Billion Years of Evolution on Earth. Princeton, NJ: Princeton University Press. 斉藤隆央訳. 2005. 生命　最初の 30 億年─地球に刻まれた進化の足跡. 紀伊國屋書店.

Richard Dawkins. 2004. The Ancestor's Tale: A Pilgrimage to the Dawn of Evolution. Boston: Houghton Mifflin Harcourt. 垂水雄二訳. 2006. 祖先の物語　ドーキンスの生命史. 小学館.

Charles Darwin and E. O. Wilson. 2005. Darwin's Four Great Books (Voyage of the Beagle, The Origin of Species, The Descent of Man, The Expression of Emotions in Man and Animals). New York: W. W. Norton & Co.

第15章

表面にエネルギーを与える

生命と惑星の共進化による惑星燃料電池の形成

図 15-0：森林火災．還元体有機分子が O_2 と反応する．これは，惑星の燃料電池に蓄えられたエネルギーの無制御な放出である．写真はビスケット火災．オレゴン州における前世紀最大の森林火災であり，約 2,000 km^2 が焼失した．（Photo © Lou Angelo Digital on Flickr, with permission）

　地球史を通して，生命の進化は，惑星の進化と密接に結びついてきた．生命の起源には還元的環境が必要であり，初期の地球はまさにその環境を提供した．表面には遊離の**酸素**（O_2）は存在しなかった．現代の生物は，酸化的環境に生きており，O_2 を代謝に用いる．太古と現代の間，つまり始生代から顕生代にかけて，惑星は変化し，大気，海洋，および地殻は次第に**酸化**された．

　この変化は，生命の営みの結果であった．生物には，その構成成分である有機分子をつくるために，水素（H）と電子（還元力の源）が必要である．水素と電子は，二酸化炭素（CO_2）の＋4価の炭素（C）を有機物の 0 価の炭素に**還元**する．この反応には，炭素を還元するために，水素と電子の供給源が必要である．初期の生物は，水素と還元力の供給によって制限されていた．しかし，始生代の生物は，ある時点で**光合成**を発達させ，豊富に存在する水分子（H_2O）を水素と電子の源として利用できるようになった．光合成は，恒星の核融合エネルギーを電子の流れに変換し，エネルギーを有機物の化学結合に貯蔵すると言える．

　還元された有機物の生産を補完するものは，酸化力の生産である．1 分子の CO_2 が還元され，地球に蓄えられると，きわめて反応性の高い O_2 が 1 分子生じる．生物によって放出された酸化力は，惑星の他の物質と反応し，海洋，土壌，大気を次第に酸化した．光合成の副産物である O_2 は，初めは生物にとって毒であった．しかし，酸化体リザーバーと還元体リザーバーの形成は，大きな潜在的エネルギー源を生みだし，生物はそれを利用するように進化した．**酸素呼吸**の発達は，グルコース 1 分子あたり 18 倍のエネルギーを供給し，生物に新しい可能性を与えた．長く漸進的な惑星の酸化の後，大気中酸素濃度は十分に高くなり，複雑な多細胞生物の進化と，オゾン層の形成を可能にした．オゾン層は，宇宙から降りそそぐ紫外線の有害な影響を防ぎ，陸上に豊富な生命をもたらした．

　地表の漸進的酸化により，地球は内部から外部まで均一な酸化状態から，内部は還元的で外部は酸化的な状態に変化した．それは，一種の巨大な**燃料電池**であり，エネルギーを生みだす．この意味で，生命は惑星にエネルギーを与えたと言える．生命は光合成により，太陽エネルギーを利用して電子を分離し，還元体リザーバーと酸化体リザーバーを形成した．これらのリザーバーの間の反応が，生命と惑星に力を与える．O_2 のない還元的

な初期地球から，多細胞生物に必須の高い酸素濃度を持つ現代地球への変化を起こした化学メカニズムの発達は，生命と惑星の**共進化**である．この過程は，惑星と生命の漸進的変化であり，地球，生命，および太陽が密接に結びついた物語である．

 ## はじめに

　初期の生命は，惑星の過程であった．第 13 章で見たように，生命の起源は孤立した生物学的出来事ではなく，海洋の存在，安定した気候，適当な大気，火山活動，および鉱物表面に依存していた．これらすべては，惑星の現象である．現在も，生命と地球は，切り離せないほど相互依存している．生命は水（H_2O），土壌，空気，および気候に依存しており，同時に，惑星のこれらの領域も生命の影響を受けている．動物の生存を可能にする大気と海洋の酸素（O_2）は，生物によってつくられる．土壌を肥沃にする有機物も，生物によってつくられる．気候の安定性は，炭素サイクルに依存している．炭素サイクルは，生命と気候を火山活動と岩石サイクルに結びつける．また，生物は，鉱物の分解を通して，風化を促進する．生物過程と地質過程は，地球のさまざまなリザーバーをめぐる元素サイクルを通して結びついている．初期の生命は，惑星の過程であった．現在の生命も，惑星の過程である．

　しかし，生命と惑星のどちらも，初期と現在の地球では大きく異なっている．初期の地球は不毛な風景で，現生の最も原始的な原核生物よりも簡単な単細胞生物が生息していた．これらの初期の生物にとって，O_2 は毒であった．大気の化学組成は，現在とまったく異なっていた．二酸化炭素（CO_2）ははるかに多く，O_2 はなかった．現在，多細胞生物は，惑星表面のすみずみまでを支配している．大気は，21％の O_2 を含む．O_2 は，植物によって維持され，現代の動物に欠かせない．

　したがって，わずかに入植された初期の無酸素の地球から，完全に生息され酸化された地球に至る長い道程があった．それは，**惑星進化**（planetary evolution）の物語である．多くの種の生存に適したように精巧に調整された現在の惑星への漸進的発達を理解するためには，惑星の歴史を発掘しなければな

らない．太古から現代への変化が，これからの 3 章における私たちの主題である．この歴史の中心は，生命と惑星表面がいかに**共進化**（coevolution）したかである．この共進化が，還元体リザーバーと酸化体リザーバーを形成した．これらのリザーバーの間の相互作用が，現代の生命にエネルギーを提供している．

● 電流としての生命

生物の代謝は，有機物を生産し，エネルギーを変換する．生命のエネルギーは，**電子移動**（electron transport）を含む一種の遅い電流と見なすことができる．この電子移動において，炭素（C）は必須の媒体である．炭素は，$+4$ 価から -4 価までの酸化数をとり，周期表のどの元素よりも電子移動に大きな潜在力を有する．ほとんどの生物にとって，炭素源は火山から脱ガスされる CO_2 である．その炭素の酸化数は $+4$ 価である．一方，有機分子はより還元された状態の炭素でつくられており，炭素－水素結合を含む．**有機物**（organic matter）の一般式は CH_2O であり，その炭素原子は中性酸化数（0 価）である．例えば，生物生産の一般的な生成物であるグルコース（glucose）は，$C_6H_{12}O_6$，すなわち $6(CH_2O)$ である．炭素は，さらに還元されうる．メタン（CH_4）の炭素は，-4 価の酸化数を持ち，CO_2 の炭素に比べて電子が 8 個も多い．生物には，炭素を還元して有機物をつくるために，電子と水素の供給源が必要である．一般に，地球における有機物の生成は，次式で表すことができる．

$$CO_2 + 電子供与体 + 水素 \rightarrow CH_2O + 酸化された副生成物 \tag{15-1}$$

電子供与体（electron donor）は，還元剤（reductant）または還元体分子（reduced molecules）と呼ばれ，炭素に電子を渡して，自身は酸化される．

反応 15-1 は，有機分子を生成する．その生成には，エネルギーが必要である．エネルギーは，太陽，地球，または潜在的エネルギーを有する非平衡から得られる．反応 15-1 は逆向きにも進み，そのときエネルギーを放出する．植物は，太陽からのエネルギーを使って，反応 15-1 を順方向に進める．動物は，反応 15-1 を逆方向に進めて，CH_2O を消費し，代謝のエネルギーを得る．どちらの反応も，電子移動を含む．それは，遅い電流と見なせる．すべての生物

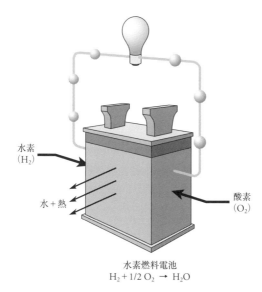

水素
(H₂)

水 + 熱

酸素
(O₂)

水素燃料電池
$H_2 + 1/2 O_2 \rightarrow H_2O$

図 15-1：燃料電池の概念図．H_2 と O_2 の酸化還元反応が水をつくり，電流を発生する．

は，この電子移動に基づいている．

　電子移動を含む化学反応は，**酸化還元反応**（oxidation-reduction reactions）と呼ばれる．電荷収支を保つために，還元される物質が受け取る電子数は，酸化される物質が失う電子数と等しくなければならない．すなわち，還元された物質（還元体化合物）をつくる生物には，酸化されるパートナーが必須である．これが，生命と惑星の間の化学的相関の基礎である．酸化されるパートナーは，岩石および固体地球にある鉄（Fe），硫黄（S），または − 2 価の酸素（O^{2-}）を含む分子である．生命と地球は，エネルギーを変換する上で協力関係にある．

　還元された物質と酸化された物質（酸化体化合物，oxidized compounds）の分離は，潜在的なエネルギーを生ずる．それらの物質が出合うと，エネルギーが放出される．生産されるエネルギー量は，移動する電子数に依存する．最大の電子移動は，高度に還元された物質が高度に酸化された物質と出合うときに起こる．例えば，私たちが天然ガスを使って家を暖めるとき，反応 15-1 は逆向き

に進む．天然ガスはメタン（CH_4）であり，その炭素は最も還元された酸化数
−4価の状態である．メタンを燃やすと，高度に酸化されたO_2分子と反応する．

$$CH_4 + 2\,O_2 \;\rightarrow\; 2\,H_2O + CO_2 \tag{15-2}$$

おのおのの酸素原子は，2個の電子を受け取り，酸化数が0価から−2価に変
化する．合計8個の電子が炭素から酸素へ移動するので，大きなエネルギーが
生じる．家の暖房は，炎と熱を放出する．潜在的エネルギーを取りだす別の方
法は，**燃料電池**（fuel cell）のようにエネルギーを電流に変換することである（図
15-1）．燃料電池のアナロジーは，制御された電流を生ずるような，還元体物
質と酸化体物質の反応すべてに当てはまる．現代のすべての動物の生活は，高
度に還元された物質（食物）とO_2の間の制御された反応に基づいている．

● 還元的な初期地球

　地球史の出発点は，45.6億年前という隕石の年代である．第9章で述べた
小さなジルコンを除けば，45.6億年前と信頼できる最古の岩石を含む大陸地
域の年代（40.3億年前，カナダのアカスタ片麻岩）との間に何が起こったかを記
録している地球岩石はない．**冥王代**（Hadean）は，地球史のこの部分にふさわ
しい名称である．現在の私たちから見ると，この時代の地球は猛火の地獄のよ
うであり，活発な火山活動と高い頻度の隕石衝突があった．この時代に関する
科学的解釈は，推量にならざるを得ない．生命と惑星表面の状態について，ジ
ルコンと惑星科学から得られる以外には，直接的な証拠がほとんどないからで
ある．

　40億年前から25億年前までの**始生代**（Archean era）では，状況は少しよくな
る．「少し」というのが適切な表現であるのは，現在残っている始生代の岩石
の体積は，大陸地殻の数パーセントに過ぎないからである．残っている岩石は，
地殻の長い歴史の間にかなり変成されており，記録の解釈は困難である．初期
地球を考えるとき，冥王代と始生代は，最初の大陸が形成され，おそらくプレー
トテクトニクスが動きはじめ，生命が初めて誕生した時代である．この20億
年という時間幅は，**顕生代**（Phanerozoic）における動物生命の全記録の4倍もの

長さである．地球史の初めの5.5億年は記録がなく，次の10億年は少数の変成された岩石の記録しかないので，初期地球史を理解しようとする挑戦は，人をひるませる．それにもかかわらず，存在する証拠は，初期地球が現在の地球とはまったく異なる場所であったことを示すのに十分である．

特に，すべての証拠は，初期地球に遊離の酸素がなかったことを示す．O_2はきわめて反応性が高いので，21%のO_2を含む現在の大気の組成は，著しい非平衡状態である．反応できる還元体物質があれば，酸素は単体の気体分子のまま平衡に達することはない．酸素は，金属，炭素，硫黄，その他の元素と反応して酸化物をつくる．岩石の風化のような反応は，人間の基準から見ると遅いが，ある反応はきわめて速く，火を生じたり，激しい爆発を起こしたりする．植物による絶え間ないO_2の生産のみが，地球大気にO_2が存在する条件を可能にする．この生産がなければ，大気のO_2は反応により失われるだろう．O_2は，数百年で地球表面の有機物を酸化しつくすだろう．残りのO_2は，岩石および地球内部から脱ガスされる還元体気体と反応し，数十万年のうちになくなるだろう．では，どうして初期地球にO_2がなかったとわかるのだろうか？

太古の大気試料は，まったく残っていない．しかし，地球の誕生から始生代のほとんどの間，遊離酸素が存在しなかったことを示す他の証拠がある．当時のO_2を直接測定することはできない．その証拠は，もしO_2が存在すればそれと反応する，複数の**酸化状態**（oxidation states）を持つ他の元素から得られる．

多くの元素が，複数の酸化状態をとり，さまざまな量の酸素と反応する．酸素が消費されるほど，元素の酸化状態は高くなる．惑星の主な元素である鉄と酸素は，いくつかの化学種をつくる．すなわち，Fe，FeO，Fe_3O_4，およびFe_2O_3である．この順に分子に占める酸素の割合が増加し，鉄の酸化数が中性から，+2価，+3価へと増加することに注意しよう．高い酸化数は，より酸化された状態である．鉄さびと多くの土壌の赤い色は，酸素と反応して酸化された鉄の目に見える例である．

硫黄は，豊富に存在し，地球の条件で複数の酸化状態をとるもうひとつの元素である．トロイライト（troilite，FeS，隕石中の硫化物）のような硫化物鉱物は，-2価の硫黄原子を持つ．黄鉄鉱（pyrite，FeS_2）は-1価の硫黄原子を持つ．これらの鉱物は，酸化されて+6価の硫黄を含む硫酸塩となる（$FeSO_4$，$CaSO_4$な

元素	主な酸化状態	主な化学種と鉱物				
		還元的 ———————————————————→ 酸化的				
鉄	0, +2, +3	Fe 鉄	FeO ウスタイト	FeS$_2$ 黄鉄鉱	Fe$_3$O$_4$ 磁鉄鉱	Fe$_2$O$_3$ 赤鉄鉱
硫黄	−2, −1, 0, +2, +4, +6	H$_2$S 硫化水素	FeS$_2$ 黄鉄鉱	S 硫黄	SO$_2$ 二酸化硫黄	SO$_4^{2-}$ 硫酸イオン
炭素	−4, 0, +2, +4	CH$_4$ メタン	CH$_2$O 炭水化物	C$_6$H$_{12}$O$_6$	CO 一酸化炭素	CO$_2$ 二酸化炭素
水素	0, +1	H$_2$ 水素				H$_2$O 水
ウラン	+4, +6	UO$_2$ 閃ウラン鉱				UO$_3$ 三酸化ウラン
モリブデン	+4, +6	MoS$_2$ 輝水鉛鉱				MoO$_3$ 三酸化モリブデン
酸素	−2, 0	FeO, SiO$_2$ など 酸化物				O$_2$ 酸素

図 15-2：地球過程において，重要な鉱物がとるさまざまな酸化状態．還元体を左に，酸化体を右に示す．初期地球では，炭素以外のすべての元素は還元体であった．地球史の間に，生命は CO$_2$ の酸化された炭素を原料として，還元された有機炭素をつくった．この反応にともなう電子移動は，他の化学種の酸化によってバランスされた．異なる酸化状態は，水への異なる溶解度と異なる鉱物を生ずる．太古の岩石に保存された鉱物は，それが生成したときの環境の酸化状態を記録している．

ど）．他の多くの元素も，複数の酸化状態をとり，地質学探偵に追加の手がかりを与える（図 15-2）．異なる酸化状態を持つ元素は，さまざまな鉱物をつくる．これらの鉱物の存在あるいは不在は，その鉱物がつくられた時代の環境の酸化状態を示す．遊離の酸素が利用できるときには，完全に酸化された鉱物のみが安定である．したがって，岩石の鉱物学は，地球のリザーバーの酸化状態をあきらかにする．

　興味深い最古の岩石は，集積して初期地球を形成した隕石である．コンドライト隕石は，金属鉄，FeO を含むケイ酸塩鉱物，および最も還元された形の硫黄である FeS を含む．利用できる過剰な酸素はなかったので，鉄と硫黄は還元された状態であった．揮発性物質を含む炭素質コンドライトは，金属鉄と還元

図 15-3：太古の河川の礫. 矢印で示された閃ウラン鉱を含む. そのウランは +4 価である. この礫は, 後に埋没し, 硬い岩石となり, 最近の侵食により掘り出された. 閃ウラン鉱は, 還元的大気の条件でのみ河川礫に含まれ, 残存する. それは, 始生代の大気に O_2 がなかったことを示す.（Courtesy of Harvard Museum of Natural History, Dick Holland Collection）

された炭素の化合物を含む. これらの化合物は, O_2 の存在下では生成しない. 第 7 章で見たように, 初期の惑星の分化は, 金属鉄とケイ酸塩の反応を含む. 遊離の酸素は, 太陽系星雲にも存在しなかった. そこには, 酸素に飢えた過剰の元素（H, C, Fe など）が常に存在し, 酸素と結合して, 酸化物をつくった. 以上の証拠は, 地球をつくった物質がきわめて還元的であったことを示す. さらに, 地球と同じような物質から同時につくられた月は, 現在でも還元的である. 月には, 三価鉄（Fe^{3+}）は存在しない. 月の玄武岩は, 金属鉄と平衡にあったらしい. 生命との共進化を受けなかった月は,「惑星の化石」であり, 生命が進化を始める以前の初期地球が還元的状態にあったというさらなる証拠を与える.

　時間を前に進めて, 地球の最古の岩石を見てみよう. 過去の大気の状態を推定するには, 表面でつくられ, 地殻深く（そこは現在でも O_2 が十分浸透していない）に埋没しなかった鉱物が鍵となる. 堆積岩は, 表面でつくられる. 特に, 河川堆積物は, 必ず大気と接している. いくつかの太古の河川堆積物, 例えば砂鉱床（placer deposit）の礫が, 始生代から残存している（図 15-3）. これらの堆

積物の鉱物学が，大気中酸素の存在を検証するために用いられる．

　始生代の砂鉱床における重要な 2 つの鉱物は，還元体の硫化物鉱物，ならびに閃ウラン鉱（uraninite，UO_2）と呼ばれるウランを含む鉱物である．ウランは複数の酸化状態をとり，鉱物中に見られるのは U^{4+} と U^{6+} である．O_2 の存在する地球では，U^{6+} はウラニルイオン（UO_2^{2+}）をつくるため比較的水に溶けやすく，安定な鉱物をつくらない．しかし，還元された＋4 価のウランは，水に溶けにくく，閃ウラン鉱をつくる．現在の地球表面にさらされると，U^{4+} は U^{6+} に酸化され，閃ウラン鉱は分解され，U^{6+} は水によって運びさられる．閃ウラン鉱は，O_2 を含まない還元的環境でのみ残存するため，現在の河川堆積物には存在しない．しかし，始生代の河川でつくられた砂鉱床は，太古の岩石となって埋没し，その後の大気から遮へいされた．これらの岩石を新たに地下から採取すると，閃ウラン鉱が含まれており，その礫がつくられたとき，地表には閃ウラン鉱を酸化する O_2 がなかったことを示す．同様の議論は，黄鉄鉱にも当てはまる．黄鉄鉱は現在の環境にも見られるが，有機物に富む堆積岩のような還元的岩石にのみ生じる．黄鉄鉱は，現代の大気と接触すると安定ではなく，河川礫には含まれない．太古の大気にさらされた堆積岩に黄鉄鉱が存在することも，当時の大気が O_2 のない還元的条件であったことを示す．

　初期地球の酸化状態に関するもうひとつの間接的証拠は，生命の起源の考察から得られる．生物は，炭素の還元体である有機物からできている．有機物は，O_2 と反応し，酸化体に変換され，消滅する．生命が始まるには，有機分子が環境に安定に存在しなければならなかった．それは酸化的な大気では不可能であるので，生命の起源には還元的条件がおそらく必須であっただろう．最初の細胞は，いったん生まれると，環境に存在した構築ブロック分子を用いて生き残ることができたと考えられる．初期生物に必要であった有機物は，O_2 によって分解されただろう．生命の起源と，その初期の生存の両方にとって，O_2 のない**嫌気的**（anaerobic）条件が必要だったのだ．

　このような還元的な初期地球についての証拠と説明は，現在の大気中酸素の起源について私たちが理解していることとも調和する．地球史の最初期には，**酸素発生型光合成細菌**（oxygen-producing photosynthetic bacteria）は存在しなかった．植物も，存在しなかった．また，FeO，FeS_2，そしておそらく CH_4，水素（H_2）

のような還元体化合物が大量に存在したので，微量の O_2 がつくられたとして
も速やかに除かれただろう（例えば大気上層での反応によって）．

　以上すべての証拠，すなわち隕石，金属存在下での初期惑星の分化，月の酸
化状態，太古の堆積岩の鉱物学，生命の起源，および現在の O_2 の起源に基づ
いて，初期地球が確かに還元的であったと結論できる．初期大気はきわめて還
元的であり，その O_2 濃度は現在の大気中濃度（present atmospheric level，PAL）の
10^{-10} 倍未満であったと推定される．

　初期地球と対照的に，現在の地球の生存可能性と多細胞生物は，高濃度の大
気中酸素に依存している．O_2 がなければ，現在の地表のほとんどの生物は生
存できない．また，太陽の高エネルギー紫外線から地表の生物を保護するオゾ
ン層もないだろう．あきらかに，大気の O_2 濃度は，地球史を通して変化し，
その変化は生物と密接に関係してきた．なぜ生物は O_2 をつくり始めたのだろ
うか？　次の節で見るように，O_2 の生産は，太陽からのエネルギーを活用す
る生物技術の段階的発達の結果である．この発達は，一連の**エネルギー革命**
〈energy revolutions〉を通して進行した．エネルギー革命は，地球史において生物
がエネルギー利用を次第に大きくすることを可能にした．

● 最初の 3 つのエネルギー革命

　上述の反応 15-1 からわかるように，有機分子の生成には，エネルギーの供
給と酸化体の生成が必要である．有機分子は，生物体をつくるためのみならず，
食物源としても生産される．食物は，代謝過程で「燃焼」され，エネルギーを
放出する．細胞におけるエネルギー通貨は，**アデノシン三リン酸**〈adenosine
triphosphate，ATP〉である．ATP が，細胞の反応を駆動する．ATP はエネルギー
で満たされた分子であり，ATP から**アデノシン二リン酸**〈adenosine diphosphate，
ADP〉への変換が，細胞にエネルギーを供給する．その後，潜在的エネルギー
の再補充により，ATP が再生される．グルコースのような炭水化物の分解は，
電子移動を起こし，ADP から ATP をつくる．生物は，糖を「燃焼」し，この
特殊な ATP–ADP メカニズムを用いて，代謝過程のためのエネルギーを獲得
する．

　ATP の生成には，究極的に外部のエネルギー源が必要である．生物は，太陽光あるいは環境と非平衡にある化学物質を外部エネルギー源として，ATP をつくる．同時に生産されるグルコースは，後に，細胞の活動のために燃やされる．外部のエネルギー源を利用して，自分自身の有機分子を合成する生物は，**独立栄養生物**（autotrophs）と呼ばれる．独立栄養生物は，利用できるエネルギーを用いて，自分自身の「食物」をつくる．一方，**従属栄養生物**（heterotrophs）と呼ばれる生物は，他の生物が生産した有機分子を吸収（例えば摂食）し，それから細胞過程のためのエネルギーを得る．植物は，太陽光を得てその有機分子をつくるので，独立栄養生物である．動物は，食べることで必須分子とエネルギー源を得るので，従属栄養生物である．細菌には，独立栄養と従属栄養の両方の種類がある．

　最初の生命が，独立栄養生物であったか，従属栄養生物であったかは，はっきりしない．ひとつの考えでは，最初の生命は従属栄養生物であり，初期地球において無生物的に合成された有機化合物を摂取したという．そのような生物は，惑星環境によって供給される非生物起源の「食物」の利用可能性によって成長を制限されただろう．この場合，エネルギーを直接利用して，自分の食物をつくることのできる生物は，食物を環境に頼る生物に比べて，あきらかに有利である．もうひとつの考えでは，最初の生命は，太陽光または他の外部エネルギーを変換して，自分自身の食物をつくる手段を開発していたという．どちらの場合でも，独立栄養生物の発達は，惑星または太陽のエネルギーを利用して，自分自身の食物をつくることを可能にした．それは，生命進化における偉大な一歩であり，「最初のエネルギー革命」と呼ぶことができる．

　化学合成独立栄養生物（chemoautotrophs）は，熱水噴出孔などにおいて，化学エネルギーを利用する．例えば，メタン生成細菌（methanogens）は，有機物をつくるエネルギーを次の反応から得る．

$$CO_2 + 4\,H_2 \;\rightarrow\; CH_4 + 2\,H_2O \tag{15-3}$$

この反応で，水素は 0 価から +1 価に酸化され，メタンが放出される．

　光合成独立栄養生物（photoautotrophs）は，太陽光のエネルギーを用い，還元体分子（H_2 や H_2S）から電子を得る．これらの分子は水素源にもなる．これら

の生物によるグルコース生成反応は，次のようである．

$$6\,CO_2 + 12\,H_2 + 太陽エネルギー \rightarrow C_6H_{12}O_6 + 6\,H_2O \qquad (15\text{-}4)$$

$$6\,CO_2 + 12\,H_2S + 太陽エネルギー \rightarrow C_6H_{12}O_6 + 6\,H_2O + 12\,S \qquad (15\text{-}5)$$

最初の反応では，H_2 が電子と水素の源であり，水素は酸化されて中性から $+1$ 価になる．第二の反応では，H_2S が水素源であり，電子は硫黄の -2 価から 0 価への酸化によって放出される．これらの反応では，O_2 はつくられないことに注意しよう．また，還元的環境でのみ得られる H_2 または H_2S が欠かせない．これらの**嫌気性細菌**（anaerobic bacteria）の光合成過程は，それぞれ光化学系 1（photosystem 1, PS1）と光化学系 2（photosystem 2, PS2）と呼ばれる．数字は，それらが発見された順序を表している．

　このようにして合成されたグルコースは，代謝され，その他の細胞反応に必要な ATP を生産する．例えば，**発酵**（fermentation）は次式のようであり，ATP とともにエタノール（CH_3CH_2OH）と二酸化炭素をつくる．

$$C_6H_{12}O_6 \rightarrow 2\,CH_3CH_2OH + 2\,CO_2 + 2\,ATP \qquad (15\text{-}6)$$

　別の方法は，**解糖**（glycolysis）である．解糖は，もっと複雑な反応で，やはりグルコース 1 分子あたり 2 分子の ATP をつくる．どちらの代謝系も，嫌気的に ATP を生産する．その廃棄物（発酵ではエタノール）は，完全には酸化されていない．これらのメカニズムを用いる細胞は，廃棄物を捨てる手段を要する．後で議論する好気的代謝では，これらの「廃棄物」がさらに処理される．クエン酸回路すなわちクレブス回路により，廃棄物の化学結合において利用可能なエネルギーが，より多くの ATP をつくるために用いられる．

　以上のメカニズムは，細菌が自分の食物を生産し，またグルコース 1 分子あたり 2 分子の ATP をつくることを可能にした．細菌が死んだり，分子を環境に漏らしたりすると，それは従属栄養細菌の資源となる．こうして，初期生態系と最初の簡単な食物網がつくられた．これらのメカニズムは，現在でも細胞代謝に存在している．現在の嫌気的環境に生育する原核生物は，光合成のメカニズムを用いており，初期生命に最も近いと考えられる．

　反応 15-4 と反応 15-5 で表される PS1 と PS2 の弱点は，電子および水素の

源である H_2 と H_2S の利用可能性に依存していることである. H_2 と H_2S は, 海水中では常に低濃度である. このことが, 生産される有機物の量と生物圏の範囲を制限する. 最初期の生物には, 立脚地としておそらく還元的環境が必要だった. 生物は, 還元力と水素を含む分子の利用可能性のために制限された. そのため, 初期生物はあまり豊富ではなかっただろう.

しかし, 水圏環境には, 水素と電子のほとんど無限のリザーバーとして水分子がある. 生物が H_2O を分解して還元力と水素の源とする化学マシンを発達させたとき, 進化上の偉大な革新が起こった. この革新には, PS1 と PS2 を同時に働かせるため, 結合と修正が必要だった. それは, 現在に至るまでほとんどすべての食物連鎖の基礎となっている**酸素発生型光合成** (oxygenic photosynthesis) を生みだした.

$$6\,CO_2 + 12\,H_2O + 太陽エネルギー \rightarrow C_6H_{12}O_6 + 6\,H_2O + 6\,O_2 \quad (15\text{-}7)$$

炭素を還元する電子は, H_2O 分子の O^{2-} を中性電荷の O_2 に変換することで得られる. 反応 15-7 では, 強い $H-O$ 結合を切らねばならない. PS2 が $H-O$ 結合を開裂できるように改変された. 次に, PS1 が過程を完結する. ここでは酸素原子が還元剤であり, 炭素を還元する. 酸素の酸化数は -2 価から中性に変化し, 有機炭素 1 原子あたり副生成物として 1 分子の O_2 が生じる. **藍色細菌** (cyanobacteria) は, この能力を発達させた初期生物の多様な子孫である.

酸素発生型光合成の発達は, 「第二のエネルギー革命」であった. それははるかに大量の太陽エネルギーの利用を可能にし, そのエネルギーを還元された有機分子に貯蔵した. 新しい酸素発生型光合成は, もはや水素と電子の供給源によって制限されなくなった. 水分子の強い結合を開裂できるようになると, 水素と電子の供給源はほとんど無尽蔵となった. また, 太陽光のエネルギー供給もばく大であった. 酸素発生型光合成は水素の利用可能性の問題を解消したが, もちろん, 成長には制限があった. 生命に必須の栄養素であるリン (P) や窒素 (N) の供給に限界があったからである. さらに, 初期の原核生物は, エネルギーをつくるために発酵や解糖のような**嫌気的代謝** (anaerobic metabolism) によらねばならなかった. それは, 細胞過程のエネルギーとして, グルコース 1 分子あたり 2 分子の ATP しか得ることができなかった.

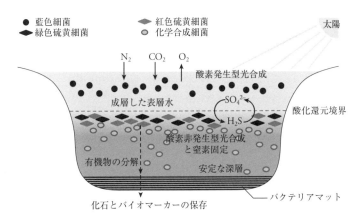

図 15-4：黒海の状況の模式図. 表層より少し深いところで O_2 が存在しない, 数少ない海の
ひとつ. 好気性藍色細菌による酸素発生型光合成は, 表層で起こる. 沈降する有機物の酸化
は, 下の水柱の O_2 を消費しつくす. そこでは, 藍色細菌は, 生き残れない. 嫌気性細菌 (紅
色硫黄細菌と緑色硫黄細菌) が, 還元体の硫黄を利用して, 繁栄する生態系をつくる. 初期
地球の嫌気的環境は, これらと同じような嫌気性細菌によって完全に占められていただろう.
今日の生物圏では, 嫌気性細菌は O_2 のないめだたないニッチに追いやられている.

　以上すべての光合成が, 現在でも生き残っている. 例えば, 黒海では, 藍色
細菌が表層を占め, 酸素発生型光合成を行っている. それらが死んで, 水柱を
沈降すると, 有機物の分解に O_2 が消費される. その結果, 亜表層は無酸素状
態となる. 太陽光が届くが嫌気的な亜表層環境では, 紅色や緑色の細菌が色鮮
やかな層をなし, PS1 と PS2 を別々に用いて光合成を行っている (図 15-4).

　反応 15-4 と反応 15-5 で見られるように, PS1 と PS2 の嫌気的反応は,
H_2O のような害の少ない廃棄物をつくる. しかし, 酸素発生型光合成は, 深
刻な環境問題を引きおこした. 現在, 私たちは O_2 を光合成の恩恵と考えるが,
初期生物にとってはそうではなかった. O_2 は, 有機物を分解するため, 初期
生物にとっては破壊的な毒であった. 現代の生命にとっても, O_2 は潜在的な
毒である. 例えば, 私たちは細胞の劣化を防ぐために, 「抗酸化剤」を用いる.
O_2 の毒を防ぐ分子機構が進化しなければ, 廃棄物問題が酸素発生型光合成の
普及を制限しただろう.

しかし，この環境危機のうちに，「第三のエネルギー革命」への可能性が潜んでいた．O_2 はきわめて反応性の高い分子であり，あらゆる金属および還元された有機物と自発的に反応し，豊富なエネルギーを放出する．エネルギーが利用可能なところでは，進化的適応が起こり，それを利用する．この適応は，生命のエネルギーにとって大きな利益となった．反応 15-6 のグルコースの嫌気的分解では，2 分子の ATP しかつくられないが，O_2 を用いる好気的分解では，実に 36 分子の ATP がつくられるからだ！

$$C_6H_{12}O_6 + 6\,O_2 \;\rightarrow\; 6\,CO_2 + 6\,H_2O + 36\,ATP \tag{15-8}$$

このように制御されたかたちで O_2 を利用するには，大きな進化的適応が起こらねばならなかった．この反応はグルコース 1 分子から得られるエネルギーを 18 倍に増やしたので，地球生命の第三のエネルギー革命であった（図 15-5）．あなたがこの章を読みながら呼吸するたびに，O_2 が受け渡され，反応 15-8 により CO_2 が放出される．そして，この過程で得られた ATP は，あなたが考えるたびに使われる．

しかし，当時は，反応 15-8 の潜在的エネルギーを完全に利用することはできなかった．**好気呼吸**（aerobic respiration）を活用するためには，大量の O_2 が利用可能でなければならない．O_2 はきわめて反応性が高いので，初期地球に豊富に存在した CH_4，H_2S，FeO，FeS_2 などの還元体化学種によってがつがつと消費された．生命がエネルギー生産に O_2 を十分に利用するためには，大気の O_2 濃度が上昇し，惑星表面の還元力にうち勝つことが必要だった．第三のエネルギー革命の潜在力が完全に現れる前に，惑星のエクステリアが酸化されねばならなかった．

以上のように，生命の進化は，地球表面の酸化状態の変化と密接に結びついている．大気と海洋は，ほとんど O_2 がない状態で始まった．生物の豊富さは，CO_2 を有機炭素に変換できる還元剤の供給によって制限され，低いレベルに保たれた．次に，生物は水分子を分解する酸素発生型光合成を進化させ，ほとんど無尽蔵の水素と電子の供給源を得た．有機物とともにつくられた O_2 は，最初は汚染物質であり，毒であった．しかし，生物は進化して，O_2 をはるかに効率的なエネルギー源として利用するようになった．十分な O_2 が利用でき

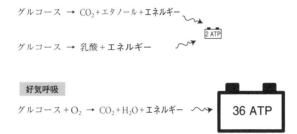

嫌気呼吸

グルコース → CO_2 + エタノール + **エネルギー**

グルコース → 乳酸 + **エネルギー**

2 ATP

好気呼吸

グルコース + O_2 → CO_2 + H_2O + **エネルギー**

36 ATP

図 15-5：異なるエネルギー生産の概念図．生命のエネルギー通貨であるアデノシン三リン酸（ATP）をつくるグルコースの嫌気的代謝と好気的代謝．嫌気呼吸は，グルコース 1 分子あたり 2 分子だけの ATP をつくる小さなバッテリーである．好気呼吸は，グルコースを完全に代謝し，36 分子の ATP をつくる大きなバッテリーである．より大きなエネルギー生産は，生命のエネルギー革命であった．

るようになると，生物は環境の高濃度の O_2 に依存するようになった．ついには，呼吸器系と内循環器系が進化して，O_2 を効率的に多細胞生物の体内に輸送できるようになり，脳のように O_2 を大量に消費する器官の発達を可能にした．したがって，進化は，地球表面の漸進的酸化を引きおこし，またそれによって影響を受けた．全体的なプロセスは，生物が太陽エネルギーを利用し，エネルギーを電流として生物圏に送る能力を高めるように進んだのである．

● 惑星の燃料電池

　燃料電池は，酸化体分子と還元体分子の潜在的化学エネルギーを電流に変換する装置である．燃料電池は蓄電池と似ているが，そのエネルギーを維持するために，酸化体分子と還元体分子が再補充されねばならない．燃料電池は，正と負の電位の分離によって充電され，電流を流す．

　惑星の観点では，地球の数十億年の進化を通して，生命によって起こされた電流が惑星の燃料電池を「充電」した．太陽エネルギーを使って，CO_2 と H_2O は，還元体炭素と酸化体化学種に変えられた．固体地球も，役割を担っ

ている．地球内部のリザーバーはきわめて大きいので，その全体的な酸化状態は地球表面の生物過程の影響をほとんど受けていない．したがって，地球の内部は，燃料電池の還元体リザーバーとして保たれている．生物は，有機炭素を埋没させ，還元体リザーバーに加えた．炭素 1 原子が埋没によって隔離されると，1 分子の O_2 が放出され，地表を酸化した．地球表面の酸化は，長い過程であった．還元体の硫黄と鉄の巨大なリザーバーが，酸素を吸収したからである．この還元体リザーバーが酸素で十分に飽和された後，初めて O_2 を含む大気が発達した．これらすべては，生命が単細胞生物のみであったときに，20 億年以上をかけて起こった．

地表で十分な遊離酸素が利用できるようになると，多細胞生物が進化した．多細胞生物は，還元体の有機分子と O_2 を反応させる好気呼吸により，惑星の燃料電池から高いエネルギーを取り出すことができる．例えば，熱水噴出孔では，マントル由来の還元体化学種が酸化的な海水と出合い，深海の食物連鎖の基礎をなす微生物に潜在的エネルギーを供給する．生命は，そのエネルギー流を利用するように進化した．その結果，太陽光の届かない熱水噴出孔に壮観な生物多様性が現れた．太陽光がなくても，地球内部または有機炭素の還元体リザーバーの「電極」が惑星表面の酸化的な「電極」と組み合わされることにより，地球の燃料電池の電流が流れ，エネルギーが放出される（図 15-6）．

非生物過程も，還元的内部と酸化的表面の間の接続により影響を受ける．還元体である新しい岩石は，表面にさらされると，酸化され，風化と地球化学サイクルに寄与する．酸化体である海洋地殻は，地球内部に沈み込むと，スラブの上のマントルウェッジに三価鉄と水を加え，その周辺を酸化し，マグマの組成とその冷却過程に影響をおよぼす．すなわち，大陸地殻に特有の二酸化ケイ素（SiO_2）含量の高いマグマと酸化体ガスを生ずる．

燃料電池は，破局的で制御不能なエネルギー損失により，熱を発生することがある．例えば，地殻に埋没した有機炭素が大気にさらされて燃焼するような場合である．第 17 章で見るように，極端な気候変動および生物進化における大事変は，しばしば地球の還元体リザーバーと酸化体リザーバーの破局的な接続によって起こった．さらに，すべての現代文明は，化石燃料の採掘と燃焼を通して，地球の燃料電池の利用と開発に依存していると言える．

a) 惑星の燃料電池

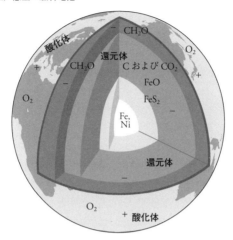

地球史の初期よりも大きなエネルギーが流れうる

b) 現代の地球の燃料電池

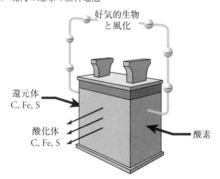

図 15-6：上：現代の地球の模式図．酸化体と還元体のリザーバーがあり，それらの接続によりエネルギーが放出される．還元体リザーバーは，有機炭素と地球内部である．酸化体リザーバーは，酸化された表面の岩石と大気の O_2 である．下：惑星の燃料電池の概念図．地球の還元体と酸化体の化学リザーバーが，地球の過程にエネルギーを供給する．

● まとめ

　地球の歴史が始まったとき，その内部と外部は等しく還元的状態にあった．この還元的状態は，10億年以上続き，生命の起源に必須の条件を提供した．その間，還元体分子は，表面環境に安定に存在した．初期の生物は，地球の化学エネルギーまたは太陽の光エネルギーを用いて，自分の食物を合成する方法を発達させた．しかし，これらの独立栄養生物は，還元剤の供給によって制限された．始生代のあるとき発明された酸素発生型光合成が，どこにでもある水分子から水素と電子を得ることにより，生物の太陽エネルギー利用を著しく増大させた．その後，生物は，他の重要な栄養素である窒素やリンによってのみ制限されるようになった．酸素発生型光合成の副産物である O_2 は，はじめは毒性の汚染物質であった．しかし，O_2 は，より大きな細胞エネルギーを生みだす可能性を秘めていた．好気呼吸により，グルコースから得られるエネルギーは18倍に増加した．当初，表面に存在していた，または還元的な地球内部から絶えず付加されたすべての還元体化学種によって，大気中酸素の蓄積は抑えられた．生物が表面の還元体リザーバーを飽和させるのに十分な量の O_2 を生産した後，初めて大気の O_2 濃度は現在のレベルにまで上昇し，原生代後期と顕生代における多細胞生物の発達を可能にした．地球史を通した有機物生産による地表の漸進的酸化は，巨大な酸化体リザーバーと還元体リザーバーをつくった．これらのリザーバーを両極として，惑星の燃料電池が形成された．酸化体リザーバーと還元体リザーバーの間の反応が，現代の生物と惑星過程に必須のエネルギーを供給している．

第 16 章

エクステリアの改装

惑星表面の酸化の記録

図 16-0：オーストラリアの縞状鉄鉱床の露頭．このような大量の鉄の沈殿物は，現代文明にとって鉄の最大の供給源である．それは，地球史のかなり短い期間に堆積した．地球が次第に酸化されたとき，海水に溶存する還元体鉄は不溶性の酸化体鉄に変換され，沈殿して，壮観な岩石を形成した．口絵 25 を参照．（Courtesy of Simon Poulton and the Nordic Center for Earth Evolution）

　前章で見たように，惑星の進化は，表面のリザーバーの漸進的な酸化と，最終的な**大気中酸素**（O_2）の増加をもたらした．太古の還元的な地球表面には，水素（H_2），Fe^{2+}（FeO）としての鉄，硫化物（S^-）としての硫黄が存在し，大気には O_2 がなかった．現在，地球表面に H_2 はほとんどなく，鉄は Fe^{3+}，硫黄は S^{6+} で存在し，大気は 21％ の O_2 を含む．この著しい変化は，地球と生命の漸進的な進化，および惑星のエクステリアの改装によって起こった．これは，地球，生命，および太陽が密接に関係する物語である．それは，地球の歴史において，いつどのように起こったのだろうか？

　前章で学んだように，1 分子の二酸化炭素（CO_2）が還元体炭素に変換され，地球に蓄えられると，反応性の高い O_2 が 1 分子つくられる．生物の分子の蓄積によって放出された酸化力は，地球上の他の物質と反応し，海洋，土壌，大気を徐々に酸化した．**鉄と硫黄**は，酸化体に変換された．鉄と硫黄の酸化体化合物は，地球史を通して**有機炭素**の埋没によって生成された O_2 の大部分を留めている．

　岩石記録は，この過程の歴史を知る手がかりとなる．その主な理由は，鉄と硫黄の溶解度が酸化状態に依存するからである．還元的条件では，鉄は可溶で水中を移動するが，硫黄は不動である．このため，初期の地球の海洋は，鉄に富み，硫黄に乏しかった．酸化的条件では，鉄が不溶で，硫黄が可溶である．このため，現代の海洋では，硫黄（硫酸イオン）は高濃度で，鉄はほとんどないくらいに低濃度である．その結果，海水の S/Fe 比は，大陸地殻に比べて 10 億倍も高い．惑星表面のこの 2 つの状態の間の遷移は，**縞状鉄鉱床**として知られる膨大な量の鉄の堆積物を沈殿させた．約 20 億年前の縞状鉄鉱床形成の停止は，大気中酸素の最初の増加をしるしている．20 億年前から 8 億年前までの大気中酸素濃度は，現在のレベルの 1〜2％ であったらしい．その後，新原生代に二度目の酸素濃度の上昇が起こった．これが，巨視的な生物の顕生代爆発をもたらした．約 6 億年前に，酸素濃度は現代のレベルの 50％ 弱になった．20 億年前と 8 億年前の**大酸化事変**は，不思議なことにどちらも全球的な氷河作用の頃に起こった．

　この過程は地球表面の改装であるが，O_2 の増加とその非平衡定常状態は，地球システム全体の働きと密接に関係している．有機炭素の埋没によって酸化力が蓄積されるには，CO_2 が火山活動によって地球表面へ安

定して供給されねばならない．マントルから表面へ供給される還元体物質
は，O_2 を定常的に除去する．炭素とその他の酸化体物質および還元体物
質の沈み込みは，O_2 の収支に重要な長期影響をおよぼす．今日，生命に
よって生産される過剰の O_2 は，酸化鉄の沈み込みによって相殺されてい
る．酸化鉄は，主に深海の海嶺で海洋地殻の変質によってつくられる．
O_2 の増加の概略はわかったが，その物語は部分的に完成したジグソーパ
ズルのようである．このジグソーパズルの多くのピースは十分にあきらか
にされたが，まだ組み合わされておらず，完全なひとつの絵になっていな
い．

● はじめに

　地球の化学メカニズムの発展は，エクステリアの改装をもたらした．初期の
地球は，酸素 (O_2) がなく，還元的であった．次に，O_2 が汚染物質となった．
その後，O_2 を大気の主成分とする地球に変化し，高濃度の O_2 は動物に不可欠
となった．この遷移は，生物の進化，および地球のさまざまなリザーバーにお
ける元素の存在量を制御する地球化学サイクルと密接に結びついている．前章
では，生物がどのように地球表面を酸化し，地球を最初の還元的状態からきわ
めて酸素化された環境に変化させたかを説明した．酸素化された環境は，生命
の存在する惑星によってつくられ，維持されている．私たちは，本章で，エク
ステリアの改装をもたらした主な出来事，および無機地球との関係を含むその
メカニズムをあきらかにしよう．この変化は連続的だったのか，それとも断続
的だったのか？　それは，いつ起こったのか？　そのメカニズムは何か？　そ
して，それは惑星の表面にどのように記録されたのか？

● 地球と酸素

　酸素の歴史を知るためには，地球の酸素の収支についてもう少し深く探究し
なければならない．なぜなら，私たちは過去の大気中の O_2 を直接測定するこ
とはできないからである．地球の酸素の歴史は，重要な役割を担っている主人

公が決して舞台の上に現れない劇のようである．O_2 はこの物語の姿の見えない主人公であるが，幸いなことに，他の登場人物は常に姿を見せる．

　その登場人物とは，複数の酸化状態をとるアルファ粒子核種である．すなわち，炭素 (C)，鉄 (Fe)，硫黄 (S) である．また，宇宙で最も豊富な元素である水素 (H) も含まれる．もちろん，多くの他の元素，例えばマンガン (Mn)，ヒ素 (As)，モリブデン (Mo) なども，複数の酸化状態をとる（図 15-2 参照）．これらの微量元素は，本章の後半で証拠に加えられるが，酸素の全収支にとってはあまり重要ではない．

　これらの元素の反応は，地球の層の酸化状態を反映し，制御する．光合成の反応（式 15-7）は，酸素を遊離させる．よく知られているように，有機物は細菌によって分解され，従属栄養生物によって食べられて燃焼される．これらの過程は，光合成反応の逆向きの反応である（反応 16-1）．遊離の O_2 が消費され，二酸化炭素 (CO_2) と水 (H_2O) が再生される．反応 16-1 でリサイクルされない酸素は，式 16-2 から式 16-4 に示したように，他の還元体化学種と反応する．

$$C_6H_{12}O_6 + 6\ O_2\ \rightarrow\ 6\ CO_2 + 6\ H_2O \tag{16-1}$$

$$2\ FeO + 1/2\ O_2\ \rightarrow\ Fe_2O_3 \tag{16-2}$$

$$FeS_2 + 5/2\ O_2\ \rightarrow\ FeO + 2\ SO_2 \tag{16-3}$$

$$2\ H_2S + 2\ CaO + 4\ O_2\ \rightarrow\ 2\ CaSO_4 + 2\ H_2O \tag{16-4}$$

これらの反応はすべて**酸化還元反応** (oxidation-reduction reactions) であり，鉄，硫黄，および酸素の酸化数が変化することに注意しよう．酸化状態によって，異なる固体物質が生じる．還元された炭素は**有機物** (organic matter) であり，例えば石炭として見いだされる．還元された鉄はいろいろなケイ酸塩鉱物に存在し，酸化された鉄は赤鉄鉱 (hematite, Fe_2O_3) や磁鉄鉱 (magnetite, Fe_3O_4) などに見られる．還元された硫黄は黄鉄鉱 (pyrite, FeS_2) に，酸化された硫黄は石膏 (gypsum, $CaSO_4$) に存在する．たとえ O_2 そのものは測定されなくても，岩石記録に見いだされる物質が酸素の歴史を記録しているのである．

　地球の内部は，かなり還元的である．コアは，還元体の金属鉄である．マントルでは，鉄の約 93% が FeO として存在し，硫黄のほとんどは硫化物として存在する．この還元的状態は，マグマおよび表面に放出されるガスに引き継が

れるため，**プレートテクトニクス地球化学サイクル**（plate tectonic geochemical cycle）は，O_2 と反応する還元体化学種を安定的に提供する．また，還元体化学種は，大陸の結晶性岩石の露出によっても提供される．**風化**（weathering）は，これらの岩石の酸化である．岩石は，O_2 と H_2O との反応によって分解される．生物による連続的な O_2 の供給がなければ，すべての遊離酸素が消費され，地球の表面は内部と同じ還元的状態に戻るだろう．

　地球内部から還元体分子が安定的に供給されるので，大気中酸素の存在は非平衡である．その**非平衡定常状態**（steady-state disequilibrium）は，きわめて活発な地球化学サイクルにおける正と負のフィードバックによる抑制と均衡を反映している．

　今，もし O_2 が増加したら，酸素消費反応がより速く起こるだろう．大気中酸素濃度が現在の 21% から 27% に増加すれば，火は激しくなるだろう．また，反応 16-1 も加速され，有機炭素を消費し，生物圏の質量を減少させ，O_2 の生産を制限するだろう．一方，もし酸素濃度が減少すれば，有機物はもっとゆっくり酸化され，海洋深層は還元的になるだろう．その結果，有機炭素および低い酸化状態の岩石が，より多く海底に埋没する．どちらも O_2 の除去を減少させ，ついには大気中酸素濃度がふたたび上昇する．

　これらの過程は，現在の地球でも働いている．生物圏の光合成によって O_2 が盛んに生産されているにもかかわらず，大気の酸素濃度は 21% で安定している．その原因は，O_2 の供給と除去がちょうどつり合っているためである（O_2 の消費は，好気呼吸，硫化物鉱物の酸化，鉄の酸化，および還元性火山ガスの酸化によって起こる）．フィードバックが働いて，このレベルを維持している．しかし，私たちは，地球の歴史の初期においては，大気中酸素濃度はずっと低かったことを知っている．実際，このバランスは，理論的にはどのような酸素濃度でも成り立ちうる．すべては，光合成反応による O_2 の生産と式 16-1 から式 16-4 のような反応による O_2 の消費との相対速度に依存している．

　長い時間をかけた大気中酸素濃度の増加は，このバランスが乱されて，O_2 の生産量が消費量を上まわった結果である．地球史全体で見れば，反応 16-1 は右から左へ進んだ．反応 16-2 から反応 16-4 は，総じて左から右へ進んだ．**酸素発生型光合成**（oxygenic photosynthesis）は，炭素を還元して有機物をつくり，

96

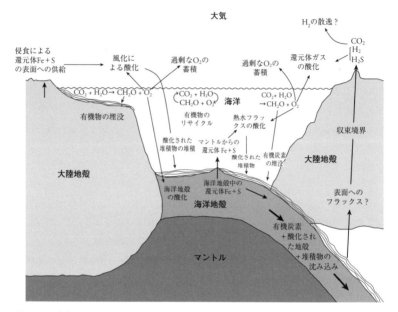

図 16-1：酸素サイクルのさまざまな要素の図解．O_2 は，光合成によってつくられる．生産された有機物の大部分は，再酸化される．有機物の埋没は，過剰の O_2 を生じ，それはさまざまな反応で消費される．還元体の鉄と硫黄は，熱水噴出孔および大陸地殻から供給され，酸化される．火山から噴出する還元体ガスも同様である．プレートの沈み込みは，さまざまな分子を地球内部にリサイクルする．堆積岩の酸化状態は，地球の歴史を通したこれらの反応を記録している．

同時に反応性の高い O_2 をつくる．しかし，植物がどれだけ大量の O_2 をつくっても，有機物がすべて酸化によって分解されれば正味の変化はない．O_2 が表面環境の酸化に利用できるようになるためには，有機炭素が地球環境のどこかに貯蔵されねばならない．正味の O_2 生産は，有機物が分解されるよりも「過剰」に O_2 が生産されるときに起こる．過剰の有機物は，酸化されないまま，どこかに行きつかねばならない．この物語の残りの半分は，生産された正味の O_2 がどこかに行きつくことである．大気中の O_2 となるか，または鉄や硫黄の酸化体化学種となるかである．現在,表面リザーバーの鉄は大部分が Fe^{3+} であり,

硫黄は +6 価で硫酸イオン（$SO_4{}^{2-}$）のかたちである．したがって，大気中酸素の増加は，地球の地殻と海洋の全体的な酸化の一部に過ぎない（図 16-1）．実際，表面の他のリザーバーがすでに酸化されていなければ，O_2 は大気中に残らない．過去の O_2 の吸収源は，現在より大きかっただろう．地球史を通して，表面の漸進的酸化が O_2 の吸収源を縮小させ，大気中酸素の増加を可能にしたのである．

　不完全な類比であるが，地球は借金（還元体分子）を抱えた人に例えられる．地球は，太陽のおかげでたいへん幸運で，常に収入がある（光合成により O_2 が生産される）．すべての収入が消費される限り（有機物がすべて再酸化されれば），負債は支払われない．貯金（有機物が残ることで生じる過剰の O_2）は，まず借金の返済に使われる（鉄と硫黄を酸化する）．そして，借金を払い終えると，貯金は成長する資本に加えられる（大気の O_2 の増加）．十分な資本がつくられると，まったく新しい事業が可能となる（多細胞生物と進化した生態系）．

　したがって，地球のシステムを正確に記述するためには，簡単な物質収支を考えなければならない．有機物の埋没による O_2 の生産量は，酸化体化学種への O_2 の取り込み量と等しくなければならない．また，物質収支は，酸素の歴史を探究するための 2 つの経路を提供する．ひとつは，有機物の歴史（炭素サイクル）をたどるもので，O_2 生産の物語である．もうひとつは，酸化生成物（ほとんどは鉄と硫黄のサイクル）をたどるもので，O_2 消費の物語である．

⬤ 炭素：酸素生産の記録

　還元された炭素は，数十億年にわたる光合成の結果，黒色頁岩（black shales），土壌，石炭，石油，および天然ガスに保存された．還元体炭素の貯蔵は，惑星表面の高い酸化状態を保ち，それに依存する動物の生存を可能にする．もし，私たちがすべての有機物を回収し，燃焼したならば，30 億年の惑星進化を帳消しにして，地球を原始的な生物のみが生存できる還元的状態に戻すことになるだろう．現在の地球のリザーバーにおける**有機炭素**（organic carbon）および**無機炭素**（inorganic carbon）の分布を表 16-1 に示す．生きているまたは最近まで生きていた有機物からなる生物圏は，全有機炭素のほんの一部であることに注

表 16-1：地球の炭素のリザーバー（単位は 10^{18} モル）

リザーバー	還元体有機炭素	酸化体炭素	全炭素
大気圏	—	0.07	0.07
生物圏	0.13	—	0.13
水圏		3.3	3.3
深海堆積物	60	1,300	1,360
大陸縁辺堆積物	>370	>1,000	>1,370
堆積岩	750	3,500	4,250
その他の岩石	100	200〜400(?)	300〜500
全表面リザーバー	〜1,250	〜6,100	〜7,350
マントル	—	—	27,000

Reduced carbon estimates are from Des Marais, Rev. Mineral. Geochem. 43 (2005): 555-78.

意しよう．全有機炭素は，地殻の全炭素の約 17％を占める．そして，マント
ルは，はるかに巨大な炭素のリザーバーである．

　酸素生産の変遷をたどるためには，有機炭素の量が時間とともにどのように
変化したかを知らねばならない．これは，手に負えない問題である．有機炭素
は，堆積物に存在し，地球史を通して速やかにリサイクルされたからである．
そのため，科学者は，間接的な方法を用いる．すなわち，海水からつくられる
炭酸塩および太古の有機物に含まれる炭素の同位体比から，有機炭素の生産速
度を推定するのである．

　この方法の論拠は，有機炭素と炭酸塩炭素の同位体比の差である．まず，私
たちは，地球表面の炭素リザーバーの「平均」炭素同位体比を測ることができ
る．この比は，マントルから表面システムへ供給される炭素の同位体比と等し
い．次に，マントル由来の炭素は，地質学的および生物学的過程によって，無
機の炭酸塩炭素と有機炭素に分配される．第 13 章で学んだように，有機炭素
をつくる生物過程は，軽い炭素同位体である ^{12}C を優先的に取り込むので，有
機炭素の $^{13}C/^{12}C$ 比は無機炭素の比より約 3.0％低くなる．同位体比の変動は，
任意の標準に対するパーミル（‰）差として表される（パーミルは千分率である．
パーセント（％）が百分率を表すのと同様である）．この差は，慣習的に $\delta^{13}C$ とし
て表記される．例えば，$\delta^{13}C$ 値が $-30‰$ であれば，$^{13}C/^{12}C$ 比は標準の比より
30‰だけ低いことを示す．

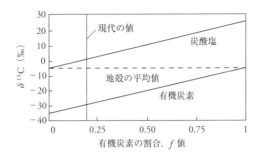

図16-2：炭酸塩炭素の同位体比（$\delta^{13}C_{ic}$）と有機炭素の同位体比（$\delta^{13}C_{oc}$）の間の関係．有機物として埋没する炭素の割合に対する依存性．2つの同位体比の間の差は，常に30‰である．全炭素の同位体比は，常に平均−5‰である．鉛直の線は，現在の全球の炭素サイクルの値を示す．この値は，地球史を通してほぼ一定に保たれてきた．（Modified from Des Marais, Reviews in Mineralogy and Geochemistry v. 43, 555-78 (2001)）

マントルの炭素の$\delta^{13}C$値は，約−5‰である．この値は，常に地球表面システムの全炭素の平均値（$\delta^{13}C_T$）となる．同時に，有機炭素と無機炭素の$\delta^{13}C$の間には，常に差がある．それは約30‰である．もし，すべての炭素が無機炭素であれば，その$\delta^{13}C_{ic}$は全炭素の平均値と等しく−5‰となる．その無機炭素から最初につくられる有機物の$\delta^{13}C_{oc}$は，30‰の差のため，−35‰となるだろう．一方，もしすべての炭素が有機炭素であれば，その$\delta^{13}C_{oc}$が−5‰となる．最後に残った無機炭素は，+25‰の値を持つだろう．全炭素の平均値は常に−5‰であり，有機炭素と無機炭素の差は常に30‰である．しかし，有機炭素と無機炭素の$\delta^{13}C$は，それらの存在割合に依存する（図16-2）．物質収支は，次式で表される．

$$\delta^{13}C_{oc}M_{oc} + \delta^{13}C_{ic}M_{ic} = \delta^{13}C_T M_T \tag{16-5}$$

ここでM_Tは地球表面の全炭素量，M_{oc}は有機炭素量，M_{ic}は無機炭素量である．$M_T = M_{oc} + M_{ic}$が成り立つ．有機炭素量と全炭素量の比は，慣習的にf値と呼ばれる．$f = (M_{oc}/M_T)$．これらを式16-5に代入して整理すると，次式が得られる．

$$f = (\delta^{13}C_{ic} - \delta^{13}C_T)/(\delta^{13}C_{ic} - \delta^{13}C_{oc}) \qquad (16\text{-}6)$$

よって，異なる時代の岩石中の有機炭素と無機炭素のδ^{13}C値を測定すれば，式16-6からf値を推定できる．これを利用すれば，有機炭素と無機炭素の割合の時間変化をあきらかにできる．

● 炭素：岩石記録からの証拠

炭素同位体の記録の原理は，簡単である．さまざまな年代の海水組成を反映する炭酸塩と有機物を分析すればよい．しかし実際には，多くの困難がある．炭酸塩と有機物を保存している，地球史のさまざまな時代の試料が必要である．炭酸塩は，地質記録においてかなり豊富であり，しばしば保存状態もよい．しかし，有機物は，もっとまれであり，変成作用によって簡単に変化する．また，2つの物質はしばしば異なる場所の異なる岩石から得られるので，異なる大陸の地質記録の対比が必要となる．これらの理由のため，信頼できる記録を得ることは難しい．また，先カンブリア時代のある時の測定が，全球的な結果であるのか，局所的な条件を反映しているのかを判断することも難しい．データに関するそのような疑問のため，解釈は「揺れうごく余地」（wiggle room）を持つ．

詳細には問題が残っているが，炭素同位体の長い歴史は，説得力のある物語を語る．有機炭素と無機炭素のδ^{13}C値を図16-3に示す．参照のため，マントル炭素のδ^{13}C値を水平線で示す．有機炭素がまったくつくられていなければ，炭酸塩炭素はマントルと同じδ^{13}C値をとるはずである．図からあきらかなように，地球の全歴史を通して，炭酸塩炭素は，マントルより高いδ^{13}C値を持っていた．そして，炭酸塩炭素とマントル炭素の間の差は，小さな範囲で変化した．δ^{13}C値は，マントル炭素では-5‰，炭酸塩炭素ではほぼ0‰，有機炭素では-30‰である．よって，炭酸塩炭素は，地球表面の炭素リザーバーの約80％を占めている．有機炭素は約20％である．炭素同位体から推定されるこの割合は，表16-1に見られる全炭素の分布と本質的に同じである．

しかし，炭酸塩炭素と有機炭素の間の差は，まったく一定というわけではなかった．現代の有機炭素は約-30‰の値を持つが，太古の有機炭素の測定値

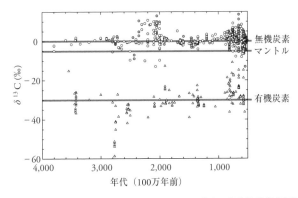

図 16-3：地質時代の堆積物中炭素同位体比のデータ．白丸は炭酸塩炭素（酸化体炭素）．三角は有機炭素（還元体炭素）．約 22 億年前および 8〜6 億年前における，無機炭素の炭素同位体比の大きな変動に注意．(Adapted from Hayes and Waldbauer, Phil. Trans. R. Soc. B. 361 (2006): 931-50)．

にはもっと低いものがある．単純にデータを平均してなめらかな曲線で表すと，有機炭素の割合は図 16-4 に示すように時間変化した．データのばらつきのため決定的な結論は得られないが，有機炭素の割合は**始生代**（Archean）の約 15% から，現在の 20〜25% まで増加したようである．

　また，炭酸塩の同位体比のデータは，変動の大きい 2 つの時代を示す．その変動には，非常に高い $\delta^{13}C$ 値が含まれる．大きな変動は，24〜20 億年前，および 8〜5.5 億年前に起こった．額面通りにとれば，これらの変動は，有機物のより高い割合，したがって酸化力のより大きな生産を示す．単純にその通りであれば，図 16-3 において，炭酸塩の $\delta^{13}C$ は，これらの時代になめらかな全球的増加を示すはずである．そして，同時に，有機物の $\delta^{13}C$ も増加するはずである．しかし，そのどちらもあきらかでない．データのばらつき（noise）および有機炭素と無機炭素の一致の欠如は，問題である．さらに，これらの 2 つの時代には，$\delta^{13}C$ の負の異常も現れる．多くの研究者は，これらのデータが大気中酸素の増加を示すと解釈してきた．第一段階の増加は 24〜20 億年前に起こり，第二段階の増加は**新原生代**（Neoproterozoic）に多細胞生物が発達する直前に起こった．あきらかなことは，これらの時代に急激な変化と大きな変動

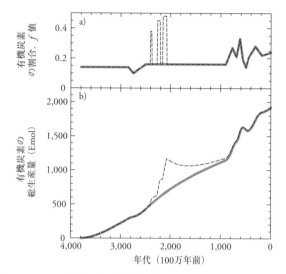

図16-4：図16-3のデータをなめらかな曲線で表した可能な解釈．CO_2が地球内部から定常的に脱ガスされたならば，表面の全炭素量は時間とともに増加する．表面の有機炭素が一定の割合であったならば（a），有機炭素の総生産量は時間とともに増加したはずである（b）．有機炭素の割合が増加した短い期間があったらしい（破線）．O_2の生産は有機炭素の埋没と1対1の関係があるので，下図は表面での酸化体分子（大部分は酸化体の鉄と硫黄）の増加を表していると見ることができる．（Modified after Hayes and Waldbauer (2006)）．E（エクサ）は10^{18}．

があったことである．対照的に，20〜10億年前は，現在のデータでは，著しく長く安定な時代であった．時々それは，「退屈な十億年」（boring billion）と呼ばれる．

　地質記録が示すものは，地球の歴史を通して次第に酸素化された（oxygenated）表面である．これは，除去を上まわるO_2の生産が続いた結果である．O_2が定常的に過剰でなければ，地殻，海洋，および大気の漸進的酸化は起こらなかっただろう．したがって，有機炭素の割合が時間を通して一定であり，現在のすべての岩石に残っている全有機炭素の割合が長い時間の平均の割合に等しいとすれば，地球表面のリザーバーの全炭素量は増加したはずである（そうでなければ，酸化力のまぼろしの起源があり，それが岩石記録に残らなかったことが必要

である．この可能性については，本章の最後に立ち返ろう）．地球の内部から CO_2 が定常的に脱ガスされたならば，地球表面の全炭素量は，時間とともに増加する．その20％が有機物として除去されれば，酸化力の連続的なフラックスが生じ，表面は徐々に酸化される．O_2 を増加させるために，有機物の埋没が増大した時代は必要ない．O_2 は，すべての時代に生産された．この見方の必然的な結果は，有機物リザーバーの全量が時間とともに増大することである（同時に炭酸塩リザーバーの大きさも増大する）．しかし，地球史を通した全炭素の物質収支を決定することは，難しい問題である．プレートの沈み込みによる炭素のリサイクルと除去の速度は，現代に関してさえ，よくわかっていないからである．

　また，図16-3のデータは，大きなばらつきを示し，有機炭素と無機炭素の変動に明白な相関はない．概念は明快であるが，データは誤差が大きい．したがって，炭素同位体は O_2 の増加を考える上で，重要な束縛条件と考察の糧を与えるが，決定的な解答は与えない．

🔵 鉄と硫黄：酸素消費の記録

　酸素の消費の跡を残す最も重要な元素は，酸化された鉄と硫黄である．現在，地球表面の岩石と海洋は，酸化された大量の鉄（Fe^{3+}）と硫黄（S^{6+}）を含む．一方，還元的状態のマントルは，これらの元素の還元体を火山活動によって表面に供給する．鉄と硫黄の酸化物に閉じ込められた酸素の量は，大気中の酸素量よりはるかに大きい（表16-2）．したがって，有機物の生産にともなってつくられた O_2 のほとんどは，大気中に O_2 として存在するのではなく，鉄と硫黄の酸化体分子に蓄えられている．

　鉄と硫黄は，特別な性質を持つので，酸素の歴史をたどる上でたいへん役に立つ．また，鉄と硫黄は，地球の歴史に根本的な影響をおよぼした．その原因は，鉄と硫黄の溶解度が，酸化状態によって大きく変化することである．

　三価の鉄（Fe^{3+}）は，水にほとんど溶けない．このため，鉄の濃度は，大陸地殻では約5％（50,000,000 ppb）であるのに，現代の海水では一般に0.1 ppb 未満である．一方，二価の鉄（Fe^{2+}）は，水によく溶ける．例えば，熱水噴出孔

表 16-2：有機物の貯蔵によってつくられた O_2 のゆくえ（単位は 10^{18} モルの O_2）

大気中の O_2	37.2
Fe^{3+}	1,375
SO_4^{2-}	410
酸化体化合物中の全 O_2	1,847
表 16-1 の有機炭素量から推定される O_2 の全生産量	700〜1,280
物質収支の不一致（還元体炭素の不足分）	500〜1,000

Modified after Hayes and Waldbauer, Phil. Trans. Roy. Soc. B 361 (2006): 931-50.

の還元的な流体は，100,000 ppb もの Fe^{2+} を含むことがある．この流体が孔から噴出し，酸化的な海水と出合うと，Fe^{2+} は Fe^{3+} に酸化され，水酸化物および酸化物の沈殿を生じて，深海熱水噴出孔の「黒煙」の一部となる（図 12-0 参照）．

硫黄は，逆の挙動を示す．還元体の硫黄（S^{2-}, S^-）は，かなり難溶性である．一方，酸化体の硫黄（S^{6+}）は，硫酸イオン（SO_4^{2-}）を形成し，水中で高濃度となる．例えば，現代の海水の硫酸イオンの濃度は，硫黄として約 900 ppm であり，大陸地殻の 400 ppm よりも高い．しかし，還元的な海洋の硫化物イオン濃度は，数 ppm くらいにしかならない．

この鉄と硫黄の反対の挙動は，私たちが地質記録を調べるとき，たいへん有用である．還元的な地球では，鉄は動きやすく，硫黄は動きにくい．そのため，土壌は鉄に乏しく硫黄に富むようになり，海洋は著しく低い S/Fe 比を持つようになる．表面が酸化的になると，鉄は，堆積物に固定され，海水に溶けにくくなる．一方，硫黄は，風化によって動きやすくなり，海水に溶解する．このため，海水の組成は，S/Fe 比が著しく高くなる．この比の変動は小さくない．現代の海水の S/Fe 比は，大陸地殻の比の約 10 億倍である．大陸の風化が，海洋の比に寄与している．初期の地球の還元的海洋では，鉄は硫黄よりも豊富であったかもしれない．酸化状態は，強力な元素分離装置となるのだ！

酸化状態の変化は，河川と海洋における鉄と硫黄の分布，および土壌と堆積物の鉱物に影響をおよぼす．還元体鉄の鉱物は，ケイ酸塩，黄鉄鉱，および炭酸塩である菱鉄鋼（siderite, $FeCO_3$）である．還元体硫黄の鉱物は，硫化物である．酸化体鉄の鉱物は，赤色のケイ酸塩，酸化物，水酸化物などである．酸化体硫

黄の鉱物は，硫酸塩であり，最もありふれているのは，石膏 $CaSO_4(H_2O)_2$ である．科学探偵の仕事は，堆積物の地質記録に，どこで，いつ，なぜこれらの鉱物が現れるかをあきらかにすることである．そして，輸送と堆積がどのように変化したかを岩石記録から読み解くことである．私たちは，地球表面でつくられた岩石に記録された鉄と硫黄の歴史を調べることにより，酸素の歴史に対する束縛条件を導くことができる．

● 鉄：岩石記録の証拠

　鉄と硫黄を含む堆積物の特徴は，地球の歴史を通して大きく変化した．きわめて限られた年代分布を示す特徴的な岩石は，縞状鉄鉱床と赤色岩層である．これらの地層は，どちらも赤いが，その鉱物と組成は大きく異なる．それらは，表面の酸素化のまったく異なる段階をあきらかにする．

　縞状鉄鉱床（banded iron formations, BIFs）は，鮮やかな色の独特な岩石である．その名は，岩石の細かい積層構造に由来する．積層構造は，鉄に富む堆積物の層と，ほとんど純粋な SiO_2 でできているチャート（cherts）の層から成る（図16-5）．縞状鉄鉱床は，浅い水の下で形成される．その形成の最盛期であった27億年前には，大陸棚の大部分を覆ったらしい．この特徴的な岩石は，酸化鉄を最高 50 ％ も含み，現代文明の鉄の主な供給源である．

　縞状鉄鉱床の細かい特徴は，年代とともに変化する．その最古の岩石は，グリーンランドの38億年前のイスア堆積物に見られる．それらは，一般に薄く（厚さ数十メートル），火山岩の層に挟まれている．27億年前に縞状鉄鉱床の形成が最盛期に達したとき，その厚さは 1,000 メートル，面積は数百平方キロメートルに達した．より若い岩石では，その存在度は減少する．縞状鉄鉱床は，18億年前の短期間の再出現の後，地質記録から消失する（図16-6）．例外は，新原生代のスノーボールアース事変が起こったと考えられている時代である（第9章参照）．新原生代の縞状鉄鉱床は，化学的に区別できる．それは二価鉄に対する三価鉄の比が高く，全鉄の 95 ％ が Fe^{3+} であるという特徴を持つ．一方，より古い縞状鉄鉱床では，Fe^{3+} の割合は約 50 ％ である．

　縞状鉄鉱床の顕著な特徴は，その出現が始生代と原生代初期に限られること

図 16-5：縞状鉄鉱床の試料．鉄に富む層とチャートの層の縞を示す．これらの岩石は，現代文明の鉄の主な鉱床である．口絵 26 を参照．（Courtesy of Harvard Museum of Natural History, Dick Holland Collection）

である．また，複数の酸化状態の鉄が高濃度で含まれることである．これらの岩石について理解すべき問題は，地球史のこの時代に，大量の鉄がどのようにして堆積物に濃縮されたのか，それはなぜ繰り返されなかったのか，そして縞状鉄鉱床は地球表面の酸素の歴史についてどのような情報をもたらすかである．

酸化状態が溶解度におよぼす影響が，縞状鉄鉱床形成のかなめであるに違いない．縞状鉄鉱床は海水から沈殿するので，どのようなモデルも 2 つの条件を持つ．還元体鉄の全球的な供給による高い海水中鉄濃度，ならびに大陸棚での鉄の沈殿を起こした局所的な酸化的環境である．この全体的な枠組みの中で，異なる仮説が可能である．

ひとつの仮説は，1970 年代にプレストン・クラウドによって初めて提唱された．それは，縞状鉄鉱床を酸素発生型光合成の開始と関係づけたものである．酸素発生型光合成が始まる以前には，大気と海洋は還元的であった．河川は，還元体の鉄を大陸から海洋へ輸送した．また，熱水噴出孔から供給された還元体鉄も，海水に溶存成分として残った．海洋は，Fe^{2+} に富み，硫黄をほとんど含まなかった．完全に還元的な初期の海洋は，Fe^{2+} を Fe^{3+} に酸化する力を持っていなかった．そのため，Fe^{3+} を含む堆積物は，ほとんどつくられなかった．**藍色細菌**（cyanobacteria）が現れて，太陽光が降りそそぐ浅海で O_2 を生産する

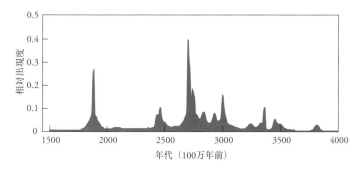

図 16-6：縞状鉄鉱床の相対出現度の時間変化. 30 億年前から 25 億年前の間の顕著なピークに注意. 縞状鉄鉱床は，約 24 億年前から減少し，18 億年前より若い岩石にはほとんどない.
（From Isley and Abbott, J. Geophys. Res. 104 (1999): 15, 461-77）

ようになってから，海洋の表層は O_2 を含むようになったが，深海は還元的なままであった．大気には，O_2 はほとんど存在しなかった．大気中の O_2 は，火山ガス，および鉄と硫黄を含む大陸岩石との反応によって消費されたからである．

　この段階で，浅海，特に他の栄養素が供給される大陸付近には，O_2 の起源があっただろう．しかし，深海と大気は，還元的であった．鉄に富む深層海水が O_2 の存在する表層に達すると，鉄は酸化された．さらに，鉄の酸化はエネルギーを生産するので，細菌はこの反応を利用するように進化しただろう．鉄の酸化は，毒性のある O_2 を環境から除去し，初期の生態系にとって有利な環境をつくった．生成した酸化体の鉄は，水酸化物および酸化物が難溶性であるため，沈殿した．もし，その反応が外洋の表層で起こったならば，鉄の粒子は，深海へ沈降し，還元されて再溶解しただろう．一方，浅海と大陸棚は**無酸素**（anoxia）の深度よりも浅いので，鉄に富む堆積物が形成されただろう．したがって，酸化状態の変化は，一種の鉄ポンプとして働いたと考えられる．つまり，鉄は深海の熱水噴出孔および大陸の風化によって海洋へ供給され，部分的に酸化された浅い海で沈殿した（図 16-7）．この化学マシンは，部分的に酸化された地球でのみ働きうる．還元的な環境が Fe^{2+} を移動させ，局所的に酸化された環境が Fe^{2+} を Fe^{3+} に変えて沈殿させるわけである．そのため，最初の O_2 の

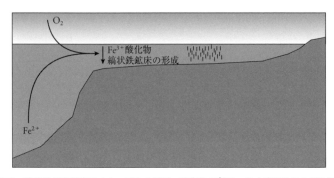

図 16-7：縞状鉄鉱床形成のメカニズムの図解. 溶存態 Fe^{2+} は, 熱水噴出孔および大陸の風化から供給され, 還元的な海洋に溶存する. 大陸棚は光合成の場所であり, Fe^{2+} を Fe^{3+} に変換し, 水酸化物および酸化物として沈殿させる. 海洋深層の大部分が還元的である限り, 鉄はマントルから浅海に絶えず供給され, 大陸棚に縞状鉄鉱床が形成される.

増加が起こる前の最古の始生代岩石では, 縞状鉄鉱床はまれで薄かった. そして, 少量の O_2 が存在した遷移の時代において, 縞状鉄鉱床は豊富になった. 現在, 鉄に富む沈殿はまれである. それは, 海洋海嶺の付近でわずかにつくられる. そこでは, 熱水噴出孔が Fe^{2+} を局所的に供給するが, 鉄はたちまち沈殿を生じ, 海洋底に沈降する. 現代は, 大気と海洋が完全に酸化されており, 海水の鉄濃度は著しく低く, 大陸の酸化された鉄は輸送されないので, 大量の縞状鉄鉱床はつくられない. このシナリオでは, 縞状鉄鉱床は, 酸素発生型光合成が発達した後に形成され, 地球表面のリザーバーの遷移的な酸化状態を反映している.

　このシナリオはたいへん魅力的だが, 縞状鉄鉱床のいくつかの特徴を簡単に説明できない. 第一は, チャートと鉄の鉱物との層構造である. 正しいモデルは, ケイ素 (Si) と鉄の両方の沈殿を説明できなければならない. 第二は, 縞状鉄鉱床は確かに酸化体の鉄を含んでいるが, 還元体の鉄も多量に含むことである. 還元体鉄は, どこから来たのだろうか？　そして, 最後の問題は, 私たちはいつ酸素発生型光合成が重要になったかを示す, 独立した確実な証拠を知らないことである.

　最近, ウッディ・フィッシャーとアンディ・ノールは, 苦心して代替モデル

をつくりあげた. このモデルでは, 縞状鉄鉱床は, **酸素非発生型光合成** (anoxygenic photosynthesis) によってつくられたと考える. 酸素発生型光合成がなければ, 有機物を合成するために, 水分子以外の電子の供給源が必要である. Fe^{2+} は, 電子の供給源となりうる. それは, 酸素を含まないが, Fe^{3+} を沈殿させることができた.

$$4 \, Fe^{2+} + CO_2 + 5 \, H_2O \; \rightarrow \; CH_2O + 2 \, Fe_2O_3 + 8 \, H^+ \qquad (16\text{-}7)$$

このシナリオでは, 鉄酸化光合成細菌 (Fe-oxidizing photosynthetic bacteria) が, 海水中に豊富な Fe^{2+} と太陽光のエネルギーを利用して, 光合成を行い, Fe^{3+} の鉱物をつくったとする. この細菌は, 現在も生息している. 酸化された鉄は, きわめて反応性の高い粒子をつくり, 海水からケイ素を吸着, 除去した. 堆積物中で酸化体鉄と有機物の還元体炭素が反応すると, 還元体鉄と酸化体炭素 (炭酸) を生じ, 還元体鉄の鉱物である菱鉄鉱 ($FeCO_3$) を沈殿させただろう. このメカニズムは, ケイ素と鉄の両方が堆積物に輸送され, 鉄の一部が還元されることを可能にする. そして, 縞状鉄鉱床に存在する菱鉄鉱の生成を説明できる.

　詳しいメカニズムは何であれ, 大量の縞状鉄鉱床は, 太陽光の届く浅海の海水に高濃度の鉄が存在したことを示す. したがって, 地球は現在よりずっと還元的であったはずである. また, Fe^{2+} から Fe^{3+} が大量につくられるので, 縞状鉄鉱床は地球表面の大きな酸化事変を物語っている. 4 モルの二価鉄の酸化 ($4 \, Fe^{2+} \rightarrow 4 \, Fe^{3+}$) は, 4 モルの電子を供給するので, 1 モルの CO_2 からつくられた有機炭素 ($CO_2 \rightarrow CH_2O$) の貯蔵に対応する.

　大陸に目を向けると, **古土壌** (paleosols) と呼ばれるめずらしい太古の土壌に, 鉄のもうひとつの証拠がある. ディック・ホランドは, さまざまな地質時代の古土壌を研究し, 22 億年前以前には土壌は鉄に乏しかったことを示した. 鉄は還元体鉄の鉱物として存在し, 酸化体鉄の鉱物は含まれていなかった. より若い岩石では, 土壌はより酸化的になる. 彼は, この証拠と他の証拠に基づいて, この時代に**大酸化事変** (Great Oxidation Event) が起こったと提唱した.

　太古の堆積物における鉄の証拠は, ほとんど遊離酸素を含まない世界を暗示する. たとえ酸素発生型光合成が進行中であったとしても, 地球表面の鉄と硫

黄の還元体化学種が O_2 の巨大な吸収源となっただろう．この大量の還元体化学種のため，遊離酸素が存在するようになるまでには，大量の有機物の生産と貯蔵が必要であった．この条件は，O_2 の濃度を十分に低く保ち，還元的大気下での大陸の風化を起こし，鉄を可動化し，硫黄を不動化した．

硫黄：岩石記録の証拠

　初期の酸素増加の年代に関するより精密なデータは，硫黄の同位体地球化学から得られる．私たちは安定同位体の変動を用いてさまざまな過程をあきらかにしてきたが，これまでに議論した変動はすべて**質量依存分別**（mass dependent fractionations）であった．それは，同じ元素だが質量が異なる 2 つの同位体の物理化学的挙動のわずかな違いに基づいている．この挙動は質量に依存し，質量差が 2 倍になれば，挙動の差も 2 倍となる．例えば，ある過程が $^{18}O/^{16}O$ 比を 2 %だけ変化させるとき，$^{17}O/^{16}O$ 比の変化は 1 %だけである．後者の質量差は，前者の半分だからだ．

　安定同位体に**質量非依存分別**（mass independent fractionation, MIF）を起こす別の過程が存在する．この過程は，3 つ以上の同位体を持つ元素で研究できる．恒星で起こる原子核合成による変動を除けば，質量非依存分別はまれであり，その大きさも質量依存分別より小さい．質量非依存分別を生ずる過程のひとつは，太陽光によって起こる光化学反応である．例えば，現在，成層圏でのオゾン（O_3）生成の際に，酸素の質量非依存分別が生じている．

　硫黄の安定同位体は，質量数 32，33，34，および 36 である．したがって，質量依存と質量非依存の両方の分別を受ける．実際，硫黄同位体の質量非依存分別（MIF of sulfur isotopes, SMIF）は，光化学反応の実験で観察される．それは，現代の大気上部でもわずかに起こっている．しかし，現代の地球表面の主な硫黄リザーバーは，すべて 0.02 %未満の SMIF しか示さない．一方，太古にはそうではなかったことがわかった．20 億年前より古い岩石は，もっと大きな SMIF を示す．24.5 億年前より古い岩石は，最大 1.2 %もの変動を示す．これは，最近 20 億年における変動より 60 倍も大きい（図 16-8）．

　太古の岩石にそのように大きな SMIF が記録されるには，2 つの条件が必要

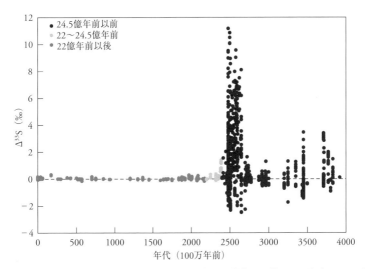

図 16-8：硫黄の質量非依存分別（SMIF）の時間変化．24 億年以上前には，地球で SMIF が起こった．これには，無酸素条件が必要であった．SMIF は，その後減少し，20 億年前より若い試料では見いだされない．これは，大気中酸素の増加を示唆する．（Courtesy of David Johnston, Harvard University）

である．第一に，大きな変動を生ずる大気の過程がなければならない．第二に，同位体組成の異なる複数の硫黄化学種が大気に存在し，その変動が海洋での混合によって乱されないような硫黄サイクルがなければならない．例えば，現在，海洋は硫酸イオンの巨大なリザーバーである．海洋の硫酸イオン濃度は約 0.3 %，その滞留時間は 900 万年である．この滞留時間は約 1,000 年という海洋の混合時間よりはるかに長いので，海洋の膨大な量の硫黄は，よく混合されている．そのため，その硫黄の同位体組成を変えるためには，同位体組成の異なる特徴的な硫黄が大量に必要である．

室内実験と詳細な研究によって，SMIF は深紫外線による二酸化硫黄（SO_2）と一酸化硫黄（SO）の光分解によって起こることがわかった．現代の大気中のオゾンは，紫外線を吸収する．また，オゾンは硫黄化学種の光分解，および同位体変動を保存する複数の硫黄化学種の共存を妨げる．したがって，現在，大

きなSMIFは存在しない．始生代の大きなSMIFは，大気中のオゾンが著しく低かったことを意味し，20億年前の低いO_2濃度と調和する．より詳しいモデルによって，SMIFは大気中酸素濃度が現在の10万分の1より低いときにのみ保存されることがわかった．さらに，実験結果は，大気の過程がSMIFを6.5%だけ変動させることを示した．それが堆積物中硫黄の同位体比の0.1〜0.2%の変動として保存されるためには，堆積物中硫黄の1〜2%が大気起源でなければならない．そのためには，海洋の硫黄リザーバーが小さくなければならない．

SMIFの痕跡を消すためには，どれだけのO_2が必要だろうか？　実験データによれば，大気中酸素濃度が現在の値（present atmospheric level, PAL）の約100分の1であれば，紫外線による大気中SMIFの変動は十分に抑えられる．したがって，SMIFデータの最も簡単な解釈によれば，酸素濃度は，24.5億年前以前には10^{-5} PAL未満であり，24.5億年前から20億年前まで徐々に増加し，20億年前に10^{-2} PAL以上に達したと考えられる．

縞状鉄鉱床，SMIF，および炭素同位体は，すべて大きな変化が20億年前頃に起こったことを示すことに注意しよう．そのころ，酸素サイクルに根本的な変化が起こったと考えられる．この変化は，生命そのものにも影響をおよぼしただろうか？

O_2を制限する生物的要因は，太古の生物が高い酸素濃度に対して耐性を欠いていたことだろう．O_2は有機分子を分解するので，初期の光合成生物にとって毒であった．現代の私たちにとっても，高すぎる酸素濃度は有害である．したがって，前に述べたように，「抗酸化剤」には人気がある．現代の嫌気性細菌は，初期生物の子孫であり，O_2によって死滅する．高い酸素濃度に対する代謝的防護機構の発達は，酸素発生型光合成が繁栄するために不可欠であった．そうでなければ，高い酸素濃度が酸素生産者を殺すという，負のフィードバックが働いただろう．進化的適応がいつ現れたかはわかっていないが，それが地質記録のO_2の増加と関係していることは考えられる．

ある時点で，細菌はO_2に対する防御を確かに発達させた．それは，酸素発生型生態系の繁栄を可能にした．光合成は，O_2を大気へ安定的に供給するようになった．ついには，O_2はそれを消費する還元体化学種を圧倒した．このとき，大気は有意な濃度のO_2を持つようになった．その酸素濃度は，現在の

値に比べればずっと低かったが，大陸の風化を酸化的条件にした．その結果，風化による大陸からの Fe^{2+} の供給は妨げられ，縞状鉄鉱床形成のための鉄の起源が断たれた．また，硫黄の風化が促進され，海水の硫酸イオンが増加した．もし，海洋深層が還元的状態のままであったなら，硫酸イオンは硫化物イオンに還元されただろう．硫化物イオンは黄鉄鉱を沈殿させ，深海から鉄を除去した．鉄はもはや供給されず，海洋に存在できなくなり，海水中濃度が激減した．縞状鉄鉱床形成の駆動力は失われた．

　約20億年前の縞状鉄鉱床とSMIFの消滅は，大気中酸素濃度のわずかな上昇で起こったらしい．その濃度は，現在の大気中濃度の1％未満であった．重要な詳細が，まだ未解決のまま残っている．例えば，SMIFは24億年前に急に減衰し，20億年前に停止した．一方，縞状鉄鉱床は，18億年前にふたたびパルス的に形成された．しかし，多様な地質環境と条件を考えれば，縞状鉄鉱床とSMIFの2つの証拠が全体的に一致することは，決定的である．また，この変化と同時に，土壌の鉱物の変化，および炭酸塩の $\delta^{13}C$ の大きな変動が起こっている．あきらかに24〜20億年前に，エクステリアの大きな改装がなされたと言える．地球表面は，無酸素からやや酸素化された世界へと変化したのだ．

● 顕生代の高い酸素濃度の証拠

　地質記録で特徴的なもうひとつの赤い岩石は，**赤色岩層**（red beds）と呼ばれる．それは砂岩で，アメリカ南西部の壮麗な風景に見られる．赤色岩は，主に石英粒子からなる．その表面は，完全に酸化された鉄を含む赤鉄鉱で覆われている．この岩石のほとんどすべての鉄は Fe^{3+} であり，鉄濃度は通常2％未満である．赤い色は鉄濃度が高いためではなく，鉱物表面が酸化物で被覆されているためである．縞状鉄鉱床と異なり，赤色岩は20億年前以降の岩石に現れ，当時のより酸化的な環境を示す（図16-9）．赤色岩層はすべての Fe^{2+} を Fe^{3+} に変化させるような完全に酸化された表面環境を反映しているという点で意見が一致している．

　顕生代（Phanerozoic）における酸化的大気の存在は，他の証拠からも支持され

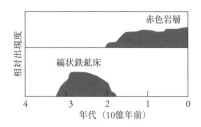

図 16-9：縞状鉄鉱床の減少と赤色岩層の始まりを示す地質記録の略図．赤色岩層は，少なくとも部分的に酸化された表面環境にのみ現れると考えられる．

る．現代の**多細胞生物**（multicellular life）には高濃度の O_2 が必要であることはよく知られている．カンブリア紀（Cambrian）とオルドビス紀（Ordovician）における多細胞生物の化石の出現は，当時の高い酸素濃度を示唆する．その後の化石記録におけるより大型の動物，および有機物の燃焼による炭の存在も，高い酸素濃度を示す．ある時代には酸素濃度は現在よりも高かったことが，巨大な昆虫（例えば，鷲のような翼幅を持つトンボ）の存在，および地球化学モデルから示唆される．例えば，有機炭素の大規模な堆積（巨大な石炭鉱床の形成）が起こった約 3 億年前は，酸素濃度が高かったと推定される．この時代は，**石炭紀**（Carboniferous）と名づけられた．当時の炭素同位体も，有機炭素の堆積の割合が高かったことを示す．

　また，顕生代の高い酸素濃度は，**蒸発岩**（evaporites）の組成からも推定できる．蒸発岩は，閉鎖的な海盆で水が蒸発するときに，溶質が沈殿することで形成される．私たちは，蒸発岩が現在形成されるのを見ることができる（例えば，中東のカスピ海や黒海の周辺）．約 500 万年前の**中新世**（Miocene）末には，地中海が干上がり，巨大な蒸発岩が形成された．現代の海水は硫酸イオンに富むので，蒸発岩がつくられるとき，岩塩より先に硫酸塩鉱物である石膏が沈殿する．顕生代の蒸発岩も，石膏を豊富に含む．これは，当時の酸化状態および海水の硫酸イオン濃度が，現代と似ていたことを示す．このように，地球表面の酸素濃度は，最近数億年の間，同じような値であったらしい．植物と動物が生存する地球は，酸素化された大気が存在する場合にのみ可能であると考えられる．

20 億年前から 6 億年前までの酸素

　岩石記録を用いる研究により，始生代から時代を下ると 20 億年前頃に初めて酸素濃度が増加したこと，および現代から時代をさかのぼると最近約 6 億年間は酸素濃度が高かったことがわかった．20 億年前から 6 億年前までの間は，**原生代**（Proterozoic）に当たる．その時代に，酸素濃度は，20 億年前の 1％から顕生代のあけぼのに動物が必要とした 10〜20％にまで増加した．この変化は，長い低濃度の時代の後に急激に起こったのだろうか，ゆっくりとした漸進的な増加だったのだろうか，それとも何段階かを経て起こったのだろうか？　図 16-3 の炭素同位体の記録をもう一度見直すと，炭素同位体比はこの時代のほとんどの間きわめて一定であるが，その終わり頃の新原生代に大きな正と負の変動を示す．この変動は，特にスノーボールアース事変があったとされる時代に著しい（図 16-10）．炭素同位体比の長い安定に続く大きな変動，およびこの変動と同じくして起こった単細胞生物相から多細胞生物相への変化に基づけば，表面リザーバーの酸素濃度の二度目の大きな変化が新原生代に起こったと考えることが自然である．

　黒色頁岩の化学組成の新しい証拠は，この仮説を支持している．その証拠は思わぬところ，微量元素のモリブデン（Mo）から得られた．モリブデンも，複数の酸化状態をとり，酸化状態によって溶解度が大きく変わる．モリブデンは地球全体では存在度が低いにもかかわらず，現代の海水中濃度は他のどんな遷移金属よりも高いのだ！　この奇妙な結果の原因は，酸化されたモリブデンはモリブデン酸イオン（MoO_4^{2-}）をつくり大陸から容易に風化されること，および酸化的な海水中で溶解度が高いことである．還元的条件で，海洋が硫化物イオンを含むときには，モリブデンは海水から効果的に除去される．データは数少ないが，黒色頁岩中のモリブデン濃度は，8〜5 億年前の新原生代に顕著に増加した．この結果は，この時期に完全に酸化された海洋が現れ，還元的な深海におけるモリブデンの除去が起こらなくなり，海水中のモリブデン濃度が増加したことを示す（図 16-11）．現在広く支持されている考え方では，原生代の大部分の間，海洋には酸化的な表層と，還元的な深層があった．新原生代に二度目の O_2 の増加が起こり，海洋深層が酸化された．ますます酸素化された環

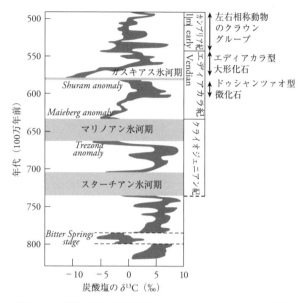

図 16-10：新原生代の末期における炭素同位体比の大きな変動．最初の多細胞生物（硬組織を持たなかった）は，エディアカラ紀に生じた．それは，2つの大きなスノーボールアース事変（灰色の帯で示す）の直後である．多細胞生物には高濃度の O_2 が必要である．また，スノーボールアース事変は，約23億年前に最初に O_2 が増加した直前にも起こった．よって，顕生代のスノーボールアース事変も二度目の O_2 の増加と関連している可能性がある．(Modified from Halverson et al., GSA Bulletin 117 (2005), no. 9-10: 1181-207)

境は，多細胞生物の進化を促し，ついに生命の**カンブリア爆発**（Cambrian explosion of life）が起こった．

　これらの観察は，「なぜ」この時代に酸素濃度が現代の値近くまで増加したのかを説明しない．O_2 の供給の増加および除去の減少について，多くのモデルが提案されている．酸化力の供給は，地球表面システムから電子を除くことによってもたらされる．電子の除去は，通常，有機炭素の埋没によって起こる．では，何が有機炭素を過剰に埋没させたのだろうか？　酸素発生型光合成がいったん支配的になれば，H_2O を分解することにより，電子と水素の供給源は事実上無限となる．海洋への栄養素の供給が，有機物生成の制限因子となる．

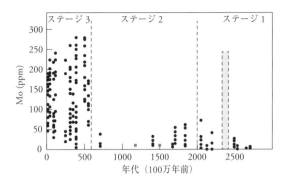

図 16-11：堆積物中モリブデン濃度の時間変化．還元的状態はモリブデンを不溶化し，海水中および海洋堆積物中の濃度を低くする．高酸化状態のモリブデンは，海水に可溶である．モリブデンは，地球表面の岩石中の濃度は低いが，現代の海水ではかなり豊富な元素のひとつである．約 6 億年前のモリブデン濃度の大きな変化は，地球表面の O_2 の二度目の増加と調和する．灰色の領域は，硫黄同位体が O_2 の最初の増加を示す時代である（図 16-8 参照）．(Modified after Scott et al., Nature 452（2008）: 456-59)

現代の海洋はこの状態にあり，生物生産のきわめて高い海域には，栄養素の供給がある．何らかの地殻変動が，栄養素の供給を増加させ，有機物の生産を増やしたのかもしれない．ひとつの可能性は，超大陸の分裂である．小さな陸塊は，陸地面積に比べて海岸線の割合が大きいので，より効果的に栄養素を海洋に供給する．他の可能性は，大陸の衝突である．衝突によって形成される山脈は，平野より風化されやすい．したがって，周期的なプレートテクトニクスの事変は，有機炭素の埋没のパルス的な増加を引きおこし，O_2 の段階的な増加をもたらす可能性がある．炭素の埋没に影響をおよぼすもうひとつの要因は，平均海面，および内海や大陸棚の広さだろう．これらの海域では，生物生産が高く，有機物が効果的に埋没する．しかし，有機炭素の埋没のパルス的増加は炭素同位体比を変化させるはずであるが，その証拠はあきらかではない．

　また，別の 2 つのモデルも，システムから電子を除き，地球表面を酸化する．ひとつは，有機炭素のマントルへの沈み込みである．もし，沈み込む堆積物の有機炭素 / 無機炭素比が，表面に存在する堆積物と同じ 1：5 であれば，大量の有機炭素がマントルへ沈み込む．沈み込む炭素量の変動は，酸素の収支

に影響をおよぼすだろう．沈み込む硫酸塩と硫化物の比の変動も，同じ影響をおよぼすだろう．

もうひとつのモデルは，O_2 の吸収源の縮小である．ひとつの可能性は，酸化された鉄の沈み込みのため，収束境界のマントルが時間とともに酸化的になったことである．火山から放出されるガスは還元力が弱くなり，大気における O_2 の除去が低下した．有機炭素の生産が一定であれば，大気の O_2 は増加しただろう．あるいは，変成作用によって生じるガスが，大陸地殻の酸化状態に依存して酸化的になり，O_2 の除去が弱まったのかもしれない．別の可能性は，大陸地殻による除去の減少である．大陸岩石が徐々に酸化されたため，還元体の鉄と硫黄の風化によるフラックスが減少し，O_2 の吸収能が低下した．あるいは，深海が酸化的になったため，有機炭素の埋没，硫酸還元，および黄鉄鉱の沈殿が減少したのかもしれない．海洋の硫酸イオン濃度が増加すると，海底熱水中の硫化物イオン濃度も増加し，硫化鉄を沈殿させるので，海底熱水からの還元体鉄のフラックスは減少するだろう．これらすべては，正のフィードバックである．O_2 の吸収源が縮小すれば，酸化体物質が増加し，吸収源はさらに小さくなる．

さまざまなモデルがあるが，どれも決定的ではない．岩石記録から決定的な証拠を得ることは難しい．私たちは，大気と海洋の酸化状態の変化に対する答えを知っている．O_2 は増加した．しかし，その詳細なメカニズムは，まだよくわかっていない．

以上すべての情報を総合すると，大気中酸素濃度の時間変化を図にすることができる（図16-12）．この図は，いくつかの明確に決定された点を含む．酸素濃度は，初期の地球ではゼロであった．約20億年前に大きな変化があった．そして，原生代の終わりに，現在のレベルにまで増加した．酸素濃度の変化がどのくらい漸進的であったか，急激であったか，および地球史の各時代において正確な酸素濃度はいくらであったかは，まだ不確かである．

● 酸素の全球収支

酸素の歴史の詳細がどのようであっても，有機物をつくる電子の付加と，

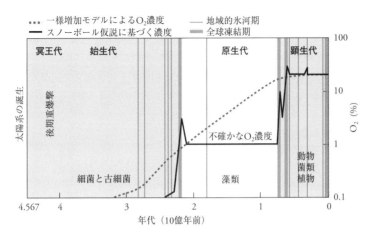

図16-12：大気中のO_2濃度の変遷．この図は，スノーボールアース事変（22億年前と7〜6億年前の鉛直の帯で示されている）と急激なO_2の増加との間の仮説的な関係に基づいている．O_2の増加はもっと漸進的であったかもしれない（灰色の点線のように）．明確な境界条件は，約20億年前以降は，硫黄の質量非依存分別がなく，縞状鉄鉱床が衰退すること，および約6億年前の多細胞生物の出現には現代と同じくらいの酸素濃度が必要であったことである．（Figure modified from Paul Hofmann; http://www.snowballearth.org）.

O_2などの酸化体化合物をつくる電子の除去の間には，1対1の関係がなければならない．酸素の全球収支の問題に最も一般的な方法で答えるために，酸化体リザーバーと還元体リザーバーの合計を求めて，有機炭素とO_2の間に1対1の関係が成り立つかどうかを見てみよう．

　還元体炭素は，岩石に無数の形で存在する．例えば，化石燃料もそうである．しかし，還元体炭素の大部分は，堆積岩，特に地質記録において豊富である黒色頁岩に存在する．有機炭素の全量は，およそ700〜1,300×10^{18}モルと見積もられる（1モルは，6.022×10^{23}個の分子を含むことを思いだそう）．観測できる酸化体のリザーバーは大気，海洋，および地殻岩石である．表16-2からわかるように，大気はとるに足らないリザーバーであり，酸化された鉄が最も重要なリザーバーである．酸化体鉄の量は，かなり正確に推定できる．私たちは，大陸地殻と堆積物の鉄濃度，およびFe^{3+}/Fe^{2+}比の推定値を知っているからで

ある．大陸地殻の酸化体鉄の量は，O_2 に換算すると約 $1,400 \times 10^{18}$ モルである．加えて，現在の海洋地殻の酸化は，175×10^{18} モルの O_2 を消費する．表 16-1 と表 16-2 を比べるとわかるように，酸化体リザーバーは還元体炭素の推定値のおよそ 2 倍である．これは，O_2 の増加と関係する物質収支の問題である．現在の地球表面に存在する酸素のリザーバーの大きさを考えれば，表面に残っている有機炭素から推定されるよりも，もっと大きな O_2 の供給源が地球史において存在したはずである．

この近似計算に基づいて，酸素増加のモデルにいくつかの注意を述べることができる．第一に，酸化体鉄がたいへん重要である．鉄サイクルは，マントルの酸化状態の変化を考える上でも新しいアプローチを与える．鉄サイクルは，しばしば，火山からの還元体ガスの供給が減少した原因とされる．酸化体鉄の沈み込みによって，マントルの酸化を定量的に説明しようとすることは理にかなっていると思われる．しかし，上部マントルはもともと鉄を多量に含むので，Fe^{3+} を 1％増加させるには（それは測定できないほど小さな割合であるが），現代のように酸化された海洋地殻が，60 億年にわたって沈み込まなければならない．これはありえない．また，沈み込むべき Fe^{3+} の量は，有機炭素の不足を 5 倍にし，物質収支の不一致をさらに悪くする．また，別の証拠によれば，深海が酸化されたのは最近 10 億年未満である．それ以前には，海洋地殻の酸化的変質は起こっていなかった．したがって，有機炭素の生産によるマントルの酸化は，まったくありそうにない．

逆に，マントルが地球表面の酸素の物質収支問題を解決するためには，還元された原子が沈み込まなければならない．ひとつの可能性は，太古の有機炭素の沈み込みである．太古の還元的な海洋では，有機物が深海底に堆積した．それが沈み込み，地球表面に戻らなかったならば，マントルにおける巨大な電子貯蔵庫となるだろう．地球表面の過剰な酸化体鉄を考慮すると，約 750×10^{18} モルの有機炭素が沈み込んだはずである．上部マントルの鉄の量はばく大であるので，この量の還元体炭素はマントルの鉄の酸化状態には影響をおよぼさない．また，この量は，マントルの全炭素量の約 $30,000 \times 10^{18}$ モルに比べても無視できる．したがって，有機炭素の沈み込みは，収支問題に対する可能な解答のひとつである．

　物質収支の問題に対する別の解答は，還元体炭素に加えて，他のかたちでの電子の除去を仮定することである．ひとつの可能な候補は，H_2 の宇宙への散逸である．初期地球の還元的な大気は，H_2 を含んでいただろう．H_2 は，次の反応によって，生命のエネルギー源となった可能性がある．

$$CO_2 + 4 H_2 \rightarrow CH_4 + 2 H_2O \tag{16-8}$$

メタン生成細菌（methanogens）と呼ばれる古細菌は，この反応を用いて，有機物をつくるために必要なエネルギーを獲得する．太古の地球環境では，H_2 が利用可能であり，有機物合成の廃棄物はメタンであったかもしれない．メタンは，現在の地球でも無酸素環境でつくられている．

　今日の大気では，メタンは安定なガスではない．メタンは，O_2 と速やかに反応する．生命によってつくられるメタン（例えば，牛は膨大な量のメタンを生産する）は，大気中に平均約 12 年しか残存しない．しかし，O_2 がなければ，メタンは大気中で安定となる．例えば，土星の衛星タイタンは，大気に 1% 以上のメタンを含む．初期の地球の低酸素環境では，メタンは大気の重要な成分であった可能性がある．また，メタンは，強力な温室効果ガスである．太陽の光度が今より低かった初期地球において，メタンは地球を温める温室効果に寄与したかもしれない．

　もし，メタンが大気に豊富に存在すれば，太陽からの電離放射線がメタンを炭素と水素分子に分解しただろう．生じた H_2 は，大気の上部から宇宙へ散逸する．H_2O のような分子中の水素原子と異なり，H_2 の水素原子は電気的に中性であるので，H_2 は 2 つの電子を含む．したがって，地球から宇宙への H_2 の散逸は，電子のフラックスを生ずる．この過程はもはや測定できないので，その還元体リザーバーとしてのサイズはわからない．デイビッド・カトリングと共同研究者は，この水素のフラックスが初期地球の不可逆的な酸化を起こしたこと，それによって電子の物質収支の問題を解決できることを提案した．メタン生成−水素散逸モデルのもうひとつの利点は，地球が厳しい氷河作用を受けたときに，大気の酸素濃度が増加したらしいことを説明できることである．もし，メタンが大気に存在すれば，それは気候を暖かくする．O_2 の増加は，メタン濃度を大きく減少させ，急激な氷河時代を引きおこすだろう．

このモデルは，メタン生成細菌が初期の生物圏の重要なメンバーであったことを主張する．還元的な原始大気は，メタンの存在と調和する．そして，メタンの減少は，O_2の急速な増加とともに起こった厳しい氷河作用を説明できる．しかし，この種のモデルは，検証が困難である．宇宙に散逸してしまった水素分子を測定することは不可能である．また，初期のメタン生成細菌の生態系と正確に類似しているものは，現代の地球には残っていないだろう．

物質収支の問題は，現在の大気におけるO_2の定常状態とも関係がある．炭素同位体のデータは，顕生代にf値（有機炭素 / 全炭素比）が増加したことを示す．CO_2の脱ガスと，引き続く有機物の埋没は，表面のリザーバーに過剰のO_2を連続的に供給しただろう．そのとき，なぜ大気の酸素濃度は増加しなかったのか？　この疑問に対する古典的な解答は，この章の初めに述べたように，有機物埋没の割合の変化である．しかし，有機物埋没の割合は，顕生代を通してかなり高かったらしい．有機物 / 炭酸塩の比が1：4である炭素の沈み込みは，表面をますます酸化的にするだろう．酸化された物質をシステムの外に運ぶフラックスが必要である．ひとつの解答は，酸化体物質のマントルへのフラックスである．現在，CO_2の脱ガスのフラックスは，1年あたり3.4×10^{12}モルである．その20％が有機炭素として蓄えられるならば，還元体炭素のフラックスは1年あたり0.68×10^{12}モルとなる．一方，沈み込む海洋地殻中の酸化体鉄のフラックスは，O_2に換算すると1年あたり約2×10^{12}モルである．この値は，還元体炭素のフラックス，すなわち現代の生物によってつくられる酸化力の増分を上まわっている．このように，プレートテクトニクス地球化学サイクルは，太古と現代のどちらにおいても，地球の酸素収支を決める重要な要素であると考えられる．

● まとめ

今日，地球の大気，土壌，および海洋は，大気の高濃度のO_2と調和した酸化的環境にある．初期地球はこれとまったく異なり，地球表面のリザーバーは還元的状態にあった．還元的表面から酸化的表面への遷移は，長い，多くの局面を経た，複雑なものであった．全体的な変化のようすは，地質記録からあき

らかである．しかし，酸素化の時期，メカニズム，O_2 の正確な濃度の時間変化などの多くの重要な詳細は，まだよくわかっていない．あきらかなことは，この過程の究極的な駆動力は，生命であるということだ．生物は，太陽と化学物質のエネルギー源を利用して，炭素を還元する電子の流れを起こし，有機分子をつくった．電子の貯蔵あるいは損失は，表面のリザーバーの酸化と表裏一体である．酸化的環境は，生物の好気呼吸を可能にした．それは，最大のエネルギーを生みだす代謝過程である．生物は，長い時間をかけた進化的変化を通して，生存可能性とエネルギーの利用可能性を増大させる条件を創造したのだ．

　地球のエクステリアの改装は，地球内部を含む地球化学サイクルと密接に結びついている．地球表面の有機炭素 / 炭酸塩炭素の比は地球史を通しておおよそ一定であったので，有機炭素の生産と表面での酸化体物質の増加が継続するためには，火山活動によって地球内部から CO_2 が連続的に供給されねばならなかった．よって，表面の酸化の究極的原因は，プレートテクトニクス地球化学サイクルである．また，マントルは表面に還元体物質も供給した．それは主に還元体の鉄と硫黄であり，少量の H_2 を含む．これらが究極的な電子源となり，還元体の炭素をつくった．酸素は，この過程の仲介物である．酸素は，酸素発生型光合成において，電子を供与し，有機物をつくる．また，鉄や硫黄を酸化することによって電子を受容する．酸化された鉄や硫黄は，酸化体物質の長期的な貯蔵庫となる．大気と海洋の定常状態の O_2 は，この電子輸送に関与する反応性のリザーバーである．量的には，O_2 は全過程の小さな副産物に過ぎない．

　O_2 の増加について，重要な問題が未解決である．地球史を通して，O_2 は異なる濃度の定常状態を段階的に経験した．O_2 濃度は，始生代にはほとんどゼロであった．酸素発生型光合成が始まった後，24〜20 億年前に約 1% に増加し，さらに新原生代に現代の値近くにまで増加した．長い定常状態とその後の段階的な変化の存在は，今後検証されるべき仮説の段階である．変化の原因の厳密な証拠と，各時代の異なる O_2 濃度を保ったフィードバックの詳細は，今後あきらかにされるだろう．

参考図書

James Callen and Gray Walker. 1977. Evolution of the Atmosphere. New York:

Macmillan.

H. D. Holland. 2006. The oxygenation of the atmosphere and oceans. Phil. Trans. R. Soc. B. 361: 903–15.

J. Hayes and J. Waldbauer. 2006. The carbon cycle and associated redox processes through time. Phil. Trans. R. Soc. B. 361: 931–50.

D. C. Catling and M. W. Claire. 2005. How Earth's atmosphere evolved to an oxic state: A status report. Earth Planet. Sci. Lett. 237: 1–20.

第 17 章

惑星の進化

破局的事変の重要性と定向進化の問題

図 17-0：1983 年 12 月カナダのマニクアガン湖の写真．この大きな環状湖は，直径 100 キロメートルの衝突クレーターの跡である．このクレーターは，2 億 1,200 万年前に巨大な隕石が地球に衝突してつくられた．その後，氷河の前進と後退の繰り返しと，他の過程による侵食によってすり減らされた．湖の水は，南端から流出し，マニクアガン川に流れる．この川は，483 km 南のセントローレンス川へ注いでいる．（Image and information courtesy of the Image Science & Analysis Laboratory, NASA Johnson Space Center; http://eol.jsc.nasa.gov）．

　惑星表面の酸化は，始生代と原生代に起こった．その時代の生物化石は限られており，出来事の時間を詳しく解明することは難しい．顕生代になると，化石記録のきわめて高い時間分解能に基づいて，生物進化に大きな影響をおよぼしたさまざまな惑星過程をあきらかにできる．破局的事変は，顕生代の生物記録を中断する．その原因は，多様である．**白亜紀‐第三紀境界**を特徴づける恐竜の**大量絶滅**は，疑いの余地なくユカタン半島近くのチクシュルーブ隕石の**衝突**に関連づけられる．しかし，同じ頃，巨大なデカン洪水玄武岩地域が形成されており，マントルプルームが表面に達したこともわかっている．**ペルム紀‐三畳紀境界**のさらに大規模な絶滅では，衝突クレーターは知られていない．それは，2つの大きな**洪水玄武岩事変**の後に起こった．大きい方の洪水玄武岩は，石炭層を貫き，大量のガスを大気に放出した．比較的小規模な大量絶滅も，プルームによる巨大な火山噴出と密接に関連している．おそらく，最大級の絶滅は，「泣きっ面に蜂」（double whammy）のような破局的事変の複合の結果であっただろう．破局的事変は，惑星規模での大量絶滅を引きおこすが，進化上の革新が生態系空間を得て成功するために必要であり，進化的変化を促す重要な要因であるかもしれない．

　プレートテクトニクスは，生命に大きく影響するもうひとつの惑星過程である．特に，生物が大陸に進出してからはそうである．大陸が集合し，分離し，異なる気候環境を移動するとき，隔離が長い時間継続し，進化は異なる経路を進むようになる．これが，多様性を生み，多くの革新の試みを可能にする．進化上の革新は，多くの経路を探索する機会を持つことにより，加速されるだろう．

　すべての進化はランダムな突然変異によって起こるにもかかわらず，長期にわたる漸進的な変化がある．生物は，時間とともに内部および外部の関係を増加させ，原核細胞からより大きくより複雑な真核細胞，多細胞生物，多くの分化した器官を持つ生物へと進化した．それとともに，食物連鎖も拡大した．また，エネルギー変換効率も増大した．光合成の出現により，嫌気的代謝から好気的代謝への変化が起こった．特殊化した器官の発達は，初めに細胞小器官を生じ，後に多細胞生物の器官を生じた．相互関係の増加，器官の特殊化，複雑化，およびエネルギー利用の強化は，より成功する生物の一般的な特徴であり，進化に**定向性**を与えるだろう．遺伝

子変化の個々の経路はランダムであるが，エネルギー利用能と相互関係を増大させるような変化が有利だろう．また，進化は，惑星表面の変化と周期的な破局的事変によって増進される．それらは，進化上の革新が現れることを可能にする．破局的事変は，太陽系からの隕石衝突，惑星内部からの火山活動，および気候変動によって引きおこされる．全球的な破局的事変，惑星表面の変化，気候変動，およびエネルギーとネットワークに関する定向性は，地球以外の惑星環境においても共通する現象であるだろう．地球によって例証される一般原理があり，それは地球以外の生存可能な惑星における惑星と生命の共進化の過程にも当てはまるだろう．

 ## はじめに

　始生代および原生代における生命と惑星の進化は，解像度の低い写真である．この時代の生命の記録は，不明瞭である．明確に定義されたさまざまな**化石** (fossils) が手に入らないので，出来事の時間を詳しく解明することはきわめて難しい．惑星表面の漸進的な酸化において，生命と惑星が共進化したことはあきらかである．しかし，前章で学んだように，始生代と原生代の大事件の時期は，大まかにしか限定できない．単細胞生物の記録は，はっきりせず，あいまいである．原生代の終わり頃，大気の酸素 (O_2) 濃度は現在に近いレベルまで上昇し，この惑星進化の過程が多細胞動物の誕生をもたらしたことが広く認められている．そして，**多細胞生物** (multicellular life) のカンブリア爆発が，**顕生代** (Phanerozoic era) の夜明けを告げた．多細胞生物は，好気呼吸によるエネルギーが利用できなければ生きられない．現在の地球でも，多細胞生物は嫌気的環境には現れない．私たちが地質記録を読み解く能力は，惑星進化のこの段階から，ピントがよく合うようになる．古生物学者は，多くの**種** (species) の化石記録を追跡し，それらがどのくらい長く存続したか，種の組成がいつ劇的に変化したかをあきらかにできる．また，化石記録とともに，全球規模で厳密に時間区分された**代** (era) が始まる．時間分解能の増加は，大きな出来事を特定の時間と原因に結びつけることを可能にする．そして，生命と惑星の共進化について，より具体的な問題を考察することを可能にする．

顕生代の惑星進化

第14章で学んだように、**カンブリア紀**（Cambrian period）以後の地質記録は、DNAの漸進的かつ段階的な突然変異から推定されるような一定の変化を示さない。そうではなくて、漸進的な変化の長い期間があり、個々の種は平均500〜1,000万年の間（これは、地球史の0.1〜0.2%の長さに過ぎない）存在するが、その期間はより急激な変化の時期によって区切られる。このとき、**大量絶滅**（mass extinctions）が、存在する生物の大きな割合を消しさり、まったく異なる生物集団を持つ新しい生態系のためにステージを用意する。この急激な変化の時期は、地質学的タイムスケールの輪郭を描くのに用いられ、地質時代の**紀**（periods）を定める（図14-4参照）。

大量絶滅を定義するには、生物の豊富さと多様性の定量的指標が必要である。これは、生物が硬組織を発達させ、化石が簡単に残るようになったカンブリア紀以降でのみ可能である。それより少し古い岩石の詳細な研究により、初期の多細胞生物のグループがあきらかになった。それは、エディアカラ生物群と呼ばれる。その体の部分は、まれな、やわらかい頁岩に保存され、あまり変成を受けなかった。これらの動物は後に現れたすべての種と大きく異なっているので、古生物学者は先カンブリア時代－カンブリア紀境界に大きな絶滅が起こったと推定している。そのとき、エディアカラの動物は消滅し、古生代初期の種に取ってかわられた。それ以前にも大量絶滅は起こったかもしれないが、十分な記録はない。例えば、スノーボールアース事変は、大量絶滅を引きおこしたかもしれない。

顕生代には化石記録が発達し、大量絶滅を定義するために、動物と植物の異なる**属**（genera）の総数のような基準を使えるようになる。海洋生物は、**生物多様性**（diversity of life）の指標として最適である。化石を含んだ堆積物は、海洋底に徐々に積み重なり、陸上に露出した後にのみ侵食によって破壊されるからである。図17-1は、海洋動物の属の型と総数が地質時代を通してどのように変化したかを示している（属は、近い種のグループであることを思いだそう）。この図を見ると、属の数は、カンブリア紀から現在まで全般的に増加していることがわかる。しかし、この増加は、単調ではない。急速な増加の時期と、長い平

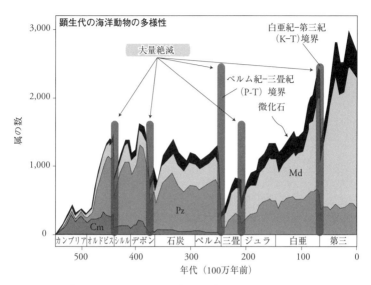

図 17-1：海洋動物の属の数の時間変化．生物の型の変化をあわせて示す．Cm はカンブリア型の動物，Pz は古生代型の動物，Md は現代型の動物を表す．例えば，カンブリア型の動物は，オルドビス紀に最も豊富となり，ペルム紀－三畳紀境界の大量絶滅で消滅した．（Modified after Sepkoski, Bulletins of American Paleontology 363 (2002)）.

坦期，および突然の下落すなわち絶滅事変がある．

　生命の様式も，時間を通して劇的に変化した．顕生代初期の典型的なカンブリア紀動物は，クラゲや海綿のような**無脊椎動物**（invertebrates），およびすぐそれとわかる三葉虫である（図 17-2a）．現存する無脊椎動物のすべてのグループは，カンブリア紀および**オルドビス紀**（Ordovician period）初期の間に発達した．オルドビス紀と**シルル紀**（Silurian period）の境界には，大きな絶滅事変があった．属の総数は，約 50 % も減少した．陸上植物は，シルル紀に初めて発達した．また，別の大量絶滅が，**デボン紀**（Devonian period）と**石炭紀**（Carboniferous period）を分けている．石炭紀には，陸上植物が大繁殖し，**爬虫類**（reptiles）が初めて現れた．**ペルム紀**（Permian period）までに，哺乳類を除いて，ほとんどの主要な化石生物のグループが現れた．このように，**古生代**（Paleozoic era）は，

図 17-2：地球史の 3 つの異なる時代の推定図．それぞれの生態系は，互いに，また現代の
ものとまったく異なる．(a) カンブリア紀の海洋．無脊椎動物のみが見られる．(© The Field
Museum, #GEO86500-052d, with permission)．(b) デボン紀．デボン紀 - 石灰紀境界の大量
絶滅以前．複雑な植物，魚類，およびその他の脊椎動物が存在した．(© The Field Museum,
#GEO86500-125d, with permission)．(c) 白亜紀．白亜紀 - 第三紀境界の大量絶滅以前の恐竜
の時代．(© Karen Carr, with permission (www.karencarr.com))．

初期の属数の爆発的な増加と，その後の属数がほぼ一定に保たれた長い時期で
特徴づけられる．その間に絶滅事変が何度か起こり，カンブリア紀に特徴的な
生物の多くが選択的に絶滅した．もちろん種のレベルでは，絶滅と進化はこの
時代を通して急速に続いた．しかし，それにもかかわらず，見分けのつく古生

代型生物が存在した。カンブリア型，古生代型，および現代型の化石群集の差異は，肉眼にもあきらかである（図 17-2a, b）。

古生代後期の安定性は，突然に終わった。ペルム紀の末には，約 1,000 万年を隔てて，大量絶滅の 2 つのエピソードが起こった。これら 2 つを合わせると，地球の属の 80％が失われた。三葉虫とその他の**科**（families）は，カンブリア紀に出現して約 3 億年続いたが，ここで永久に失われた。陸上でも大量絶滅があったので，この事変は真に全球的であった。この大量絶滅は，古生代と**中生代**（Mesozoic era）を分けるタイムマーカーとして用いられる。中生代の最初の紀である**三畳紀**（Triassic period）初期の数千万年には，生物はほとんど記録されていない。三畳紀中期に，哺乳類（mammals）が初めて現れた。三畳紀の終わりには，小さな絶滅が起こった。その後，属の数は，ふたたび急速に増加し，古生代の最も繁栄した時代をしのぐようになった。**白亜紀**（Cretaceous period）までに，巨大な爬虫類である恐竜が，地球の食物連鎖の頂点を支配した（図 17-2c）。

中生代も，また大量絶滅で終わった。それは中生代と**新生代**（Cenozoic era）の境界として用いられる。中生代末の絶滅は，恐竜およびその他の陸と海の主な化石生物のグループを消滅させた。これは，生物多様性を一新するためのステージを準備した。属の数は急速に回復し，より大きな生物多様性が生じた。新しい特徴的な生物群集と食物連鎖は，新興の哺乳類に支配された。哺乳類は，中生代には小さなニッチ生物であり，爬虫類の支配する生態系に隠れるように生存していた。

進化の観点から見て，大量絶滅の重要な点は，その後により急速な進化的変化をもたらすことである。アンドリュー・バンバッハらは，過去 4 億 5,000 万年の属の消滅と誕生を調べた。絶滅事変は，属の数の大きな減少を引きおこした。その後，属の多様性は，最も急速に成長した（図 17-1）。**生態系空間**（ecospace）の一掃は，新しい進化的適応が興隆することを可能にする。生態学的な安定性がある場合には，優占する生物が生態系を支配し，遺伝上の革新が定着する余地はほとんどない。生命の大規模な破壊によって，生態学ニッチが空になると，新しい形態の生物が現れる機会ができる。それは，より多くの遺伝的変動の発現を可能にする。古い生物に支配された生態系では十分に発現されなかっ

図 17-3：ラ・シエリタの白亜紀−第三紀境界の地層．明るい灰色の粘土岩が，境界を示す．境界の地層が生じた時間はきわめて短かったことがわかる．（Photo courtesy of Gerta Keller, Princeton University）．

たより進んだ適応が，ところを得て，開花する．

絶滅事変の原因

　地球の生物進化が大量絶滅によって中断され，影響されたことはあきらかである．惑星規模の破局的事変は，ごく短時間に起こる．どのくらい短い時間なのだろうか？　図 17-3 に示されるように，絶滅事変は，堆積物の厚さで数センチメートルしかない．実際，その継続期間は，ごく短いのだ．古生代，中生代，および新生代を区分する大量絶滅事変は，最も注目される．その継続時間はきわめて短いため，放射年代測定法によって精確に決定することはできない．ジルコンの詳細な研究により，白亜紀−第三紀境界の絶滅は，100 万年より短いタイムスケールで起こったことがわかった．ペルム紀−三畳紀境界の絶

滅は，ペルム紀末に約1,000万年の間隔をおいて起こった2つの事変の結果であった．2つの事変は，いずれも地質学的な観点では，ごく短い出来事であった．大量絶滅による生物の劇的な変化のため，これらの事変は集中的に研究され，多くの議論がある．議論が分かれている理由のひとつは，大量絶滅には複数の原因があったらしいことである．ひとつの仮説では，大量絶滅のすべてを説明することはできないだろう．

白亜紀−第三紀境界の絶滅

　最も有名な絶滅事変は，中生代と新生代の間の**白亜紀−第三紀境界**（Cretaceous-Tertiary (K−T) boundary; 約6600万年前）における恐竜の消滅である．この絶滅の継続時間を決定しようとして，ルイス・アルヴァレズとウォルター・アルヴァレズの親子は，この境界を含む堆積物中の金属元素イリジウム（Ir）の濃度を調べた．イリジウムはきわめて親鉄性であり，地球のイリジウムのほとんどはコアにあり，地殻での存在度はごく低い．隕石のイリジウムは，地殻より1万倍も高濃度である．宇宙塵が大気に突入し，海底に沈降するので，少量のイリジウムが連続的に海洋堆積物に加えられる．アルヴァレズ親子は，海洋堆積物のイリジウムを測定すれば，堆積物の厚さ数センチメートル分にまで絶滅の継続時間を限定できるだろうと考えた．

　驚いたことに，イリジウムはちょうどK−T境界において著しく高濃度であった．その濃度は，ごく小さな宇宙塵が大気に突入したことによっては，とても説明できなかった（図17-4）．彼らは，この予期しなかった発見に基づいて，大きな隕石が地球に衝突し，大量のイリジウムをもたらしたという説を提唱した．分解した隕石の塵は，大量の雲となって全球に広がり，ちょうど境界に堆積した．**隕石の衝突**（meteorite impact）は，破局的事変であり，地球の多くの生物を数年のうちに滅ぼしただろう．

　当初，このアイディアは，世界的には受け入れられなかった．K−T境界における異常に活発な火山活動が絶滅を引きおこしたという代案が提唱された．K−T境界をまたぐ数十万年以内に，**洪水玄武岩地域**（flood basalt province）がインドに現れた．第11章で学んだように，**マントルプルーム**（mantle plumes）が

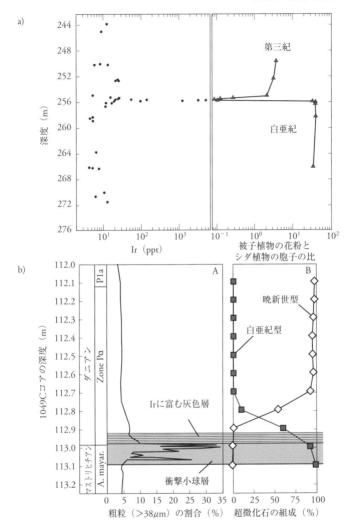

図 17-4：白亜紀－第三紀境界での変化の例．（a）ちょうど境界に存在するイリジウム異常の例．右の図は，衝突後，シダ類が優占したことを示す（被子植物の花粉とシダ類の胞子の比は，衝突時に激減した）（modified from Orth et al., Science 214（1981），4257: 1341-43）．（b）フロリダ東岸の海洋掘削コアのデータ．境界での地層変化（A），その後の超微化石種組成の激変（B）を示す（adapted from Norris et al., Geology 27（1999），5: 419-22）．

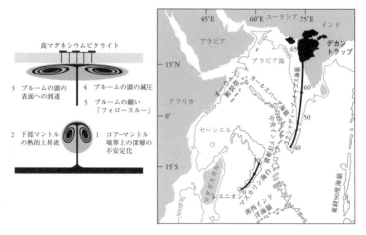

図 17-5：（左）下部境界層からの新しいマントルプルーム形成の模式図．プルームはおそらくコア‐マントル境界で発生し，地球表面へ上昇する．「プルームの頭」は大きく，細い尾が続く．プルームの頭が表面に達すると，広がって，広範囲におよぶ巨大な火山活動を起こす．この洪水玄武岩事変は，全球の陸上火山噴出量を2倍以上に増加させる．それに続いて，プルームの尾が地表に達すると，プレートが移動するにつれて，長く，細いホットスポットの跡ができる（Figure derived from Griffiths and Campbell, Earth and Planetary Science Letters 99, 66-78 (1990)）．（右）デカンプルームの「尾」によってつくられた細いホットスポットの跡．プルームの現在位置は，南インド洋のレユニオン島である．跡に付けられた数字は，そのスポットがつくられた火山活動の年代（100万年前）を示す．跡は，連続的な特徴としてつくられたが，その後の中央インド洋海嶺の拡大によって分断された（Modified from White and McKenzie, J. Geophys. Res. 94, 7685-7729 (1989)）．

最初に地表に到達すると，大きな体積の「プルームの頭」が圧倒的に大量の火山活動を引きおこす．多くの洪水玄武岩地域は，この最初の噴出である．その後，より少量の「プルームの尾」が，時間とともにプレートが動くにつれて，地表に長い海嶺をつくる．デカンプルームの最初の噴出は，百万 km^3 の玄武岩をつくった．それはデカントラップと呼ばれる．それから続くホットスポットは，現在もレユニオン島で活動している（図 17-5）．この事変は，地上の火山噴出物の量を数十万年もの間2倍以上にするほど大きかったので，全球の生物にきわめて深刻な環境影響をおよぼした可能性がある．しかし，火山活動仮説は，イリジウムの証拠を簡単に説明できない．

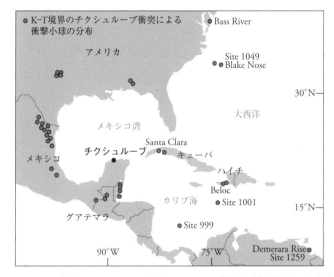

図 17-6：ユカタン半島のチクシュルーブ衝突クレーターの位置を示す地図．および，噴出物，衝撃石英，衝撃小球，巨大津波などの証拠が見つかった地点．それらは，衝突位置からの距離に応じて規則的に変化する．（Modified from Gerta Keller, Princeton University; http://geoweb. princeton.edu/people/keller/Mass_Extinction/massex.html#7)

　K-T 境界における隕石衝突仮説は，チクシュルーブ衝突クレーターの発見により事実となった（図 17-6）．このクレーターはメキシコのユカタン半島にあり，その年代は境界と正確に一致する．また，フロリダ沖の堆積物の掘削によって，イリジウム異常と同時に起こった海洋生物種の突然の変化（図 17-4b)，巨大津波の証拠，さらに第 8 章で議論した衝突の証拠である衝撃石英およびテクタイトが見いだされた．

　しかし，隕石の衝突が事実であっても，それが「唯一の」原因であるとは断言できない．例えば，もっと大きな隕石衝突のクレーターも発見されているが，それらは化石記録の大量絶滅と関連づけられていない．さらに，K-T 境界を研究している古生物学者は，陸上生物の絶滅は衝突から予測されるほど急激ではなかったと主張している．また，チクシュルーブ衝突の以前に，過激な

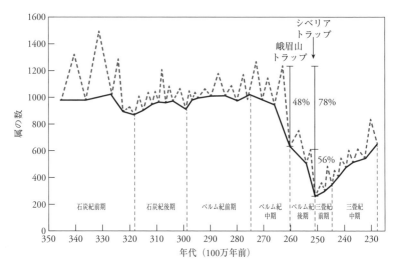

図 17-7：ペルム紀－三畳紀境界付近における属数の変化の詳細．年代のタイムスケールが短いことに注意（100万年単位）．大量絶滅は，あきらかに二段階で起こった．それぞれの段階は，大陸の洪水玄武岩地域と対応している．（Modified from Knoll et al., Earth Planet. Sci. Lett. 256 (2007): 295-313）

環境変化があったという証拠がある．このことから，大量絶滅は時期の重なった2つの大きな事変の複合の結果であるというアイディアが生まれた．洪水玄武岩の噴出が全球の生物圏にストレスを与え，この危機のさなかに衝突が決定的な一撃をもたらしたというのである．

ペルム紀－三畳紀境界の絶滅

ペルム紀－三畳紀境界（Permo-Triassic (P－T) boundary）の大量絶滅は，K－T境界の絶滅よりさらに壊滅的だった．K－T境界では，属のおよそ50％が消滅したが，ペルム紀末には，80％が消滅した．ペルム紀－三畳紀境界は，中国の堆積物によく保存されている．これらの堆積物断面の徹底的な調査により，絶滅はおよそ1,000万年の間隔をおいて起こった2つの事変から成ることがわ

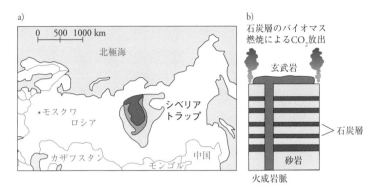

図 17-8：(a) ペルム紀 – 三畳紀境界の大量絶滅と関係があるシベリア洪水玄武岩地域の巨大さを表す地図．(b) 洪水玄武岩と地殻の還元体炭素との相互作用の模式図．それは，大量の炭素を大気中に放出した．この過剰のガス排出は，P–T 境界での大量絶滅と，$\delta^{13}C$ の著しい低下を引きおこした．

かった（図 17-7）．衝突クレーターが世界中で探されたが，見つからなかった．このこと自体は，決定的証拠ではない．というのも，現存する最古の海洋底は，P–T 境界よりもずっと若いからだ．衝突クレーターが海洋に形成されたならば，遠い昔に沈み込んだに違いない．また，海洋は，その面積ゆえに陸地の2倍の衝突確率を持つので，なおさらである．しかし，衝突は，イリジウム異常や，テクタイト，衝撃石英のような跡を残すはずであるが，それらも見つかっていない．2つの P–T 事変の時代にまさに起こったことは，デカントラップに似た巨大な火山噴出である．古い方の事変は，中国西部の峨眉山トラップの形成と一致する．P–T 境界を画定する若い方の事変は，顕生代の地質記録において最大の火山噴出と同時に起こった．それは，識別できないほどの短期間に，2×10^6 km³ 以上の溶岩を含むシベリアトラップを形成した（図 17-8）．

　火山活動が原因であるという説明は，ペルム紀末の絶滅のある特徴によって支持される．それは，海洋の炭素同位体組成の顕著な変化である．隕石は，海洋の炭素収支に影響をおよぼすほど大量の炭素を含まない．また，隕石の炭素は，変化に必要な同位体組成を持っていない．炭素同位体の結果は，大量の有機炭素が大気と海洋に加えられたことを示す．有機炭素は生物圏でつくられる

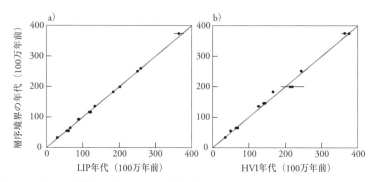

図 17-9：(a) 層序学上の境界の年代と洪水玄武岩地域（巨大火成岩岩石区 large igneous province，LIP）の年代との関係．(b) 層序学上の境界の年代と隕石衝突（高速衝突 high velocity impacts，HVI）の年代との関係．一般に，大きな環境変化の年代は，大量絶滅の年代と一致している．（Modified after Kelley, J. Geol. Soc. London 164 (2007): 923-36）

のに，火山噴出がどのようにして有機炭素を放出したのだろうか？

シベリアトラップの場合は，それが可能である．シベリアトラップは，石炭に富む堆積層を貫いて噴出した（図 17-8b）．大きな石炭層を貫く溶岩流は，他でも観察されている．石炭は，植物から生成され，軽い炭素同位体組成を持つ．さらに，石炭の燃焼は，大量の CO_2 を放出し，全球の温暖化と海洋の酸性化を含む大きな影響を気候におよぼす．ペルム紀 – 三畳紀の証拠は，巨大で集中した火山噴出が絶滅事変の主な駆動力であったというアイディアを支持する．

ヴィンセント・カーティロットは，精密な放射年代測定の専門家の共同研究者とともに，顕生代のすべての大量絶滅が巨大な洪水玄武岩の噴出と関係していると主張した（図 17-9a）．しかし，この図は，見た目ほど確証的ではない．なぜなら，隕石衝突と絶滅を適当に選択しても，よい相関が得られるからである（図 17-9b）．衝突は影響のおよぶ面積が限られており，年代測定に使える物質を欠いているので，その年代を正確に決めることはもっと難しい．しかし，サイモン・ケリーは，年代の誤差があるとしても，大量絶滅との年代の一致は衝突よりも火山活動の方が有意によいことを示した（図 17-10）．したがって，特定の衝突と疑いなく結びついている K–T 境界を例外として，巨大な火山噴出は環境と生物に対してより長期にわたる影響をおよぼすようである．最近，

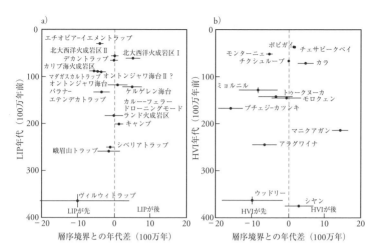

図 17-10：洪水玄武岩 (a) および隕石衝突 (b) の年代と大量絶滅の年代の時間差を表す図. LIP は, 巨大火成岩石区を示す. HVI は, 高速衝突を示す. チクシュルーブ衝突は, K-T 境界にぴったり一致しているが, 他の多くの衝突は大量絶滅と有意な時間差があることに注意. 大きなエラーバーを持つものだけが, 大量絶滅の年代と一致する. 〔Modified after Kelley, J. Geol. Soc. London 164 (2007): 923-36〕

　カーティロットとオールセンは, 最大の絶滅事変と, 磁場反転として記録された地球のコアの挙動との間に, 興味をそそる関係があることを示した. 最大の大量絶滅を引きおこした**キラー・プルーム** (killer plumes) は, 磁場反転のない長い期間の後に起こったというのである. 大きなプルームはコア-マントル境界で発生すると考えられるので, コア-マントル相互作用が地球表面での生物進化における大事変と関連しているのかもしれない.

　ペルム紀-三畳紀境界および白亜紀-第三紀境界における最大級の絶滅は, どちらも二重の不運の結果であるらしいことは重要だろう. ペルム紀末には短い時間間隔で 2 つの洪水玄武岩事変が起こり, 白亜紀末には洪水玄武岩事変と隕石衝突が起こった. 地質記録には, 大量絶滅と関係のない隕石衝突および洪水玄武岩事変もある. 生物圏はかなり頑丈であるので, 大きな破局的絶滅を引きおこすには,「ワンツーパンチ」が必要であるのかもしれない.

　以上のように，顕生代の記録は，生物進化と太陽系および惑星内部によって引きおこされる事変との間に密接な関連があることを示す．惑星集積の残り物である隕石の衝突は，生物に重大な影響をおよぼした．また，コア-マントル相互作用も，マントル対流の能動的上昇流であるマントルプルームを上昇させ，生物の歴史に著しい影響をおよぼした．火山活動と大量絶滅の関係は，生物過程と固体地球過程の間の微妙に調節されたバランスを示唆する．火山活動は，還元体の岩石とガスを地球表面に運ぶ．洪水玄武岩の巨大な噴出は，地上の火山噴出量を数十万年の間2倍にし，通常の地球化学サイクルのバランスを狂わせ，短期的だが大きな気候変動を招くだろう．シベリアトラップの場合，石炭の燃焼が地球の燃料電池に制御不能で破局的なエネルギー放出を引きおこした．数百万年かけて蓄積された有機炭素が一挙に酸化され，放出されたので，炭素サイクルは大きくかき乱された．

● プレートテクトニクスと進化

　プレートテクトニクスも，顕生代の生物進化に大きな影響をおよぼした．自然選択による進化の過程は，時間と分離の結果として，遺伝的な差異を生ずる．生態系が隔離されると，進化は異なる経路を通って進む．隔離の時間が長くなるほど，生物の間の差が大きくなる．地球上の隔離は，主にプレートテクトニクスによって引きおこされる．大きなスケールでは，異なるプレートにある大陸の分裂は，数千万年の独立した進化をもたらす．私たちは，異なる大陸における大型哺乳類に差異があることを知っている．それは，大陸の分裂の結果である．差異は，オーストラリア大陸で最も著しい．オーストラリア大陸は，およそ5,000万年前に南極大陸から分離した．オーストラリアの哺乳類は他の現生の哺乳類との共通祖先を持つが，その後他の大陸から分離された．オーストラリアは，次第に独自の動物を発達させた．それは，エミュー，カモノハシ，カンガルーなどの有袋類哺乳動物のような「エキゾチックで奇怪な」種を含む．実際，テクトニクスによる隔離と特徴的な気候史のため，オーストラリアの哺乳類，爬虫類，昆虫，および両生類は，83〜90％以上が固有種である（他の大陸には存在しない）．オーストラリアの動物相の特徴は，有胎盤哺乳類が少

なく，有袋哺乳類が豊富なことである．有袋類は，代謝速度が遅く，暑く乾燥した気候に適しているため，オーストラリアで繁栄したらしい．人類による他の哺乳類（ウサギや家畜など）の導入は，多くの有袋類とその他の固有動物を絶滅させ，オーストラリアの生態系に重大な変化をもたらした．

　大陸の隔離は進化に最も明白な影響をおよぼすが，大陸の移動とその他のテクトニクス事変も重要であったに違いない．プレートテクトニクスによって形成される大山脈は，さまざまな地域環境を生み，気候のまったく異なる地方を分離する．今日，大山脈の西と東の斜面には，しばしば異なる生物相が存在している．また，大陸の位置とその分離の程度は，海洋の循環と，氷河期サイクルの有無を含む気候に影響する．

　氷河作用も，生物多様性に大きな影響をおよぼす．厚さ 2 km の氷床は，巨視的な生物種を排除し，間氷期の放散と氷期の絶滅との周期性を生ずる．このため，氷河地域では，植物や鳥類などの種の多様性は，非氷河地域に比べてずっと低い．

　もし，すべての大陸が常にひとつの超大陸に合体しており，気候が安定し，活発なプレート収束によってつくられる大山脈がなければ，一組の種の集団がそれぞれの生態系で優占するだろう．外因性の破局的事変がなければ，生態系は停滞し，進化的変化への圧力（あるいは機会）はほとんどないだろう．大陸の移動は，より大きな多様性を生む．大陸がふたたび合体すると，最も成功した生物が優勢となるだろう．環境の限られたひとつの大陸で長い時間をかけるよりも，分裂した大陸で 1 ダースの機会を持つことにより，最も成功する進化上の革新が現れ，より大きな進化的変化を生むだろう．

惑星進化の原理とは？

　私たちは，しばしばどういうわけか生命を地球全体とは別の現象として考える．生命は，確かに地球深部の惑星過程から隔離されている．これまでの章は，生命と惑星の間の多様なつながりを例証した．私たちは，これらの関係から一般原理を得ることができるだろうか？　それは，地球に固有ではなく，惑星進化の過程に一般に当てはまると言えるだろうか？

関係と複雑さの増加

　私たちは，第13章で原核細胞と真核細胞の違いについて論じた．真核細胞は，いとこの原核細胞よりはるかに大きく，複雑な化学工場である．真核細胞の中には，**細胞小器官**（organelles）がある．例えば，ミトコンドリアと葉緑体は，それぞれエネルギー生産と光合成を行う．これらの細胞小器官は，漸進的な共生と細菌の取り込みによって生じたと考えられている．これは，**内部共生**（endosymbiosis）と呼ばれる．この過程によって異なる種の間の共生関係が特殊化され，固定される．この考えを支持するのは，細胞小器官がそれ自身の遺伝物質を持つという事実である．この遺伝物質は，真核細胞の核のものとはまったく異なり，むしろ類似した機能を果たす細菌の遺伝物質と似ている．例えば，葉緑体は，藍色細菌（光合成する原核生物）のものと似た DNA を含む．加えて，細胞小器官の代謝と構造は，原核細胞と類似している．また，細胞小器官は，細菌の細胞分裂と同様に，二分裂によって複製する．注目すべきは，これらの内部共生した細胞小器官はもはや真核細胞の外で独立して存在することはできないことである．細胞小器官の生存は，真核細胞の他の代謝に依存している．これは，最初は別々であった生物の間の共生と取り込みの過程が協力関係を生じたことを示す．いったん協力関係が確立されると，その後の進化は相互依存に基づくようになった．

　このような過程は，現在でもあきらかである．その例は，熱水噴出孔や炭化水素のしみ出し口の周辺で繁栄するチューブワームと二枚貝である．チューブワームは，動物であるが，口も胃も持たない．その代わりに，チューブワームは，体内に生きている細菌を持っている．チューブワームの組織1グラムには，88億個以上の細菌が存在する．細菌は，O_2 を使って硫黄を酸化し，生じるエネルギーを用いて，二酸化炭素を糖に還元する．この糖が，チューブワームの食物となる．チューブワームは，自身が依存する細菌の集団を体内に養うように進化した．例えば，チューブワームの先端の赤いハオリは，ヘモグロビンを含む．それは，O_2 だけでなく硫化水素を捕らえて，これらの必須原料を体内に生きている細菌に輸送する．この例で見られるのは，重要な共生を維持するために代謝を進化させたひとつの生物である．この例は，何が進化的変化

の中心であるかをあきらかにする．生物は，関係し合い，共生を発達させ，多様な過程と関係を持つ複雑な生物マシンへと進化するのである．

原核生物の協力関係から真核生物が進化したように，単細胞の真核生物から多細胞生物が進化した．個々の細胞は，調節され，共同して機能するようになった．次に，多細胞生物は，多くの特殊化した細胞を徐々に発達させた．例えば，人間は，異なる 220 種類を含む約 75 兆個の細胞を持つ．これらの細胞は，身体のさまざまな機能を果たし，協調して働くことでひとつの機能的生物をつくる．脳は，発達するネットワークのよい例だろう．マウスと人間の脳をつくる神経細胞には，ほとんど違いがない．主な差は，脳細胞の数とそれらの間の関係である．増加した関係は，多様で変化する環境に対応する理解力と能力の増大をもたらす．関係は，フィードバックを起こすのにも必要である．フィードバックの数の増加は，より優れた応答性と安定性をもたらす．種の間でも，アリやミツバチの集団のように一緒に働く関係はしばしば能力と生存において有利であることは明白である．E. O. ウィルソンは，その関係を「超個体」(superorganisms) と表現した．ネットワークは，個体が専門化することを可能にする．複雑なフィードバックとネットワークは，より大きな安定性と生存可能性につながる．そのような傾向は，システムの本質的特徴であり，地球に限定されるものではないだろう．

時間にともなうエネルギー利用の変化

エネルギーは，生命を含むすべてのシステムの駆動力である．より多くのエネルギーを利用できる種は，獲物を追う，捕食者を避けるなどの仕事をする能力が高く，成長して，繁殖する．

O_2 の増加と好気的過程によるエネルギー獲得は，地球進化の特徴のひとつである．すべての動物は，いくらかの酸素を使う（多くの微生物も同様である）．前の章で見たように，生物は，嫌気的光合成，酸素発生型光合成，嫌気的代謝を経て，ついに**好気的代謝**(aerobic metabolism) へと，漸進的に好気的エネルギーの利用を発達させた．好気的代謝が有利になるためには，O_2 の安定した供給が必要である．きわめて小さな生物では，O_2 は拡散と細胞膜を通した輸送に

よって供給される．より大きな生物では，O_2 の活発な輸送，効率的な呼吸，および廃棄物の能動的な除去が必要である．真核細胞の細胞小器官ミトコンドリアは，好気的代謝を行い，専門化されたエネルギー生産工場として働く．循環系と呼吸器系の発達は，多細胞生物がはるかに大量の好気的代謝を行い，エネルギーを効率的に生産することを可能にした．最後に，温血の代謝が，より高い代謝速度を実現した．この観点から見ると，生命の歴史は，代謝過程に利用できるエネルギーの漸進的な増大の歴史であると言える．多細胞生物は，嫌気的環境では生きられない．嫌気的環境には，生命を維持するに足るエネルギー生産がないからである．爬虫類に対する哺乳類の大勝利は，哺乳類のより高い代謝速度，および外部の温度環境と無関係にエネルギーを発生させる能力の結果である．この進化は，究極的に，脳のような器官の発達を可能にした．脳は，O_2 の活発な輸送に完全に依存している．脳は食物をつくらないし，保存もしない．脳細胞は，単独で生きることができない．脳細胞が働くためには，グルコースと O_2 を供給する血液の力強い流れが欠かせない．

　地球の歴史におけるエネルギー代謝の変化は，前節で論じた関係と複雑さの増加にともなって起こった．最初に，単純な過程が生じた．原核細胞と嫌気的 ATP 生産などである．その後に現れた過程は，初期の進化の上につくられた．初期の革新の一部は捨てさられ，新規なものに取ってかわられた．他の過程は，より進化したかたちに統合された．また，原始的な生物は，固有の生態学的ニッチに残った．原核生物は，今でも至るところに生きている．同時に，原核生物が発明した過程は，その後の真核生物に組み入れられた．例えば，多細胞生物は，原核生物に巨大な生態系空間を提供する．人間の皮膚，口，および消化器系には，数百種，数兆個もの原核生物が生きている．このように，拡大と取り込みの両方で発展があった．この原理は，エネルギー代謝過程にも当てはまる．嫌気的代謝過程は，好気性生物の内部に統合された．例えば，嫌気的代謝は好気的代謝より速く ATP を生産するので，哺乳類は瞬時に高いエネルギーを発生させるとき嫌気的代謝を利用する．

　エネルギー生産の増大について，もうひとつ重要な点がある．高いエネルギー生産には，非平衡状態にあるリザーバーの間の界面が必要である．非平衡状態から平衡状態への遷移が，生命過程に必要なエネルギーを発生させる．生物が

エネルギー利用を増大させるには，非平衡状態にある利用可能なエネルギーの発達が欠かせない．それは，惑星の酸化体リザーバーと還元体リザーバーの形成と分離である．すなわち，第 15 章で詳しく議論した惑星の**燃料電池**（fuel cell）である．エネルギー利用の増大は，生物学的メカニズムと惑星環境が結びついた変化の結果である．この意味で，進化は，生命，海洋，大気，および岩石を含む惑星過程であると言える．

● 定向進化の可能性に関する考察

この議論から自然に導かれるのは，進化の進歩論的な見方である．生命は，細胞の数を増やし，ゲノム・サイズを増大させ，エネルギー代謝をより効率化するように，漸進的に進化した．この見解は，しばしば現在の進化の頂点としての人類に拡張される．しかし，ほとんどの生物学者は，この見解に同意しない．DNA の突然変異と自然選択の過程は，もともとランダムであるからだ．また，**定向進化**（directional evolution）の仮説を，生物分子に基づいて定量的に立証することは難しい．サンショウウオは，人間や他の哺乳類に比べて，細胞あたり 1 桁多い DNA を持っている．イネゲノムは，ヒトゲノムよりはるかに多くのタンパク質をエンコードしている．カモノハシの細胞は，人間の細胞より多くの染色体を含む．象の脳は，人間の脳の 4 倍のサイズである．原核生物から，真核生物，多細胞化，器官分化に至る大きなスケールで，地質年代を通して関係と複雑さの漸進的な増加がある．これに基づいて，進歩を主張できるかもしれない．しかし，進化の詳細と「進化した」生物をつくるものは，きわめて豊富な内容を含んでおり，単純な定向進化の枠組みには還元できない．

一方，陸上生物への進化にはあきらかな定向性がある．アンディ・ノールとリチャード・バンバッハは，それを「生態系空間の拡大」と呼んだ（図 17-11）．彼らは，生命の誕生後，生物の王国には，生態系空間を拡大する 5 つの大きな段階があったと指摘する．原核生物の多様化，単細胞真核生物の多様化，水生の多細胞生物の出現，生物の陸上進出，および知的生命の出現である．各々の段階で，それ以前に比べて生態系空間が拡大された．生物は，内部関係を次第に複雑化する進化を通して，生命の次元を増加させた．同時に，各々の段階

148

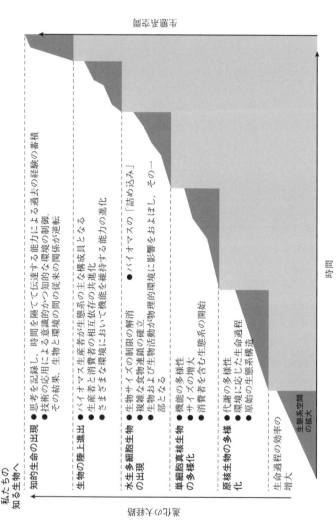

図 17-11：ノールとバンバッハが提唱した、地球史を通じた進化の「大経路」（megatrajectories）。（Knoll and Bambach, Paleobiology 26 (2000) (sp4): 1–14）.

は，以前の次元の生物にとっての環境を拡張した．個々の DNA の突然変異には，還元主義的な見方では定向性はないが，ある見方によれば，生物進化には定向的な属性があると言える．

　特定の種類の変化を有利にする外部の制約があるならば，ランダムな変化からも定向性が生じうる．例えば，箱の中で自己複製するさいころの大きな集合を考えてみよう．それらが複製するとき，面の数字が周期的にランダムに変化するとしよう．すべてのさいころが 1〜6 の数字を持つのではなく，変化によって 1，1，3，4，5，6 あるいは 1，2，4，5，6，6 のような数字を持つさいころができる．これらの変化は，次の世代に受け継がれるとする．どの数字にも特に選択が働かず，多数のさいころがあるならば，「突然変異」が起こるにもかかわらず，いつでも箱の中にすべての数字が同じ数だけ存在するだろう．しかし，私たちが面の数字に応じてさいころを箱から取りのぞくような「自然選択」を加えるならば，分布は変わる．変化は，すべてランダムである．しかし，なんらかの理由で数字 4 が選択において好まれた（4 の面を持つさいころは，あまり取りのぞかれなかった）ならば，最終的に，さいころはほとんどすべて数字 4 のみを持つようになるだろう．個々のランダムなステップは繰り返し実験で常に異なり，予測できないにもかかわらず，ランダムな過程の結果は必然となるだろう．

　進化において，そのような外部の制約があると考えられるだろうか？　ひとつの制約は，上で議論したように，エネルギー代謝過程の効率であるかもしれない．より多くのエネルギーを利用できる生物が生存競争において有利であるならば，エネルギー利用を増大させる定向的な変化が必然となるだろう．複雑なネットワークによって可能となるフィードバックによってシステムの安定性が増大するならば，そのような変化も好まれるだろう．肉食動物とそれらの獲物の間で進行している進化の戦いにおいて，両者の脳のサイズは大きくなった．これは，より大きな脳に進化的な利点があることを示している（図 17-12）．遺伝子のランダムな変化は，選択がなければ，より小さい脳もより大きい脳も生むことができた．しかし，より小さな脳につながる変化は，選択されなかった．他の例は，左右相称，あるいは周囲を監視するための感覚器系の発達であるかもしれない．定向性は，選択上の有利さから現れる．この文脈で考

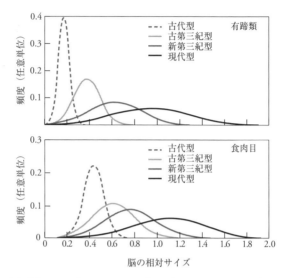

図 17-12：肉食動物とその獲物の脳のサイズの増加に見られる進化の定向性．（Modified from Radinsky, The American Naturalist 112 987 (1978): 815-83）.

えれば，分子レベルの変化がランダムであっても，進化は定向性を持ちうる．ランダムな変化が進化のメカニズムであるという事実は，より大きなスケールで定向性が現れることと矛盾しない．

　そのような観点から見ると，将来を長期的に配慮し，道具と燃料を用いてエネルギー利用を増大し，言語によって与えられる多くの利点を利用する種は，競争においてきわめて有利である．これらのすべては，現代文明の世界的な通信網と交通網，自分の種に利益をもたらす遺伝子組換え，および未来に実現する可能性のある惑星間旅行によって増強される．エネルギーとネットワークの観点から見れば，知的生命の出現は，惑星進化の自然な結果であると言えるだろう．

生存可能性の進化

　観察された事実に基づけば，地球は時間とともに生存可能性を増大させてきたと言える．生物は，生命のために強化された環境をつくった．生物は，惑星の大きな変化に参加した．生物多様性は，過去に存在したよりもはるかに大きくなった．多細胞化と器官の特殊化が起こり，複雑さが増した．増大した生存可能性の具体例は，次のようである．

(1) 多細胞動物は，先カンブリア時代の地球には生存できなかった．その時代の微生物は，現在の生態系に今なお生き残っているかもしれない．

(2) 現在の地球上の生物の全質量は，始生代と原生代よりはるかに大きいらしい．

(3) 現在の生態系を流れるエネルギー量も，確かに過去より大きい．

例えば，酸素発生型光合成が始まる以前には，生物圏が太陽からのエネルギーを変換する能力は，ごく限られていた．生物種の進化と並行して，生存可能性も進化した．増大した生存可能性は，もちろん惑星環境の変化と密接に結びついていた．大気の組成と海洋の化学の変化，海から陸への生命の拡大，土壌の発達，これらすべては生命のために強化された環境をつくった．有機物の生産は，より複雑な食物網を支えるエネルギー源を提供した．そして，ついに哺乳類のようなエネルギー集約型の生物が出現した．生物は，生命のための環境を提供し，拡大した．

　そのような発達は，なぜ起こったのだろうか？ DNA のランダムな突然変異が，なぜ惑星の生存可能性を漸進的に増大させたのだろうか？ これは，多くのスケールで，惑星進化の自然な過程であると考えられる．競争している 2 つの生物がいて，そのひとつが自身の発達，あるいは有益な仲間である他の生物のために，環境をより適するように変えるならば，その生物が優先的に生き残るだろう．もし，生物のネットワークが，生命の維持とエネルギー代謝により適した環境をつくるなら，すなわち生存可能性をより高めるなら，このネットワークは進化において有利である．環境の生存可能性を減ずるような生物

は，結局失敗する．生命のための外部の条件が変わらなければ，生命を持つ惑星の自然な結果は，惑星の生存可能性の漸進的な増大であるだろう．

生存可能性の進化は，避けられない惑星の変化に生物が応答できるときにのみ起こる．O_2 の増加とそれを利用する細胞メカニズムの発達のような惑星進化の多くは，長く，遅い過程である．これには，持続的な生命が欠かせない．そして，この遅い進化の途中に，宇宙と惑星内部からの大災害と避けられない環境条件の変化がある．生命が続くためには，生物は危機に適応し，さらに危機からチャンスを得なければならない．そのような能力がなければ，生物は絶滅し，惑星は生存不可能となるだろう．これは，もうひとつの原理を示す．生物進化すなわち変化への能力が，惑星の生存可能性の必要条件なのである．

まとめ

生命を惑星表面で生じる何か独立した現象ではなく，惑星の過程として考えるならば，惑星の進化は，惑星システムのすべての側面，コア，マントル，地殻，海洋，大気，および生命を含む．生命は，惑星の進化において重要な役割を演じる．生物は，太陽エネルギーを捕集し，惑星材料に保存する．また，表面近くのリザーバーの酸化状態を改変する．一方，生物は，惑星および太陽系の物理的な進化過程から大きな影響を受ける．生命の誕生は，後期重爆撃に左右された．隕石衝突は，顕生代にも重大な影響をおよぼし続けた．地球内部の対流過程も，生命の起源と気候の安定性に影響した．マントルの能動的対流であるプルームは，地表に達すると，多くの大量絶滅と極端な気候変動の時代を引きおこし，顕生代の記録を中断した．

生物進化は微小な DNA コードのランダムな変化から生じるが，それにもかかわらず漸進的な進化的変化が起こる．地球の歴史において，生物は，内部にも外部にもネットワークと複雑さを増加させてきた．それは，エネルギーの生産性を著しく高めた．競争上の利点を与えるという原理が根底にあるならば，ランダムな変化から定向性が現れる．顕生代の記録によれば，生命の漸進的変化は，太陽系と惑星内部から到来する破局的事変によって促進されたように見える．これらの事変は，長期の安定性を破壊し，新しい環境に進化上の革新が

現れるのを可能にする．また，プレートテクトニクスと気候変動も，進化的変化を強化する．それらは，個別および同時の進化実験を起こし，さまざまな環境をつくる．地球は，惑星の進化を通して，ますます生存に適するようになった．

　地球の歴史はひとつの惑星の固有の物語であるが，それが表現する原理は宇宙規模に適用できるだろう．自然選択による進化は，あきらかに特定の時または場所に制限されない一般的な過程である．また，ネットワークによる安定性とエネルギー利用の増大は，一種の熱力学的駆動力である．それは，どの惑星の上でも成り立つ支配原理であるだろう．太陽系および惑星内部からもたらされる周期的な不安定性は，太陽系の形成と惑星内部の対流の避けられない結果である．それは，停滞を破壊し，急速な進化的変化を引きおこす．この観点から，生存可能性を増大させる進化は，普遍的な惑星過程であると言えるだろう．

参考図書

Andrew H. Knoll and Richard K. Bambach. 2000. Directionality in the history of life: Diffusion from the left wall or repeated scaling of the right? Paleobiology 26 (4): 1–14.

Bert Hölldobler and E. O. Wilson. 2009. The Superorganism: The Beauty, Elegance, and Strangeness of Insect Societies. New York: W. W. Norton & Co.

Walter Alvarez. 1997. T. Rex and the Crater of Doom. Princeton, NJ: Princeton University Press. 月森左知訳. 1997. 絶滅のクレーター—T・レックス最後の日. 新評論.

Douglas H. Erwin. 2006. Extinction: How Life on Earth Nearly Ended 250 Million Years Ago. Princeton, NJ: Princeton University Press. 大野照文，沼波信，一田昌宏訳. 2009. 大絶滅—2億5千万年前，終末寸前まで追い詰められた地球生命の物語—. 共立出版.

第18章

気候に対処する

自然の気候変動の原因と結果

図 18-0：アラスカ，グレイシャー湾の氷河．過去数百万年の氷河時代に北アメリカ大陸の北半分を覆っていた巨大な氷床の残存物．（© Bart Everett with permission under license from Shutterstock image ID 5134369）.

　第9章で議論したテクトニック・サーモスタットのおかげで，地球の気候は，地質学的タイムスケールを通して，表面に液体の水を留めた．この安定性の範囲内において，10^4〜10^5年という中くらいのタイムスケールで，大きな**気候変動**が起こった．この変動は，気候が惑星の軌道変化の影響を受けやすいために生じた．地球は，傾いた地軸と赤道部のふくらみを持って自転している．そのため，地軸はおよそ20,000年の周期でコマのようにすりこぎ運動（歳差運動）をする．巨大惑星の重力のため，地球の地軸の傾きと公転軌道のかたちは，40,000年および100,000年のタイムスケールで周期的に変化する．これらの軌道周期（**ミランコビッチ・サイクル**と呼ばれる）によって，地球に届く太陽光の季節的および緯度的分布が変化し，地球の極冠の規則的な満ち欠けが起こったと，科学者は信じている．過去80万年におよぶ気候変動の記録は，グリーンランドと南極の氷柱から得られた．ミランコビッチの軌道強制力の関数は正弦曲線であるが，**氷河期サイクル**は単純な正弦曲線ではない．むしろ，氷期は突然に終わり，徐々に始まる．これは，複雑なフィードバックの影響があることを示す．また，氷河期サイクルは，大気中の二酸化炭素（CO_2）およびメタン（CH_4）の濃度とも密接に関係している．それらは，氷の体積にわずかに遅れて変化するらしい．氷河期サイクルとミランコビッチ関数との関係はあきらかであるが，氷期のさまざまな徴候の詳細は理解されていない．CO_2の巨大なリザーバーであり，複雑な動きをする海洋は，重要な役割を果たすと考えられる．また，氷河後退期には，氷床の融解によって誘発された火山活動が，大気にCO_2を加えたかもしれない．500〜100万年前，軌道強制力は，現在の10万年周期ではなく4万年周期の氷河期サイクルを生じた．500万年前以前には，北半球に氷期はなかった．3,000万年前以前には，南極にも氷床はなかった．氷のない時代にも，軌道強制力が働き，中期間の気候変動を起こしたに違いない．しかし，この太古の気候に対する影響の詳細は，今のところよくわかっていない．

　時間分解能の高い氷柱記録は，10^1〜10^3年というきわめて短期間の変化もあきらかにする．その変化は，ひとつの準安定状態から，別の準安定状態へのジャンプによって起こるようである．そのような短期間の変化の原因もよくわかっていないが，海洋の熱塩循環と大気の循環の再編成が引き金となっているらしい．中期間と短期間の気候変動は，大陸の生存可能

性に重大な影響をおよぼす. 最終氷期からの脱出は 11,000 年前に起こり,
その後, 現在の間氷期の温和な気候が続いた. 人類はこの気候に恵まれて,
すべての大陸に移住し, 大幅に人口を増やし, 文明を興した.

はじめに

　現在の地球を見ると, グリーンランドと南極の氷床は, 永久の特徴のように
思われる. 化石記録は, この見解が必ずしも正しくないことを示す. かつて極
地には, ワニが生息し, 森林がみずみずしく茂っていた. 地球の気候は, 顕生
代の間に大きく変化したのである. さらに, 先カンブリア時代には, スノーボー
ルアース事変が起こったと提唱されており, 気候変動はもっと極端であったら
しい. これらの変化は, すべて数百万年というタイムスケールで起こった. そ
れは, 約 15 万年のホモ・サピエンスの歴史に比べてはるかに長い. より短い
タイムスケールでは, 気候は比較的安定な状態に固定されるのだろうか? 　人
類史と人類の将来に関係のあるタイムスケールで, 気候は変化するだろうか?
大陸配置, 大気組成, および生物進化の大きな変化についての私たちの知識
は, すべて地球の地質記録の観察に基づいて広められ, 深められた. 本章で見
るように, 地質記録には地球の気候の大きな変動も記録されている. 気候変動
は, 現在の生物にも重大な影響をおよぼしうる. 数十億年にわたって, 地球の
気候は比較的安定であり, 表面に液体の水が存在した. しかし, 短いタイムス
ケールでは, 気候は変わりやすく, 生物に大きな影響をおよぼす. このような
変化は, 人類文明の歴史と将来に関係するほど短いタイムスケールで起こりう
る.

中期間の気候変動：氷河期

　最後の**氷期** (ice age) の証拠は, 19 世紀ルイ・アガシーの研究によりあきら
かにされた. 彼は, アルプスの**氷河** (glaciers) を注意深く観察し, 岩石表面の
擦痕, U 字谷, および大きな岩石塊の輸送が氷河作用の特徴であることに気づ
いた. 同じような特徴は, 中央ヨーロッパのような, 現在のアルプスの氷河か

ら遠く離れた場所でも見つかった．氷河による輸送は，北ヨーロッパの平原に
横たわる外来の巨礫を説明できた．また，特有の岩屑の山（モレーン）は，前
進する氷によって運搬されたとすればうまく説明できた．さらに，川の侵食が
V字谷をつくるのとは対照的に，氷河はU字谷のような特徴的な風景をつくる．
スイス，スコットランド，スカンジナビアの山々は，長くて広大な谷を持って
いる．それらは氷河によって削られたように見える．岩盤の氷河擦痕とモレー
ンの分布に基づいて，この広大な**大陸氷床**（continental ice sheets）の範囲が推定
された．氷床は，かつてヨーロッパと北アメリカの大部分を覆っていた（図
18-1）．この氷床の体積は，平均海面の低下の程度から推定できる．平均海面
の低下の記録は，インドネシアの海岸にそって残っているマングローブの根の
化石から得られる．それによると，平均海面は最大 120 m も低下した．言い
かえると，この巨大な氷床をつくるためには，全海洋の厚さ 120 m の海水が
凍らなければならない．最終氷期は，つい最近の出来事であったはずだ．とい
うのも，圧密度の低い氷河堆積物が今なおよく残っており，また，U字谷の底
を流れる川はまだ小さな削り込みしかつくっていないからである．

　20 世紀後半，氷期の時期と規模について，より詳しい情報が海洋底の堆積
物から得られた．氷河記録をあきらかにした手段は，底生有孔虫（benthic
foraminifera）と呼ばれる小さな生物の炭酸カルシウム殻に残された酸素同位体
組成（oxygen isotope compositions）の変動であった．前に学んだように，安定同
位体は，低温の過程によって分別される．赤道付近での水の蒸発，雲の輸送，
および極地での降雪は，極冠の水分子（H_2O）の酸素同位体を海水より軽くす
る．その減少は，$^{18}O/^{16}O$ 比で 3.5 %（＝35‰）である．第 16 章で議論した有機
炭素と無機炭素の炭素同位体比のように，極地の氷と液体の海水の酸素同位体
比の差は，きわめて一定である．同時に，地球の水全体では，$^{18}O/^{16}O$ 比はあ
る決まった値をとり変化しない．氷床が成長すると，海水から $^{18}O/^{16}O$ 比の低
い水がますます除かれ，残った海水の $^{18}O/^{16}O$ 比は高くなる（図18-2）．したがっ
て，第 16 章で炭素同位体比を用いて有機炭素と無機炭素の割合を決定できた
ように（図16-2参照），酸素同位体比を用いて氷と液体の水の割合を決める
ことができる．ここで注意すべきは，底生有孔虫の殻の $^{18}O/^{16}O$ 比は，水温によっ
ても変化することである．幸い，氷期の低温も殻の $^{18}O/^{16}O$ 比を高くするので，

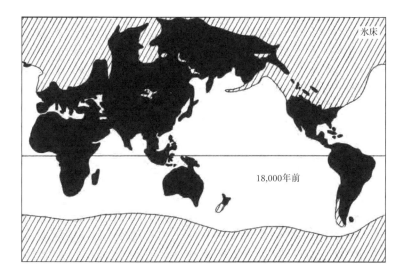

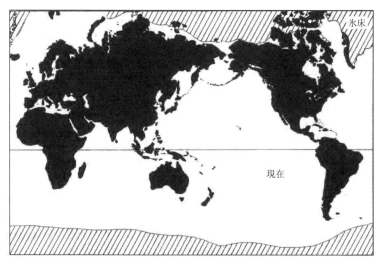

図 18-1：氷床の範囲を示す地図．18,000 年前の最終氷期極大期と現在との比較．氷の一部は大陸氷河で，一部は海氷である．（Map courtesy of George Kakla）

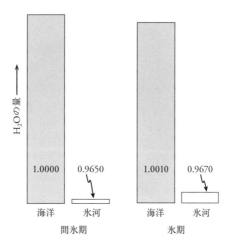

図 18-2：海洋（水）と大陸氷河（氷）の H_2O の量．完全な間氷期（現在）と完全な氷期（20,000 年前）との比較．バーの高さは，それぞれのリザーバーの H_2O の量を示す．バーに付けられた数字は，H_2O の $^{18}O/^{16}O$ 比を現在の海洋の $^{18}O/^{16}O$ 比で割った値．氷は，海水に比べて ^{18}O が約 3.5％ だけ少ないので，氷床が拡大すると，海洋はわずかに ^{18}O に富むようになる．炭素同位体比が有機炭素と無機炭素の割合に依存するのと同様である（図 16-2 参照）．

その安定同位体記録は氷期と間氷期のよい指標となる．ダン・シュラグと共同研究者によれば，酸素同位体比の変動のおよそ半分は温度に起因し，残りの半分は氷の体積に起因する．

　熱帯の深海堆積物柱のさまざまな深さから集められた殻を分析して得られた $^{18}O/^{16}O$ 比の記録を図 18-3 に示す．驚くべきことに，この小さな底生生物は，大陸の氷の体積変化を教えてくれる．低い $^{18}O/^{16}O$ 比は氷の体積が小さいことを示し，高い比は氷の体積が大きいことを示す．放射年代測定によって，この記録に絶対的なタイムスケールを与えることができる．その結果によれば，過去 70 万年の間に複数の氷期があった．この記録は「のこぎりの歯」のようであり，氷期の極大期に向けて，長いゆっくりとした遷移がある（図では $^{18}O/^{16}O$ 比の上昇）．氷期は突然に終わり，氷の量が少なく，暖かく，短い間氷期となる．それは，私たちが今経験している時代である．もっと細かい変化も記録されて

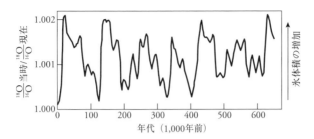

図 18-3：太平洋深海底から採取された堆積物柱における底生有孔虫の $^{18}O/^{16}O$ 比．氷期の殻における ^{18}O 濃縮の原因は，一部は氷床の成長であり，一部は海洋深層水の温度低下である．この記録は，過去 75 万年の気候を支配する 10 万年周期が非対称であることを示す．長くでこぼこのある寒冷化は，急激な温暖化によって終わる．

いるが，変化の主な周期は，間氷期の位置（$^{18}O/^{16}O$ 比が極小となる時）から読みとることができるように約 10 万年である．

⬤ 軌道周期

　地球の気候が劇的に周期変化したことを地質学者があきらかにすると，その原因に好奇心がそそられた．ごく初期のころから，第一の候補は，太陽をめぐる地球軌道の周期変化であった．太陽をまわる地球の軌道は長い時間で平均すると変化していないが，平均からの偏差はさまざまな繰り返し変動を示す．この軌道変化の重要性は，季節間の差異を変えることである．地球表面のある場所が受ける太陽光の季節変化は，軌道の 2 つの要因に依存している．第一の要因は，太陽をまわる公転軌道に対する地球の**自転軸の傾き**（tilt of Earth's spin axis）と関係している（図 18-4）．地球の自転軸は，まっすぐに立っていない．自転軸は，鉛直方向からおよそ 23° だけ傾いている．そのため，北半球は，6 月 21 日ごろに太陽に面する（夏至）．南半球は，6 か月後の 12 月 21 日ごろに太陽に面する（冬至）．もし，地球がまっすぐに立っていたら，常に赤道が太陽に面しており，地軸の傾きによる季節変化はないだろう．傾きがより大きくなれば，全球のどの場所でも，受ける放射量の季節変化はより大きくなる．

　また，図 18-4 に示すように，季節性の第二の要因が存在する．それは，**地**

162

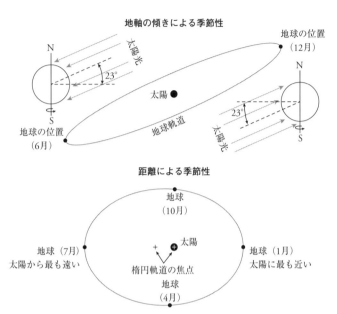

図 18-4：季節性とその周期変化. 地球の各点が受ける日射量の季節差に影響する要因を表す図解. 季節の第一の原因は，地球の自転軸が公転面に対して傾いていることである. 上図：地軸の傾きのため，北半球の日射量は 6 月に高くなり，南半球の日射量は 12 月に高くなる. 私たちの暦は，6 月 21 日ごろに北半球の日射量が最大となり，12 月 21 日ごろに南半球の日射量が最大となるように定められている. 季節性の第二の原因は，地球の楕円軌道である. このため，地球−太陽の距離は，1 年の間に変化する. 下図：現在，地球は 1 月初めに太陽に最も近づき，7 月初めに最も遠くなる. したがって，地球が全体として受ける日射量は，1 月よりも 7 月に少なくなる.

球の公転軌道 (Earth's orbit) が完全な円ではないことと関係している. 幾何学の用語でいえば，軌道は楕円である. 黒板に円を描くには，ひもの付いたチョークを用いる. ひものもう一方の端を中心に固定して，ひもを張ったままチョークをぐるりとまわすと円が描ける. 楕円は，2 つの焦点を持つ. 楕円を描くには，ひもの両端をそれぞれ固定する. これらが焦点となる. チョークは，ひもに固定しない. チョークでひもを引っ張り，V 字をつくる. この V 字をぐるりとまわすと，楕円が描ける. 2 つの焦点が離れるほど，より扁平な楕円となる.

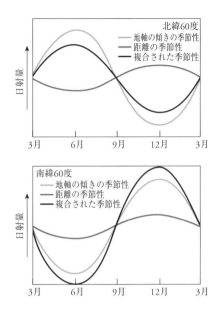

図 18-5：北緯 60 度と南緯 60 度における日射量の季節変化．南半球では，地軸の傾きと距離の季節性が強め合う．北半球では，それらは反対である．

すなわち，円からより大きく変形する．完全な円の公転軌道を持つ太陽系惑星はない．軌道は，すべて楕円である．重力の法則にしたがって，惑星軌道の焦点のひとつが太陽の位置と一致する．地球の軌道が楕円であることの結果は，地球と太陽の距離が 1 年のうちに変化することである．太陽に近づけば，地球はより多くの放射を受ける．遠ざかれば，受ける放射は少なくなる．

　図 18-5 は，2 つの季節周期の間の関係を示す．現在の北半球では，傾きの季節周期と距離の季節周期は，反対の関係にある．北半球は，地球が太陽から最も離れた位置にあるときに，太陽の方に傾くからである．一方，南半球は，地球が軌道のうちで最も太陽に近い部分を通るときに，太陽の方に傾く．したがって，2 つの季節性の原因が，現在の北半球では打ち消し合い，南半球では互いに強め合う．

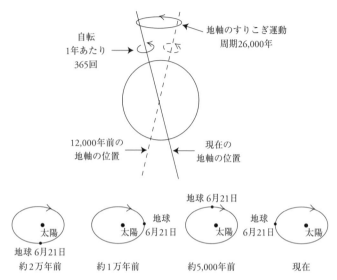

図 18-6：地球の自転軸は，コマのようにすりこぎ運動する．すりこぎ運動の 1 サイクルは，約 26,000 年である．すりこぎ運動は，地球の北半球の日射量が最大となる軌道上の位置を変える．現在，それは楕円の「長い」端にあり，北半球の夏の日射を弱めている．また，公転軌道も回転しており，2 つの正味の効果は 21,000 年のサイクルを生ずる．すりこぎ運動の半サイクル前（約 10,500 年前），6 月の地球は楕円の「短い」端にあり，北半球の夏の日差しは少し強かった．地球のすりこぎ運動は，自転によってできた赤道のふくらみに対する太陽の引力と関係している．地球の重力が回転するコマをひっくり返そうとするように，太陽の重力は地軸の傾きをなくそうとする．地球は，コマと同じように，すりこぎ運動によってこの引力を補償する．

　興味深いのは，この状況が時間とともに変わることである．その理由は，地球が回転するコマのように**すりこぎ運動**（歳差運動，precession）をしているためである．地球もコマも，同じ原因ですりこぎ運動する．回転軸が傾いているからである．傾いているコマは，倒れないようにすりこぎ運動する．傾いている地球は，すりこぎ運動によって，赤道のふくらみが公転軌道と一致しない（赤道が太陽の方を直接指さない）ようにする．コマがすりこぎ運動よりずっと速く回転するように，地球も自転している．地球のすりこぎ運動の 1 周期は，9,490,000 日（26,000 年）を要する．同時に，楕円の軌道もゆっくりと回転して

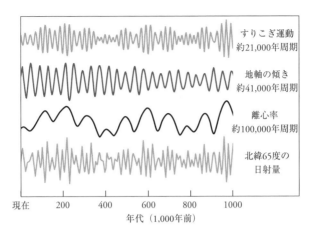

図 18-7：地軸のすりこぎ運動，傾き，および軌道の離心率の時間変化．また，その結果である北緯 65 度における夏の日射量の変化．地軸の傾きは，2 度だけ変化する．離心率は，0.01 から 0.05 まで変化する．これらの記録は，重力の法則，および現在の惑星の軌道と質量に基づいて，計算により復元された．（modified from en.wikipedia.org/wiki/File:Milankovitch_Variations.png）

いる．この 2 つの組み合わせが，すりこぎ運動による太陽放射の約 21,000 年周期の変動を生ずる．

　すりこぎ運動が季節性に対して重要であるのは，地球の夏至における軌道上の位置を時間とともに変えるからである（図 18-6）．およそ 10,000 年前，地球が軌道上で最も太陽に近い位置にあったとき，北半球は太陽に面した．したがって，そのときには，北半球で傾きと距離の季節性が強め合った．このように，地球のすりこぎ運動は，季節間の差を周期的に変化させる．

　すりこぎ運動に加えて，地球の軌道はさらに 2 つの周期変動を受ける．これらは，姉妹の惑星，特に木星による重力のために生じる．この引力は，地球軌道の**離心率**（eccentricity）を時間とともに変化させる．離心率は，あるときには現在よりも大きく，またあるときには小さかった．軌道の離心率が大きくなると，距離の季節性が大きくなる．また，惑星間の引力は，地球の傾きを変化させる．傾きが大きくなると，季節差は大きくなる．傾きが小さくなると，季節差は小さくなる．惑星の質量と軌道の知識に基づいて，離心率と地軸の傾きの

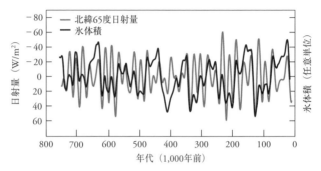

図 18-8：夏の日射量と氷体積の記録の比較．氷体積の記録は，6,000 年の時間差分だけずらして，2 つの曲線の山と谷の一致が最大になるようにしてある．また，日射量の軸は上下を逆にしてあり，縦軸の上の方は，日射が少ないことを表す．2 つの曲線は大まかには一致しているが，その一致は完全ではない．(Figure modified from G. Roe, Geophys. Res. Lett. 33 (2010), L24703).

時間変化をきわめて正確に計算することができる．その結果を，図 18-7 に示す．傾きの変化の周期は，きわめて規則的であって，41,000 年である．離心率はより複雑に変化するが，高い値はおよそ 100,000 年の周期で現れる．

　地球のすりこぎ運動，傾きの変化，および軌道の離心率の変化が，組み合わさり，季節差の複雑な歴史を生ずる．この影響は，緯度によって異なる．傾きの変化の影響は高緯度で最も著しいが，距離変化の影響はすべての緯度で同じである．図 18-8 には，北緯 65 度（氷期の極冠の内部）における 6 月の日平均日射量の時間変化が，氷の体積の変化と比べられている．この緯度では，受ける日射量は，約 100 W/m² だけ変動する．

　底生生物の ¹⁸O から推定される氷の体積を北緯 65 度の日射量と比べると，2 つの記録の間にはおよそ 6,000 年の時間差がある．2 つの曲線はかなり異なるが，いくつかの興味深い類似点を示す．氷体積が小さくなるのは，日射量の変動が大きい時期である（例えば，60 万年前と 20 万年前）．2 つの記録における小さな「ぴくぴく」は，時期がよく一致している（大きさは異なるが）．ジョン・インブリーは，これらの対応を定量化し，気候記録に特徴的な周期がすりこぎ運動と傾きの変動の周期と一致することを示した．この結果は，軌道変化が気

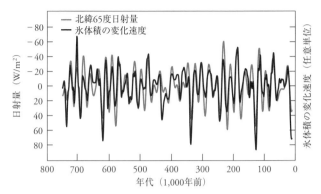

図 18-9：図 18-8 と同じ日射量記録を氷体積の変化速度と比較した．日射量が高い値をとる（薄い灰色の曲線が低い部分にある）とき，氷床はより速く体積を減らす．約 2 万年の周期の正確な一致に注意．氷体積の変化速度と日射量の記録とを一致させるために，時間差は必要ない．（Figure modified from G. Roe (2010)）

候変動の原因であることを示す証拠として，受け入れられている．

　最近の研究は，少し異なる手法を用いて，より説得力のある結果を得ている．大陸のほとんどは北半球にあるので，北半球の日射量が氷床に大きな影響をおよぼす．しかし，氷床は大きいので，一夏で急に消失することはない．そうではなくて，日射量のピーク時には，氷床体積の変化速度が最大になるに違いない．そのため，氷床の絶対的なサイズではなく，氷床サイズの変化速度が，日射量の変動と対応するはずである．ワシントン大学のジェラルド・ロイは，そのような解析を行った．図 18-9 に結果を示すように，記録の間に時間差はなかった．一致は明白である．夏の高い日射量は，氷体積の変化速度の極大と一致している．これらの結果は，気候に対する軌道変化の影響に関するミランコビッチ仮説を支持する．すなわち，軌道変化による日射量の変化が，氷体積の時間変化の主な原因である．この**ミランコビッチ理論**（Milankovitch theory）は，私たちの理論評価で 10 点満点中 9 点である．軌道の変化が，気候変動を引きおこすのだ．

　夏の日射と氷体積の記録の一致は，地球軌道の特徴が氷河期サイクルのペースを決めていることを，多くの地球物理学者に確信させた．しかし，その関係

の詳細は，不完全にしか理解されておらず，多くの謎が残されている．

謎のひとつは，**氷期極大期**（glacial maxima）から**間氷期**（interglacial）への急速な脱出である．軌道変化は，すべて正弦曲線であり，太陽エネルギーの増加と減少は対称的である．しかし，$^{18}O/^{16}O$ 比の記録は，正弦曲線ではない．それは，氷期極大期へ向かう長くゆっくりした増加と，その後の暖かい間氷期へ向かう突然の減少を示す．氷体積の記録は，正弦曲線ではなく，「のこぎりの歯」のようである．同じ結果が，氷体積の変化速度にも見られる．図18-9を詳しく調べると，一般に，黒色の曲線で表される氷体積の変化は，灰色の曲線で表される日射量より振幅が小さい．例外は10万年前の退氷期で，そのときには氷体積が著しく変化した．

もうひとつの謎は，氷体積の変化にともなう大気組成の変化である．グリーンランドや南極の氷に捕らえられた空気の小さな泡は，過去75万年の大気組成を詳細に記録している．大気中の二酸化炭素（CO_2）とメタン（CH_4）の濃度は，氷体積と同時に変化した．CO_2 と CH_4 の高濃度は暖かい間氷期に現れ，低濃度は氷期に現れる．記録を注意深く調べると，大気の変化は氷体積の変化よりわずかに遅れている．すなわち，先に氷の体積が減少し，その後，大気が変化する．水だけでできている氷床の増減が，どうして大気の CO_2 の変動と結びついているのだろうか？

これらの結果は，氷期の終わりには，正のフィードバックがあることを示す．氷体積の低下は，温室効果ガスである CO_2 と CH_4 を増加させる．それは，さらに温暖化を進め，氷の体積を減少させる．のこぎり歯状の温度と CO_2 の記録の原因をあきらかにするために，多くの努力がなされた．ひとつの可能性は，海洋である．海洋は，大気の50倍の CO_2 を擁している．もし，間氷期の変化が海洋の炭酸を脱ガスさせれば，大気の CO_2 を増加させ，さらなる温暖化と氷期の急速な終焉をまねくだろう．しかし，そのような海洋の応答の正確なメカニズムは，まだわかっていない．

別の可能性は，氷期の終了が，氷床と火山活動の間のフィードバックによって影響されることである．すでに学んだように，マグマの生成は，圧力変化に敏感である．氷床が融けると，質量は急速に大陸から海洋へ運ばれる．それは，大陸マントルにかかる圧力を減らし，海洋マントルにかかる圧力を増す．

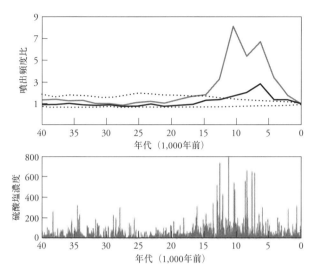

図 18-10：最終氷期から現在までの全球の火山活動の変化（上パネル）．実線は氷期に氷で覆われた火山．点線は，氷期と間氷期で火山活動に差が無いと仮定したときの推定範囲．17,000 年前の最終氷期極大期は，火山噴出の頻度が低かった．15,000～5,000 年前，火山噴出の頻度が氷期のバックグラウンドに比べて約 4 倍となり，大気に CO_2 を加え，温度上昇とさらなる氷の融解を起こした．また，火山は，二酸化硫黄（SO_2）を大量に噴出した．それは，グリーンランドの氷柱に硫酸塩として残っており，火山活動のパルスを記録している（下パネル）．（Figure modified from Huybers and Langmuir (2009) Earth Planet. Sci. Lett. 286 (2009): 3–4, 479）

アイスランドでは，最終氷期に島を覆っていた厚さ 2 km の氷床が消えた後，巨大な火山噴出が起こった．アイスランドのダン・マッケンジーと共同研究者によれば，この火山噴出は，マントルの圧力低下によって融解が増加したためと説明できる．CO_2 との関連は，火山による脱ガスで説明できるだろう．大気への CO_2 フラックスの大部分は収束境界で生じるので，火山活動の活発化は CO_2 の収支に大きな影響をおよぼすだろう．火山噴出のデータによると，全球の大陸火山活動は，最後の氷河後退期に 3～5 倍に増加した（図 18-10）．過剰な火山活動は，大気により多くの CO_2 を供給した．CO_2 の増加は温暖化を進め，より多くの氷床を融かし，さらに多くの CO_2 を加えた．この過程は，

170

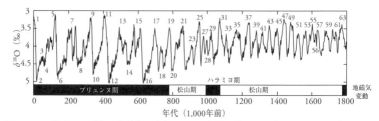

図 18-11：過去 180 万年の氷体積の記録. 100 万年前以前の 4 万年周期から, 現在の 10 万年周期への変化を示す. 4 万年周期は, 現在の氷河時代が始まった 500 万年前までさかのぼれる. 周期の変化の原因は, まだ十分には理解されていない. 奇数は間氷期, 偶数は氷期を示す. 下の黒帯は現在と同じ正磁極期, 白帯は逆磁極期を表す. 〔Figure from Lisiecki and Raymo, Paleooceanography 20 (2005), PA1003〕.

のこぎり歯状の記録を説明するために必要な正のフィードバックの半分を説明できそうである. また, ひとつのメカニズムで, 氷期の急速な終焉と, 大気中 CO_2 増加の時間的遅れを説明できる点で優れている.

　軌道変化に対する地球の応答に関する最後の謎は, 最近 200 万年における氷河期周期の変化である. 図 18-11 は, 堆積物柱に基づく過去 180 万年の氷河作用の記録である. 100 万年前以前は, 氷河期サイクルの主な周期は, 4 万年であった. これは, 地軸の傾きの変化に対応している. その後, 主な周期は, 突然 10 万年に変化した. この変化は, 不可解である. なぜなら, 10 万年周期は離心率の変化に対応しているが, それが日射におよぼす影響はごく小さいと考えられるからだ. 例えば, 図 18-8 を見直してみると, 10 万年周期は, 日射量変化においては特にめだたない. しかし, 氷体積の記録では, 完全に支配的である. このように小さな変動が, どうして氷河の大きな変動を生ずるのだろうか？　周期は, なぜ 100 万年前に変化したのだろうか？

　過去 200 万年は氷河時代であったため, 軌道変化のあきらかな記録が残っている (図 18-11). しかし, 地球史の他の時代には, 氷床は存在しなかった (図 18-12). なぜか？　高緯度の大陸配置が決定的な影響を持つのかもしれない. しかし, なぜ地球史のある期間には氷河期があり, その他の期間には氷河期がないのかという問いに対する全体的な理解は得られていない. 氷がないときに, 軌道変化が気候にどのような影響をおよぼすかは, 未解決の問題である.

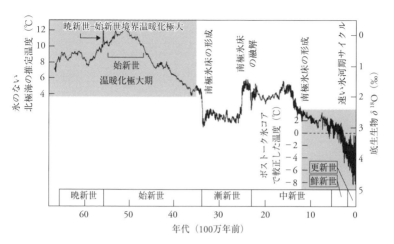

図 18-12：より長いタイムスケールの気候変化．底生生物の酸素同位体は，氷体積の記録を与える．3,000 万年前以前は，南極に氷床はなく，氷河時代ではなかった．北半球の氷河活動は，約 500 万年前に始まった．そのときから，氷体積に対する軌道強制力の重要性が大きくなったことが，$\delta^{18}O$ 記録に表れている．(Figure from Wikipedia Commons, based on data from Zachos et al. Science 27 April (2001), 686–93).

始新世と白亜紀の堆積物記録は，組成の規則的な変動を示し，それはミランコビッチの周期に「適合」するとされた（これらの時代に，この時間間隔で正確な年代を得ることはたいへん難しい）．氷がないときでも，全球的な気候変動は重要だっただろうが，そのメカニズムと詳細はよくわからない．軌道変化は，$10^4 \sim 10^6$ 年のタイムスケールの気候変動にとってあきらかに重要である．しかし，この急速に発達しつつある分野には，理解すべきことがたくさん残っている．

● 急激な気候変動

　グリーンランドと南極の氷柱に残された気候記録から，もっと短いタイムスケールでの気候変動があきらかにされている．氷の表面から岩盤までの長い

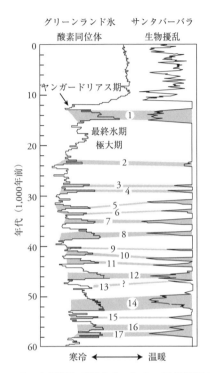

グリーンランド氷　サンタバーバラ
酸素同位体　　　生物擾乱

ヤンガードリアス期

最終氷期
極大期

年代 (1,000年前)

寒冷 ←——→ 温暖

図18-13：グリーンランドの大気温度の記録とサンタバーバラ海盆底層水の酸素濃度の記録との比較．後者は，底生生物による堆積物の穴掘りの程度に基づいている．酸素濃度が高いとき，「生物擾乱」と呼ばれる底生生物の活動によって，堆積物の毎年の層構造は完全に消されてしまう．酸素濃度が低いとき，底生生物は生存できず，毎年の層構造が完全に残される．数字は1,000年周期の気候変動（ダンスガード・オシュガーサイクル）の番号．

ボーリングにより，グリーンランドでは過去11万年（前回の間氷期の中頃まで）におよび，南極では過去75万年におよぶ，きわめて詳細な記録が得られた．氷の$^{18}O/^{16}O$比は，局所的な気温を復元する手がかり（プロクシ，proxy）となる．氷中のカルシウム（Ca）濃度は，塵の降下量のプロクシとなる．そして，氷に捕らえられた空気の泡中のメタン濃度は，熱帯の湿り気のプロクシとなる．持続時間が数万年の一定の周期に加えて，急傾斜の1,000年の周期が驚くほどの

頻度で現れる．さらに驚くべきことに，これらのプロクシによれば，氷期の間に何度も大きく急激な気候変動が起こった（図 18-13）．極端に冷たく，塵が多く，メタンが低い時期と，やや冷たく，塵が少なく，メタンが高い時期が交互に現れた．これらの気候状態の間の遷移は，急激であり，20〜30 年ほどの短期間に起こった．

　この記録が，多くの海洋底堆積物の安定同位体の記録と異なるように見えるのはなぜだろうか？　2 つの理由が考えられる．第一に，大陸の氷柱では毎年の層が保存されるが，深海堆積物では，底生生物のかき混ぜ作用によって記録がならされる．底生生物は，深さ 10 cm くらいまで泥をかきまわす．多くの深海堆積物では，堆積速度は 1,000 年あたり 2〜5 cm であるので，1,000 年周期の出来事に関する痕跡は失われる．一方，グリーンランドの氷の堆積速度は，1 年あたり 10〜20 cm である．第二に，氷期のカナダ，スカンジナビア，および南極に存在した大きな氷床は応答が緩慢で，1,000 年周期の気候変動では有意な体積変化を起こさなかった．したがって，1,000 年周期の気候変動は，底生生物の ^{18}O の記録に跡を残さなかった．それは，氷体積の大きな変化のみを記録している．

　全球で同時に見られる 100,000 年周期，およびその 21,000 年周期と 40,000 年周期の変調と異なり，南極の 1,000 年周期の記録は，グリーンランドの記録と逆位相である．しかし，北半球では，これらの変化は歩調を合わせている．グリーンランドの氷柱は，地方の気温変化だけではなく，大気の塵の量と，メタン濃度の変化を示す．ストロンチウム（Sr）およびネオジム（Nd）の同位体組成は，塵の起源の指紋を与える．それらは，グリーンランドの塵がアジアの砂漠から飛来したことを示す．グリーンランドの気温に同調して，アジア大陸における強烈な嵐の頻度が変わったと考えられる．カナダ，スカンジナビア，およびシベリアの湿地は，現在，大気中メタンのほぼ半分を供給しているが，氷期には，凍りついていたか厚い氷床に覆われていた．このため，氷期には，全球のメタンの生産は，ほとんど熱帯に限られ，量が少なかった．グリーンランドの氷に記録されたメタン濃度の急激な変化に基づいて，グリーンランドが極端に寒かった 1,000 年間には，より穏やかな期間に比べて，熱帯の降雨が少なかったと考えられる．

1,000 年周期の気候変動の影響は，他の記録にも現れる．例えば，北大西洋から採取された深海堆積物には，海盆のまわりの氷床から多数の氷山が流れてきた時代が明確に記録されている．氷山が融けると，氷に捕らえられていた岩石の破片が海底に落下し，漂流岩屑となる．放射性炭素を使った年代測定によれば，漂流岩屑の層は，グリーンランドの厳寒 1,000 年期につくられた．この証拠と調和するのは，堆積速度の速い堆積物柱に記録された古水温である．この堆積物試料は，バミューダ近くの深海底から得られた．その測定結果によれば，氷期の表面海水温度は，グリーンランドの 1,000 年周期と同調して，4〜5℃幅のジャンプを繰り返した．また，中国の石筍の ^{18}O 記録は，季節風降雨の強度がグリーンランドの温度と一致して変化したことを示す．モンスーンは，厳寒期に弱くなった．

最近の短期間変動には，強力な証拠がある．**最終氷期極大期** (last glacial maximum) は，17,000 年前であり，その後，急激な温暖化が起こった．しかし，13,000〜11,000 年前，地球は一時的に氷期状態に戻った．これは，**ヤンガードリアス期** (Younger Dryas) と呼ばれる．この事変は，グリーンランドの氷柱に明瞭に記録されている（図 18-13）．予想されるように，高山地方は寒冷化に敏感であり，氷帽が山裾へ広がる．その氷河の成長によって押し出された岩屑の放射年代測定によれば，高山地方の最近の寒冷期は，グリーンランドの最近の寒冷期と一致する．グリーンランドに最後の 1,000 年周期の寒冷期が訪れたとき，スイスアルプス，熱帯アンデス，およびニュージーランドアルプスの氷河が大きく成長した．

これらの山岳氷河の証拠に加えて，カリフォルニア州サンタバーバラとサンタローザ島の間の小さな海盆から得られたすばらしい堆積物記録がある（図 18-13）．この海盆では，堆積速度は 1,000 年あたり 1 m であり，1,000 年間の変化が美しく保存されている．現在，底層水の酸素 (O_2) 濃度は非常に低く，有機物の沈降量は非常に高いため，堆積物間隙水では O_2 が枯渇している．無酸素状態のため，底生生物は生息できない．酸化的条件では，底生生物が堆積物の最上部を絶え間なくかき混ぜる．これは，**生物擾乱** (bioturbation) と呼ばれる．還元的条件では，生物によるかき混ぜはなく，堆積物は，底に達する生物起源物質および土壌岩屑の割合の季節変化によって生じる毎年の層を残す．

　カリフォルニア大学サンタバーバラ校の海洋地質学者ジム・ケネットは，この層記録がどのくらい過去までさかのぼれるかに興味を持って，海盆を掘削する計画を開始した．毎年の層の堆積物は，かき乱されることなく，現在から現在の間氷期の開始時（約 11,000 年前）まで続いていた．しかし，その下には，生物擾乱を受けた堆積物と毎年の層をなす堆積物が交互に堆積していた．ケネットは，堆積物がよくかき混ぜられた層は，サンタバーバラ海盆深層水の酸素濃度が現在よりも高い時代を示すことに気づいた．彼の記録は，グリーンランドの氷柱の記録と驚くほどよく一致していた（図 18-13）．グリーンランドの氷柱で極端に寒冷な時代には，サンタバーバラ海盆ではよくかき混ぜられた堆積物が堆積した．ケネットの結論は，寒冷期には O_2 に富む表面水が北太平洋中層へ大量に沈み込んだというものである．最近，ドイツの科学者が，パキスタン沖のアラビア海の堆積速度の速い堆積物において同じような記録を発見した．

　以上をまとめると，古気候の証拠によれば，グリーンランド氷柱で見られる 1,000 年周期の気候変動の影響は，広い地域におよんでいる．しかし，もどかしい例外もある．南極の氷柱記録によれば，完全な氷期状態から完全な間氷期状態に移行する 10,000 年において，1,000 年周期の気候変動は，グリーンランドの記録と逆位相になっている．北半球がヤンガードリアス前の温暖期にあったとき，南極の温暖化は停止していた．北半球がヤンガードリアス期の寒冷条件になったとき，南極はふたたび温暖化しはじめた．したがって，軌道に関係した周期は全球で同調しているが，1,000 年周期の変動は逆位相であった．さらに，少なくともヤンガードリアス期の場合，2 つの逆位相の領域の境界は，奇妙にも赤道ではなくニュージーランドの南にあったらしい．

海洋のベルトコンベア

　1,000 年周期の気候変動は，難解だが興味をそそる．地球の気候システムの何が，そのように大きく急激な気候変動を引きおこすのだろうか？　これらの変動は，なぜ南極と他の場所では逆位相なのだろうか？　そのような変動が，過去 10,000 年間に起こらなかったのはなぜだろうか？　何が，このジャンプの引き金となったのだろうか？　説得力のある答えはまだ得られていないが，

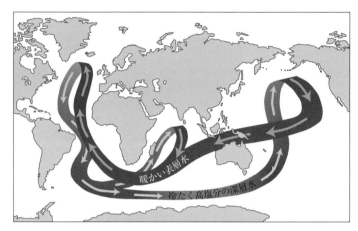

暖かい表層水

冷たく高塩分の深層水

図 18-14：海洋海流の全球的な動きを表すコンベアの概念図.

いくつかの手がかりは，海洋が張本人であることを示す．モデルシミュレーションは，海洋の**熱塩循環**（thermohaline circulation）が再編成される可能性を示す．この大きなスケールの循環の駆動力は，惑星の2つの場所，アイスランド近くの北大西洋および南極海において，冷たく高塩分の海水が深層へ沈み込むことである．現在，北の起源の水（北大西洋深層水）は，大西洋深層を満たし，南へ流れ，アフリカの先をまわって，南極を周回している深層水に合流する．南極周辺で形成された底層水（南極底層水）も，南極周極水に合流する．現在，南極周極水は，北大西洋深層水と南極底層水をほぼ等量含んでいる．周極水の一部は，分かれて北へ進み，インド洋と太平洋に流れていく（図 18-14）．

　これらの海流は，熱を再配分するので，地球の気候にとって重要である．熱の再配分は，特に北大西洋を取り囲む大陸にとって重要である．北大西洋の底層に沈み込む水を置きかえるのは，アイスランドへ向かって北に流れる暖かい表層水である．表層水は，海洋のコンベアの上部のベルトであり，低緯度を横切るときに太陽によって暖められる．それが北の高緯度に達すると，蓄えられた熱が空気に放出される．冬季，大西洋上空を東へ進む冷たい北極気団は，この熱により暖められる．この熱のボーナスが，北ヨーロッパの冬をしのぎやす

くしている.

　海洋のコンベアによる輸送の規模は,驚異的である.その水量は,アマゾン川 100 個分に等しく,全球の降水量に匹敵する.北へ動く上部のベルトは,平均水温 12℃の水をアイスランド周辺にまで運ぶ.ここで深層に沈み込む水は,平均 2℃まで冷やされる.したがって,コンベアの上部のベルトによって北へ運ばれる水 1 cm^3 あたり 10 カロリーの熱が,大気に放出される.その総和は,驚異的な熱量である.それは,ジブラルタル以北の大西洋上の大気に供給される太陽熱の約 4 分の 1 にも達するのだ!

　現在の海洋では,海洋の 2 つの端でつくられる深層水の密度の間に微妙なバランスが存在する.もし,このバランスが乱されると,少なくともモデルでは,海流システムは再編成され,新しいパターンになる.この再編成にともなって,高緯度で海洋から放出される熱量も変化する.すべてのモデルがこのような動きを示すが,詳細はモデルによって異なる.いくつかのモデルでは,コンベアは完全に停止する.他のモデルでは,北大西洋深層水はもっと南でつくられ,底まで沈み込まなくなる.すべてのモデルに共通するのは,南極底層水が大西洋のずっと北まで侵入するようになることである.

　何が,熱塩循環の再編成を引きおこすのだろうか?　私たちは,この疑問に対する確実な答えを持っていないが,ひとつの可能性は,塩分振動と呼ばれる現象である.モデルで示されるように,深層水の形成を変更する最も効果的な方法は,深層水がつくられる海域への淡水の供給量を増すことである.淡水は,表面水の塩分を下げ,密度を低下させる.もし,塩分の低下がある点に達すると,どんなに厳しい冬であっても,密度が不足して下の水を置きかえることができなくなり,熱塩循環の再編成が起こるだろう.実際,これは,北太平洋で深層水がつくられない原因である.北太平洋の表面水は,塩分が低いため,氷点(−1.8℃)まで冷やされても密度は十分に高くならず,深層まで沈み込まない.少なくともひとつの再編成については,証拠がある.それは,ヤンガードリアス期の開始である.後退する北アメリカの氷床の融解水を蓄えた湖から,突然,北大西洋に淡水が流れ込み,引き金が引かれた.しかし,それ以前の出来事の規則性は,何らかの振動が働いたことを暗示する.現在の大西洋では,大西洋から太平洋への大気を通した水蒸気の輸送による塩分の蓄積と,コンベ

アの下部のベルトによる塩分の輸出の間にバランスがある．しかし，塩分の蓄積と輸出の間に不均衡があれば，振動が起こりうる．コンベアが「オン」で，塩分の正味の輸出が蓄積を上まわっている場合を想像してみよう．この状態では，大西洋の塩分は削減されるだろう．ついには，塩分が低くなりすぎて，深層水がつくられなくなる．これは，熱塩循環を「オフ」の状態に再編成する．「オフ」の状態では，蒸気の輸出による塩分の蓄積が，塩分の輸出を上まわり，大西洋の塩分は増加しはじめるだろう．ついには，コンベアが急にオンの状態に戻る点に達するだろう．1,000 年周期の平均持続時間は，1,500 年である．これは，塩分振動にふさわしいタイムスケールである．その理由は，以下のようである．大西洋が水蒸気を輸出する平均速度は，1 秒あたり 250,000 m³ である．塩分の輸出がなければ，塩分は 1 世紀あたり 0.1 g/L の速度で増加するだろう．したがって，1,000 年周期のサイクルの半分（約 750 年）で，塩分は 0.75 g/L だけ増加するだろう．この塩分による密度の増加は，冷たい極域の水を約 3℃ だけ冷却した場合と等しい．したがって，塩分振動の周期を正確に見積もる方法はないが，100 年や 10,000 年に 1 回よりも，1,000 年に 1 回のオーダーは理にかなっていると考えられる．

　この仮説でまだ答えられていないことは，海洋循環の再編成が大気におよぼす影響が全球的であるのはなぜかということである．モデルでは，上で述べたような再編成は，北大西洋周辺の気候にしか変化をおよぼさない．熱帯には有意な影響はなく，南半球の温帯にも影響はない．簡単に言えば，私たちは影響を地球全体に伝える**テレコネクション**（teleconnections）の性質をよく理解していない．この点で，熱帯地方は興味深い．特に，熱帯の海面直上から成層圏の基部まで達する大気の対流プルームによって上空へ運ばれる水蒸気は，注目に値する．水蒸気は主な温室効果ガスであるので，その大気中存在量の変化は，全球規模の大きな温度変化を引きおこしうる．

　この説明が成り立つためには，海洋の大循環と熱帯大気の対流との間の関連が必要である．最もありそうな候補は，赤道での冷水の湧昇である．現在，湧昇は，熱帯の熱収支の主な要因である．おそらく，湧昇による熱帯の冷却は，海洋の大循環と結びついている．このため，ケネットのサンタバーバラ海盆の記録がきわめて重要である．それによれば，海洋表層の循環は，グリーンラン

ドの出来事と一致して変化した．この変化が，熱帯大気への水蒸気の供給を変えたのだろうか？

　別の可能性としては，極地の氷に記録された，大気の塵と海塩エアロゾルの量の大きな変化がくせ者である．土壌の岩屑は，空高く舞い上がると，太陽光を遮へいする．エアロゾルは，雲粒の核となる．核が多ければ，多くの小さな雲粒ができ，その結果，雲の反射率が高くなる．これが正しい説明であるためには，塵や波しぶきを大気に運ぶ強い嵐の頻度と，海洋の大循環との間に関係が必要である．ひとつの可能性は，氷期にコンベアが「オフ」であったとき，北大西洋は海氷でふさがれていたので，冬の氷で覆われた厳寒の極域と暖かい熱帯との間の温度勾配が圧縮され，嵐を助長したことである．

　以上すべてからわかるように，私たちの惑星の気候は，安定からほど遠い．季節性の変化や淡水の再分配による小さなひと突きは，しばしば大きく急激な気候変化を引きおこした．後の章で，人類が大量の CO_2 とその他の温室効果ガスを大気に加えて，気候システムを小突いていることを考えるとき，この問題に立ち帰ろう．

人類の衝撃

　10 万年周期の最後の氷期が終わると，私たちホモ・サピエンスの発達にとってきわめて重要な 2 つの出来事が起こった．第一に，今までわかっている限り，人類は，それ以前には南北アメリカに地歩を持っていなかった．13,000～12,000 年前，人々が突然新大陸に流入し，急速に新大陸全体に広がった．この事実に対して好まれる説明は，最後の巨大な氷床が融けたとき，北アメリカ氷床の東と西に通路が開いたというものである．さらに，平均海面はまだ低かったので，ベーリング海峡は地続きであった．人類は，この陸橋と通路を通ってアジアからアメリカに移住した．アメリカ全体への急速な拡散は，人類による大型動物の狩猟の影響によって表されるだろう．ヒトの到着後まもなく，剣歯虎，オオナマケモノ，ケナガマンモスなどは，すべて絶滅したからである．この説では，狩人は，ある地域でこれらの動物が狩猟によってほとんど絶滅すると別の土地に移り，たちまち新世界全体を滅ぼした．これは，人類による絶滅

の唯一の例ではない．同じような大型動物の消滅は，約 50,000 年前，ブッシュマンがオーストラリアに到達したときにも起こった（この場合も，人々は平均海面の低下によりつくられた陸橋を通ってアジアから歩いて来た）．

　第二の衝撃は，さらに重要である．それは，中東の人々が狩猟と採取による生活から畜産と農耕に移行したことである．この移行は，私たちの文明の発達への重要な一歩であった．氷河後退後まもなく，穏やかな気候が全球に広がり，食物供給を制御する能力がメソポタミアとエジプトで古代文明を誕生させた．しかし，それよりはるか昔の 160,000 年前に，私たちと同じ脳容量を持つホモ・サピエンスが，エチオピアに住んでいた．したがって，疑問に浮かぶのは，125,000 年前，すなわちひとつ前の間氷期に農耕が始まらなかったのはなぜかということである．推量しかできないが，人口の圧力が無かった，食料が豊富にあった，洗練された文化が発達しなかったなどの理由が考えられる．しかし，本当のことは，決してわからないかもしれない．いずれにせよ，それから 100,000 年後に現在の間氷期が訪れたとき，私たちが分明と呼ぶ急速な進化のためのステージが準備された．気候変動は，人類の運命に深く結びついてきたのである．

● まとめ

　中期間のタイムスケールでは，軌道の変化と，それによる太陽エネルギー受容量の変化のため，地球の気候は相当に変動した．地球史のある時代，最近の時代を含めて，軌道変化が氷河期サイクルを生じた．軌道変化による太陽エネルギーの変化は，地球史を通して存在した．最近数百万年のように，地球史の一部の期間にのみ，広範な氷河作用があった．地球が氷室状態にあるか否かは，プレートの配置と火山活動に依存するらしい．それらは，軌道による気候変動に重要なフィードバックをおよぼす．過去数十万年の高分解能記録は，10 年くらいで起こり，1,000 年間持続するような短期間の急激な気候変動もあったことを示す．その最近の例は，ヤンガードリアス期である．それは，地球を最終氷期と同じ完全な氷河条件に突き戻した．このような急激な気候変動は，テクトニック・サーモスタットや軌道変化では説明できない．そうではなくて，

きわめて短いタイムスケールで起こりうる，海洋と大気の循環の変化が原因であると考えられる.

参考図書

John Imbrie and Katherine Palmer Imbrie. 1986. Ice Ages: Solving the Mystery. Cambridge, MA: Harvard University Press.

Gerard Roe. 2006. In defense of Milankovitch. Geophys. Res. Lett. 33: L24703.

Richard A. Muller and Gordon J. MacDonald. 2002. Ice Ages and Astronomical Causes. Reprint. New York: Springer-Verlag.

Wallace Broecker. 2010. The Great Ocean Conveyer: Discovering the Trigger for Abrupt Climate Change. Princeton, NJ: Princeton University Press.

第19章

ホモ・サピエンスの興隆

地球の資源を利用した惑星支配

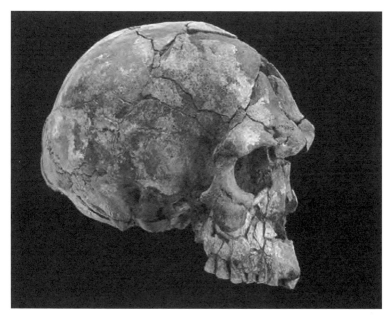

図 19-0：エチオピアで出土した16万年前の成人男性の頭蓋骨．現在の人類と同じ種．

もし，「知的」生物が存在しなければ，地球は多かれ少なかれ過去と同じコースをたどっただろう．太陽は，残りの水素を十分に持っており，あと数十億年燃えつづける．地球のマントルの放射性元素が発する熱は，それと同じくらいの時間にわたって，プレートを駆動するだろう．生物進化は，避けられない惑星の変化に適応して，種の組み合わせを変えるだろう．破局的事変がなければ，生態系は惑星条件に調和して生き残るだろう．人類の出現は，初めはめだたなかったが，惑星の性質と外見を一変させた．初めて道具を持った私たちの祖先は，およそ 200 万年前に現れた．**現生人類**は，160,000 年前に現れた．その後の大部分の期間，人類はまわりの動物と同じような生態的地位で競争し，自然環境に著しい影響をおよぼすことなく生きていた．時々，環境変化が，人類の人口を 100,000 人未満にまで減らした．約 10,000 年前，最後の氷河後退期の後，これらすべてが変わり始めた．火を扱う能力により，エネルギーの利用，景観と生態系の大規模な改変，金属の利用，さらに効率的な道具の開発が可能となった．農業の発明と他の動物の利用は，植物や他の動物との競争において，私たちをきわめて有利にした．私たちは，食物供給を増すために，エネルギーを利用して水の流れを変え，土地を耕し，雑草と害虫を駆除し，動物を品種改良して飼いならした．個人が専門化された技能を持つ大きな集団の発達は，種としての能力を著しく高めた．私たちは成功し，自己の利益のために自然システムを改変しはじめた．さらに大規模な人口の集中が可能となり，メソポタミア，中国，エジプトなどの偉大な古代文明が誕生した．

およそ 150 年前，私たちは，化石燃料に閉じ込められたエネルギーの大きな可能性を発見した．この発見は，エネルギーを増大させ，工業化を起こし，人類による惑星表面の改変を加速させた．現在，個々の人間は，食物として得るエネルギーの約 20 倍のエネルギーを利用している．最も富裕な国々の人々は，100 倍ものエネルギーを消費している．この最後のエネルギー革命，すなわち**人類のエネルギー革命**により，人類は数十億年の惑星進化によって蓄積されたすべての**資源**（地球の宝箱）を利用できるようになった．さまざまな資源のうちで，ほとんどの金属などは，理論上無限であり，容易に再利用できる．化石燃料のような他の資源は，量に限りがあり，一度使うと永久に失われる．この文脈において，私たちは，化

石燃料時代に生きている．5 億年をかけて蓄えられた地球の宝物が，ひとつの種によって数世紀で使いつくされようとしている．再生不能資源は，化石燃料だけではない．私たちの食料を支える土壌，および地球の遺伝的可能性の宝庫である生物多様性も，急速に失われつつある．

　エネルギーと惑星資源の利用は，猛烈な人口増加をまねいた．それは，特に，エネルギー消費が著しく増大した工業時代の夜明け以降に起こった．もし，現在の人口の 97 ％ が消滅したとしても，科学革命が始まった約 500 年前の人口に戻るに過ぎないのだ．

● はじめに

　白亜紀－第三紀境界での恐竜の絶滅以来，哺乳類が次第に進化し，陸上生態系を支配した．ごく最近，ひとつの種である**ホモ・サピエンス**（Homo sapiens）が，地球史のコースを完全に変えてしまった．知的生物の出現と全球的な文明化は，地球システムのすべての面に影響をおよぼし，惑星の収容能力を変えた．人類は，惑星のさまざまなエネルギー源（化石燃料，風，太陽，原子）を利用し，他の種にはとても持てない，この惑星ではかつて見られなかった能力を得た．言語は，人々の間，さらに世代の間で，高度かつ微妙な伝達を可能にした．工業化は，惑星のエクステリアを改造し，生物進化を操作することを可能にした．全球データシステムを使えば，温度，天候，作物の生育，大気の組成，人口，生物多様性などを，惑星規模でセンシング（sensing）できる．情報の通信は，全球的な関係と行動を可能にする．専門化は，集団の技術と能力を高め，個人ではとてもできないことを可能にする．さらに，まだ私たちには実現できていないが，銀河系のコミュニティーの一員として，太陽系外の惑星と通信することもできるようになるだろう．1,000 年前の地球と現在の地球を調べる訪問者は，その間に起こった革命に驚くばかりだろう．この驚くべき惑星の変容の記録は，何だろうか？　そして，何がこの惑星史で唯一の出来事を起こしたのだろうか？

186

 人類時代の夜明け

これまでに発見された最古の人類の頭蓋骨は，最後から 2 番目の氷河期にあたる 160,000 年前のものである（図 19-0 参照）．私たちは，人類という言葉により，ホモ・サピエンスを意味する．それは，霊長目で最大の脳容積を持つ種である．当時，人類は人口がごく少なく，東アフリカにのみ生息していた．遺伝学研究によれば，もっと後の 70,000 年前でも，人口は 10,000 人くらいに過ぎなかった．50,000 年前，氷期の平均海面の低下によってできた陸橋を通って，少数の人々がアジアからオーストラリアに進んだ．15,000 年前，人々はベーリングの陸橋を通って，アメリカに移住した．最終氷期のあるとき，私たちの主な競争者であったネアンデルタール人は，途中で落後した．

最終氷期の終わり（11,000 年前）まで，人類は，多かれ少なかれ他の大型哺乳類と同じ土俵で競争していた．そして，人類の人口は，おそらく 100 万人未満であった．その後，現在の間氷期における劇的な温暖化と居住可能地の拡大に恵まれて，私たちは，狩猟と採集に基づく存在から農業と畜産に基づく存在へと移行した．人類は，食物を求める放浪から脱却し，より手の込んだ開拓地，さらに都市をつくり，メソポタミア，エジプト，中国などの古代文明を誕生させた．主な農作地と頼りになる水源は，しばしば地理的に離れていたので，文明の発達には灌漑が必須であった．交易が盛んになり，物質と技術が長い距離を越えて分かちあわれた．交易とともに，文字言語と流通貨幣が発達した．火を扱う技術の改良は，高温の利用を可能にし，より複雑な社会では，冶金や陶器製造のような専門化された活動が起こった．また，これらの進歩は，技術領域と文学，音楽，演劇，絵画などの分野における専門化を促した．互いの存在を滅ぼす戦争の能力にも専門化が起こった．人間は，専門化し，協力して働くことで，社会全体の能力をいかなる個人よりもはるかに高めた．

人口は，温和な気候および農業と文明の誕生により大きく増加し，ローマ帝国の全盛期には約 2 億人に達した．ローマ帝国の衰退後，人口はわずかに減少したが，中世の温暖期がふたたび人口を増加させた．その後，飢饉と疫病が世界人口を急におよそ 25 ％も減少させた．1500 年頃まで，人口はローマ時代を超えることはなかった．ここから，人口増加が始まった．1820 年頃までに，

人口は約 10 億に達した．これは，およそ 200 年で 3 倍の増加である．1960 年までには，さらに 20 億が加わった．最近 50 年には，さらに 30 億が加わり，人口は 2 倍となった．2012 年現在，人口は 70 億である．推定によると，大災害がなければ，人口は 2050 年に 100 億に達する．

図 19-1 は，最終氷期の終わり以来，過去 12,000 年の人口増加を示す．縦軸は対数であるので，一定速度での増加は直線となり，一定の「倍加時間」を示す．紀元前 70,000〜10,000 年，人口は平均して 1 年あたり約 0.007％だけ増加した．すなわち，倍加時間は 10,000 年であった．増加率は，農業が始まってから数千年で約 0.03％に増加し，ローマ時代には 0.1％にまで増加した．倍加時間は，700 年となった．その後のおよそ 1,500 年間，人口増加率は減少し，人口は増加しなかったが，紀元 1600 年までに増加率は 0.5％にジャンプした．工業化が始まると，増加率は年 1％以上となった．これは，小さな増加のように見えるかもしれないが，倍加時間はたった 70 年になったのである．これらの統計が示すように，人口だけが増加したのではない．人口の「増加率」の増加が，現代を特徴づけている．来世紀，全世界の人口が推定されている 100〜120 億に達したとすれば，人口だけで考えても，人類は 1600 年に比べて 40 倍の衝撃を惑星に与えることになる．その衝撃は，1950 年の 4 倍，12,000 年前の文明誕生期の 7,000 倍である．エネルギー消費の成長を含めれば，衝撃はさらに大きくなる．

人類による惑星変化の根本的原因は，この人口増加と，その人々による地球システムのすべての面に対する需要にある．私たちは至る所で人々を見るが，人口増加は明白ではない．たとえ，地球に恐ろしい伝染病が発生して，人類の 97％を死滅させたとしても，なお紀元 1500 年と同じくらいの人口が残るだろう．そして，最近の人口増加速度の低下にもかかわらず，紀元 1500 年の全人口以上の人口が，3 年ごとに増え続けているのである．

もし，私たちひとりひとりが，毎日，自分の家から歩いて，自分の食べ物を狩りに行かねばならなかったら，このようなめざましい人口増加はあり得なかっただろう．例えば，大都市への食物供給が 1 か月断たれたとしたら，そこに住む数百万人は，生きるために狩りと採集を行わねばならない．食糧不足と暴動は必至だろう．

188

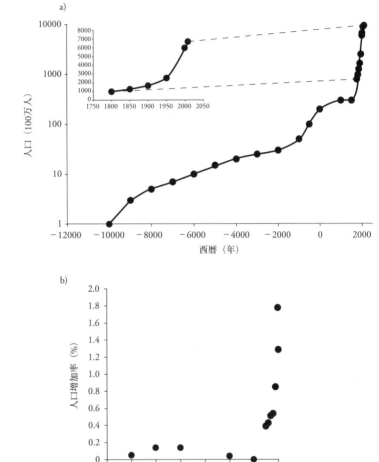

図 19-1：(a) 全世界の人口の時間変化．縦軸は対数であることに注意．グラフの直線部分は，一定の「倍加時間」を持つ対数増殖期を表す．グラフの拡大部は，1800〜2010 年の対数増殖期を均等目盛で示している．(b) 過去 3,500 年の人口増加率の時間変化．全人口だけではなく，人口の増加率も時間とともに増加した．(Data from U.S. Census Bureau)．

　何が，私たちのめざましい成長と成功を可能にしたのだろうか？　私たち
は，協力して働き，地球資源の宝物を利用できる．最も重要なことは，私たち
は，食物を同化して得られるエネルギーをはるかに超える量のエネルギーを利
用することである．エネルギーのおかげで，私たちは他のすべての資源を活用
することができる．最も重要な食料だけではなく，金属，地下水なども利用で
きる．もし，私たちが他のすべての動物と同じように筋肉の力にしか頼れない
とすれば，文明は崩壊するだろう．人類文明の興隆は，惑星の最後のエネルギー
革命であった．それは，人類のエネルギー革命である．

● 人類のエネルギー革命

　エネルギーの利用が，数千年におよぶ人類文明の原動力である．川の流れ
は，製粉機の動力に変えられた．風は，海を渡る船を押すために利用された．
木は，溶鉱炉を加熱し，金属を抽出するために燃やされた．鯨は，ランプの油
をとるために大量に殺された．最大の変化は，炭素を燃焼するエンジンの出現
によって起こった．石炭を得るために，鉱山が開かれ，運河や鉄道が建設され
た．自動車の出現とともに，液体燃料の需要が生じ，石油が掘削された．
　炭素エネルギーの利用は，人類にエネルギー供給の膨大な余剰を与えた．す
べてのエネルギー源を含めると，世界の平均的な人間は，2,300 ワットを消費
する．これは，100 ワットの電球を 23 個点けるのに等しい．平均的なアメリ
カ国民は，その 5 倍を消費する．すべてのエネルギー源を含めると，11,400 ワッ
トである．私たちが食べる食物が供給するエネルギーは，わずか 100 ワット
である．私たちの体は，たいへん効率的であり，そのように小さなパワーで体
の内外の活動をすべて行う．また，寒い夜に身を寄せあうときには，有機物の
電気毛布で自分を暖める．外部エネルギーの利用は，私たちの動物代謝に比べ
て，平均的なパワーを 20〜100 倍に増大する（図 19-2）．さらに，飛行機に乗
るとき，自動車を運転するとき，ストーブを点けるときなど望むときには，さ
らに多くのエネルギーを利用できる．このエネルギーは，私たちにスーパーヒー
ローの能力を与える．私たちは，鳥よりも高く速く飛び，ビルの屋上に簡単に
登り，壁に穴を開け，山にトンネルを通し，弾丸を止め，兵器と破壊を遠くに

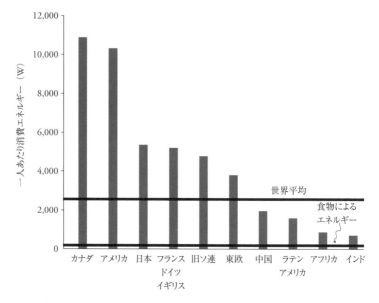

図 19-2：各国の一人あたりの消費エネルギー．2,300 ワットの横線は，全世界の一人あたり平均消費エネルギーを示す．100 ワットの横線は，私たちが食物から得る平均エネルギーを示す．人間以外の動物は，食物によるエネルギーに制限されている．（Data from International Energy Agency, Key World Energy Statistics, 2009）

送り込み，世界中の人々と瞬時に通信することができる．

　惑星の観点では，人類による人類のための外部エネルギーの利用は，地球の最後のエネルギー革命である．それは，**人類のエネルギー革命**（human energy revolution）である．第 15～16 章で議論した好気的代謝のエネルギー革命は，エネルギー消費量を 18 倍に増大させ，多細胞生物を発達させた．人類による 20～100 倍のエネルギー消費量の増大は，平均でも好気的代謝による増大をしのいでいる．短時間では，はるかに大量のエネルギーを消費する．私たちの世界を調べれば明白なように，このエネルギー利用とそれを集中させる能力は，有史時代に惑星システムを一変させた．

　私たちは，増大したエネルギーを用いて，地殻から金属を抽出し，帯水層か

ら水をくみ上げ, 川をダムでせき止め, 他のすべての動物を完全に支配し, 徐々に絶滅させている. 地球資源の利用の増大は, 私たちに大きな利益をもたらしたが, 環境と健康に大きなコストを課した. 鉱業は生態系を破壊し, 景観を損なう. 石炭の燃焼は, 硫黄 (S) と水銀 (Hg) を放出する. 裸地化と耕起は, 表土を損なう. 自然にはつくられず, したがって生物がそれに適応していない工業化学品が, 空気, 水, および生物に加えられている. 地下水の利用は, 水の供給を枯渇させる. 乱獲は, 海洋から大型魚類を捕りつくす. エネルギー生産は, 廃棄物の二酸化炭素 (CO_2), メタン (CH_4), およびその他の温室効果ガスを大気に加え, さらに核廃棄物をつくる. 人類のエネルギー革命によって, 現代文明の驚異と恐怖の両方がつくり出される. そして, エネルギーの大部分は, **化石燃料** (fossil fuels) の燃焼に基づいている.

このエネルギー革命の重要な点のひとつは, それによって土地の利用と生産性が増し, 食物供給が増えたことである. 現代農業は, きわめてエネルギー集約的である. 肉の生産は, さらに集約的である. 家庭の夕食に供される 2 ポンド (900 g) の肉を産業飼育場で生産するには, 1 ガロン (3.8 L) の石油が必要である. 動物を輸送し, 屠殺し, 精肉をパッケージし, 市場と家庭へ輸送するには, さらに多くのエネルギーを要する. 多くの大都会は, 農業地域から遠く離れており, 化石燃料を使った食物輸送がなければ成り立たない. 私たちは, 惑星の生態系とエネルギー利用を乗っ取って, 食物を生産し, 生産地から消費地へ輸送している. そのおかげで, 私たちの健康状態は大きく改善され, 人口の著しい増加が起こった.

人類のエネルギー革命は, 生物の革新によってではなく, 私たちが地球の燃料電池 (第 15 章) を直接利用する能力によってなし遂げられた. 私たちは, 数億年におよぶ光合成によって蓄えられた有機炭素を取り出し, 数十億年の惑星進化によって酸素化された大気と化合させることで, 光合成の逆反応を起こしてエネルギーを放出させている. もし, 私たちが「すべての」有機炭素を利用できれば, 大気の酸素 (O_2) を使いつくし, 進化した生物を支えている地球の燃料電池を完全に放電してしまうだろう. 幸いにも, 有機炭素の多くは黒色頁岩に蓄えられており, それを抽出することは経済的でない.

化石燃料は, 太陽のエネルギーを高度に濃縮しているため, 最も重要な資源

である. 化石燃料のパワーは, 私たちに他の資源を大規模に利用するエネルギー
を与えた. 必要であれば, 山を動かすこともできる. 人類のエネルギー革命
は, 私たちが地球の資源の宝箱を開き, 利用することを可能にした. その膨大
な資源は, 数十億年にわたる地球史を通して次第に蓄えられたものである.

地球の宝箱

　地球が提供した豊富な**資源**（resources）は, 全世界の人口増加と文明の拡大を
もたらした. 河川, 食物, 森林, 動物, そして時代が下るとともにさらに多く
の資源（金属, 燃料, 地下水, 土壌, 肥料など）が, 人類の経済と人口の成長の
ために利用された. これらの資源は, 惑星の宝箱である.

　すべての資源は, 数十億年におよぶ地球の進化の結果として蓄えられた. 金
属イオンの溶解度は酸化状態によって異なるため, 表面環境の酸化状態の変化
は, ある金属が高度に濃縮される主な原因であった. 例えば, 35〜18億年前,
大気中酸素濃度の初期の増加は, 縞状鉄鉱床をつくった. 鉄は, Fe^{2+} が可溶な
環境から, 不溶性の Fe^{3+} が沈殿する環境へ輸送された（図 16-7 参照）. 縞状鉄
鉱床は, 現代文明にとって鉄の主な供給源である. そのおかげで, 鉄は安価で
あり, 現代の建築と産業の基礎となっている. ウラン鉱床も酸化状態に支配さ
れる. ウラン（U）は還元体が不溶で, 酸化体が可溶であることを思いだそう.
太古のウラン鉱石は, 岩屑の閃ウラン鉱である. それは, 第 15 章で述べたよ
うに, 大気中酸素濃度が上昇する以前に, 河川礫に沈殿した. 後の時代, ウラ
ンは酸化的な水に溶かされて移動し, その水が有機物に富む堆積物のような還
元的環境に接したときに沈殿した. この過程が顕生代のウラン鉱床をつくった.

　その他の鉱床の形成には, 生物圏の特別な条件, あるいは地球内部の熱的進
化が必要だった. 肥料の必須成分であるリン（P）の鉱床は, ほとんど顕生代の
岩石に限られる. その時代に, 海洋の生物生産が十分に高くなり, リン酸塩岩
の巨大な鉱床がつくられた. クロム（Cr）と白金（Pt）の大きな鉱床は, 現代文
明にこれらの金属のほとんどを供給している. それらは, 地球がより熱く, マ
グマ活動が活発であった始生代・原生代に, 巨大な玄武岩質マグマが地殻に貫
入したことでつくられた. 例えば, 20億年前に形成された南アフリカのブッシュ

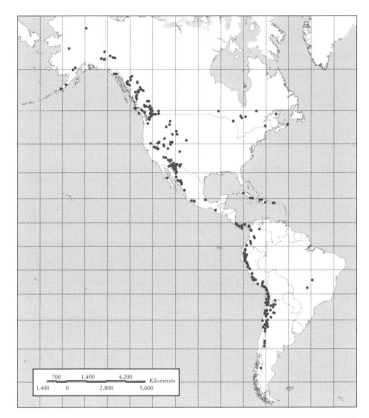

図 19-3：南北アメリカの主な銅鉱床の分布図．銅鉱山は，現在の収束境界近くに偏在し，沈み込み帯の火山活動と関連していることに注意．カナダ西部の鉱床は，ファラロン海嶺が沈み込む前に活発な火山活動が起こったときに形成された（図 11-7 参照）．（From Singer, Berger, and Moring (2002); http://purl.access.gpo.gov/GPO/LPS22448. Courtesy of U.S. Geological Survey）．

フェルト貫入岩体は，これら 2 つの金属の世界埋蔵量の大部分を占めている．

　他の金属の鉱床は，プレートテクトニクスの結果としてつくられる．銅（Cu），モリブデン（Mo），スズ（Sn）の多くの鉱床は，収束境界の花崗岩質深成

岩体の周辺にある，熱水系の浅い酸化的環境でつくられる．これらの鉱床は，侵食によって速やかにリサイクルされる火山地帯に産し，またその形成には酸化的条件が必要であるので，古い鉱床はもともとつくられなかったか，侵食されてしまった．そのため，現代の鉱床は，ほとんどすべてプレート境界近くに存在する（図19-3）．

海洋拡大軸でつくられる熱水鉱床も，人類文明の興隆に大きく貢献してきた．海洋地殻と熱水噴出孔でつくられる鉱床は，しばしば断層によって割られ，大陸に付加される．こうしてつくられる岩体は，オフィオライト（ophiolites）と呼ばれる．この鉱床は，見つけやすく，高品位であるので，初期の文明にとって格好の資源となった．キプロス島には，鉱石に富む大きなオフィオライトがある．地中海周辺の同じような鉱床が，人類に初期の金属を提供した．

化石燃料は，植物の埋没と変成によって生じる．そのため，顕生代以前にはつくられなかった．大気の酸素濃度が十分に高くなり，多細胞植物が進化するまでには，数十億年にわたる光合成が必要であった．加えて，商業規模の化石燃料をつくるには，大量の有機炭素を濃縮する条件も必要である．その後の変成作用が，炭素化合物を石炭に変える．あるいは，変成作用がより揮発性の高い物質を生じ，それが流れてリザーバーに捕らえられると石油や天然ガスとなる．石炭は，**石炭紀**（Carboniferous）に豊富につくられ始めた．この時代の名前は，まさに石炭層の大量形成に由来する（図19-4）．石油は，より若い**中生代**（Mesozoic）と**新生代**（Cenozoic）の岩石に見いだされる．

化石燃料の形成速度がきわめて遅いことを知れば，驚かされる．地球は，これらの資源を数億年かかってゆっくりと蓄積した．図19-4の横軸は，さまざまな燃料の毎年の蓄積速度を示す．石油は，1年あたり数百立方メートルが蓄積された．この1年あたりの蓄積量は，ひとつのガソリンスタンドが1年に販売する量よりも小さい．石炭は，1年あたり約20,000トンが蓄積された．現在の年間消費量は，その300,000倍である．私たちは，宝物をすさまじい速度で使いはたしつつある．

他の資源は速やかに回復するので，その年齢は地質学的に若い．淡水と土壌の資源は，あきらかに気候の長期安定性に依存している．しかし，気候が安定していても，淡水と土壌は常に更新される．岩石は風化され，有機物は分解さ

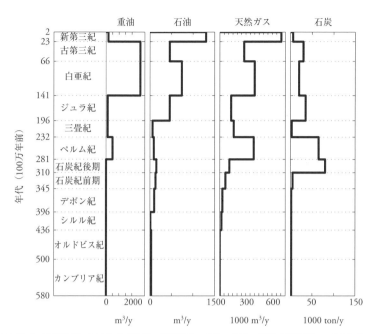

図 19-4：地質時代における化石燃料の蓄積速度の変化．大量の石炭は石炭紀につくられたことに注意．また，石油の形成年代はより若いことに注意．（Modified from Pimentel and Patzek, Rev. Environ. Contam. Toxicol. 189 (2007): 25-41）．

れ，水は天候や季節のような短いタイムスケールで循環する．資源としての淡水と土壌は，氷河期サイクルによる長いタイムスケールの影響も受け，時間とともに変化する．氷河は大きな盆地を刻み，その盆地が後退する氷河の大量の融解水で満たされると湖となる．その例は，アメリカ北部の五大湖とフィンガーレイクスである．また，湿潤な気候は，深い帯水層に豊富な地下水を蓄積する．

　地球史の知識は，数十億年の間にさまざまな過程が作用して資源を形成したことを示す．人類文明は，それらの資源に依存している．雨水や川のような資源は，速やかにリサイクルされ，最近の気候に依存している．湖や地下水のよ

うな資源は，氷河期サイクルに関係するさらに長いタイムスケールを持つ．また，多くの資源は，地球史の短い期間に限定された特殊な条件で形成された．これらのさまざまな過程が，長い時間をかけて，惑星の宝物である資源を貯えた．人類の出現以前には，鉱物や化石燃料の資源を利用する種は存在しなかった．私たちが現れたとき，惑星資源の在庫は実に豊富だった．地質学と地球史の知識がなければ，惑星のサイズが有限であることや地質時間がきわめて長いことはわからない．古代人は，惑星の資源が量的に限られており，惑星進化と貯蔵の長い過程の結果であることを知りようがなかった．今日，人類がすみずみまで居住する惑星に直面する私たちは，さまざまな資源の差異を惑星の文脈において理解しなければならない．

資源の分類

　地球の資源は，存在度，人類の使用によって破壊されるか否か，地球過程で再補充されるタイムスケールなどの点で異なる特徴を持つ．この特徴に基づいて，資源は3種類に分類される．

(1) 量がばく大で，短い時間でリサイクルされる資源（空気，表面水など）

(2) リサイクルされ，量はばく大であるが，その利用可能性によって価格が決定される資源（多くの金属など）

(3) 有限で，人類のタイムスケールでは再補充されない資源．いったん使ってしまえば，数千年から数千万年は再生されない．土壌や地下水の再生には，数千年を要する．現在の私たちの3年分の消費をまかなうには，石炭では100万年，石油では1,500万年の地球過程による生産が必要である．生物多様性は，おそらく最も貴重な惑星資源である．過去の大量絶滅の記録によれば，その再補充のタイムスケールは，数千万年である．

リサイクル時間が短い資源：空気と水

　空気と水は，ばく大な量が存在し，すべての生物に不可欠であり，速やかに

リサイクルされる．生物による大気中 O_2 の回転時間（turnover time）は，5,000年である．人類の供給と需要による O_2 の変動はリザーバーのサイズに比べれば小さいので，O_2 が枯渇する恐れはない．もちろん，私たちは，化石燃料を燃焼し，大気の O_2 を消費する．しかし，短いタイムスケールでの CO_2 濃度の350 ppm から 700 ppm への増加は，同程度の O_2 を減少させるに過ぎないので，210,000 ppm の大気中酸素濃度に比べればとるに足らない．地方のスケールでは，大気の変化は十分に速く，都市環境の大気汚染は年単位で大きく改善できる．大気汚染は，政治的意思さえあれば，取り組みやすい問題である．人類による管理は速やかな結果を生じ，大気の資源は絶え間なく再補充されるからである．

水（H_2O）は，もっと複雑な資源である．氷床における長い貯蔵時間を除けば，水の循環は速い．水が海洋から蒸発し，降雨により海洋へ戻るサイクルは，数週間で起こる．陸上では，降水の大部分は蒸発し（または，植物により蒸散され），一部分だけが土壌に浸透して，地下水や流出水となる．河川水の滞留時間は，1 年未満である．

水は，速やかにリサイクルされるが，人類文明にとっては命にかかわる限られた資源である．人口の増加とライフスタイルの向上により，水の需要はますます高まっている．世界のほとんどで，循環する水の相当な割合が差し押さえられ，農地の灌漑，工業，および家庭で利用されている．それぞれの活動は，水質を劣化させる．水の大部分は，他の活動に利用できなくなる．灌漑農地からの蒸発は，土壌に残った水の塩分を高める．工業は，慣習的に使用済みの化学物質を排水に廃棄してきた．家庭の下水は，都市の下水管を通して流される．工業および都市の排水は，以前に比べれば大きな割合が河川に放流される前に浄化されているが，処理された水の水質は飲料水の基準には達しないのがふつうである．この処理水は，一般には「再利用」できない．

水は，自然の豊富な供給があるにもかかわらず，世界の多くの場所で不足している．水の最大の消費者は，農業である．現在，世界の穀物の 40 % は，灌漑地で栽培されている．植物は，光合成で 1 分子の CO_2 を固定するとき，数百分子の水を蒸散する．高度に技術化された農地 1 ヘクタール（10,000 m^2）は，毎年 100 ブッシェル（乾量約 3,500 L）の穀物を産する．そのためには，およそ

300,000 ガロン（1,100,000 L）の水が必要である．この量の水は雨だけではまかなえないので，灌漑による供給が欠かせない．1960 年代以降，耕作地は 16%だけ増えたが，それらは事実上すべて灌漑されている．

　乾燥地および半乾燥地に発達した都市にも，水の大きな需要がある．過剰の水がある地域から水が不足している地域への水の輸送は，私たちの文明にとって必須となった．多くの都市は，乾燥あるいは半乾燥地域に建設されており，人口を養うのに十分な水を持っていない．例えば，ロサンゼルスは，半乾燥地域にある．この都市は，20 世紀初めオーエンズ渓谷から水を引くことで拡張した．その結果，オーエンズ湖は干上がり，北部の肥沃な農地は砂漠に変わった．その後のロサンゼルスの成長は，水をさらに北部（モノ湖の集水域を含む）に求め，モノ湖を干上がらせた．この砂漠の水域は，100 万羽の渡り鳥にとって，「燃料」補給地であった．毎年，彼らは，湖の塩水に満ちていた小さな塩水エビを食べて太っていた．しかし，1941 年に水道が開かれてから，山から湖への流出水は激減し，湖は蒸発しはじめた．それとともに，湖水の塩分が上昇し，塩水エビを危険にさらした．また，湖の水位低下により，島への陸橋が開き，捕食者による略奪が鳥の集団繁殖地を脅かした．さらに，ロサンゼルスは，大量の水をコロラド川およびサクラメント・サンホアキン・デルタから引いている．この三角州では，水の減少がキュウリウオを脅かしている．ロサンゼルスの水のほんの 11% だけが，地域の地下水から供給されている．残りは輸入である．ロサンゼルスの水利用の約 3 分の 2 は，家庭用である．

　表面水（surface water）の利用は，ほとんどすべての国で問題となる．エジプトがファラオに支配されていたとき，命はナイルの賜物であった．ナイル川は，エチオピア高地のモンスーンによる降雨を源として，農耕地を灌漑した．灌漑により，数百万の住民に食物が供給された．ナイル川の水によって運ばれた溶質は，植物の成長に必要な栄養素を供給した．また，水で運ばれた鉱物は，レンガの製造に用いられた．人口が増すにつれ，より広い土地が灌漑された．このため，次第に複雑な水路が建設され，水が畑に引かれ，より多くの塩が加わった流出水が地中海に運ばれた．乾期に二度の収穫を得るために貯水池がつくられ，豊富なモンスーンの流出水をせき止めた．

　ついには，巨大なアスワン・ダムの建設が必要だと考えられた．その貯水湖

は，数年の農業需要を満たすほどの水を蓄えられる．また，ダムは，ナイル川下流の流量を調節し，一年中の灌漑水供給を実現した．水はきわめて効率的に管理され，利用されずに地中海に流れる水はほんの数パーセントとなった．さらに，当初は，ダムの発電機によってつくった電力が，エジプトの需要のほとんどを満たした．すべてが順調だった．

アスワン・ダムの建設が始まったとき，エジプトの人口は 2,700 万であった．2010 年，人口は 8,000 万に達した．エジプトの穀物生産量は世界でも指折りであるが，国民が必要とする食糧のおよそ半分しか育たない．残りは，外国から輸入しなければならない（エジプトの石油を売った代金で）．また，ナイルの水に含まれる栄養素は，かつて農業に活用されたが，今ではダムの背後のナセル湖で藻類によって消費されている．高い穀物収穫を得るために，肥料を製造しなければならない（そのエネルギーは，エジプトの石油を燃焼して得られる）．さらに，現在の電力需要は，アスワンでの発電量の 2 倍を超えている．その残りは，エジプトの石油を燃焼して発電される．

もはやエジプトの存在は，ナイル川だけでは支えられない．エジプトの近年の成長は，国内の石油資源に依存している．石油埋蔵量には，限りがある．さらに，ダム湖すべてに当てはまるように，次の数百年のうちに，ナセル湖はシルトで満たされ，次第に貯水量を減らし，ついには発電に用いられているトンネルやタービンが侵食されるだろう．シルトの量は膨大であるので，浚渫は選択肢とならない．この例で私たちが理解するのは，水利用，食物，石油，肥料，および人口がすべて互いに関連していることである．水と石油は，**制限資源**（limiting resources）となりつつある．この問題の根本的な原因は，人口増加である．

地下水（groundwater）は，もうひとつの問題である．地下水も再補充される資源であるが，深層地下水の再補充には，数千年のタイムスケールが必要である．北半球の深層地下水の多くは，最終氷期以降，中緯度の多湿気候によってつくられた．その雨水による涵養はきわめてゆっくりであり，再補充の時間は非常に長い．数千年のタイムスケールは，地質学的には短いが，現代の水問題にとっては実質上無限である．一部の農業は，帯水層からの持続不可能な地下水くみ上げによって成り立っている．農家は，深部の帯水層まで井戸を掘り，

図 19-5：灰色の領域がオガララ帯水層．アメリカ西部の半乾燥地帯の地下にある．この帯水層からの地下水くみ上げは，この地方の農業を繁栄させた．取水速度が再補充速度を上まわっているため，帯水層の大部分が枯渇しつつある．（Courtesy of U.S. Geological Survey）．

水を「採掘」している．取水が再補充を上まわれば，水位は低下し，より深い井戸が掘られねばならない．それは，水が少なくなりすぎるか，塩分が高くなりすぎるまで続くだろう．沿岸部の帯水層では，地下水面の低下は，海水の浸入をまねき，帯水層を利用不能にする．地下水は，それが再補充される速度で使われるならば，無限に利用できる．これは，再補充速度の大きい地域ではありえるだろう．しかし，他の場所では，地下水は数千年の湿潤な気候によってつくられたものであり，農業を続けることを可能にするようなタイムスケールでは再補充されない．

　灌漑用の地下水の枯渇は，世界中で問題となりつつある．アメリカの広大なオガララ帯水層は，サウスダコタ，ネブラスカ，ワイオミング，コロラド，カンザス，オクラホマ，ニューメキシコ，およびテキサスの 8 州の下に横たわっている（図 19-5）．これらの半乾燥地域では，帯水層の水をとり出して，灌漑に用いることで，トウモロコシ，小麦，大豆を大量生産している．かつて帯水層は「無限」と考えられたが，取水は再補充を上まわっており，地下水面は確実に低下している．地下水の枯渇は，インドと中国でも起こっている．宇宙か

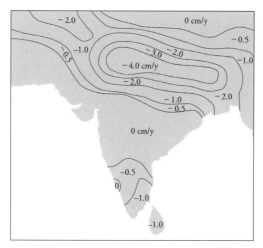

図 19-6：人工衛星からの重力測定によって定量された，インド北部とバングラディシュの地下水の減少．インド北部は，6 億の人口があり，大規模に灌漑されている．1 年あたり約 55 km³ の地下水が失われている．これは，同じくらいの面積では，世界最大の減少速度である．（Modified from Tiwari, Wahr, and Swensen, Geophys. Res. Lett. 36 (2009), L18401）．

ら地球の重力場を精密に測定することで，地下水の枯渇を大きな地域スケールで観測できるようになった．図 19-6 は，世界で最も灌漑が発達しており，人口が多い地域であるインド北部の地下水の減少を示す．地下水面の 1 年あたり数センチメートルの低下は，地下水が 1 年あたり 50 km³ の速度で減少していることを示す．

　再補充されない地下水のあきらかな例は，サウジアラビアにある．サウジアラビアは乾燥地で，1 年を通して存在する川や湖はない．氷期には，その気候はもっと湿潤で，深部の帯水層がよく涵養された．帯水層は，現在の降雨量では再補充されない．サウジアラビアは，農業の自給自足をめざして，1970 年代に大規模な農業開発計画を開始した．それは，地下水資源を利用した．農地は 20 倍に広がり，地下水による灌漑も同じように増加した．水利用と農業生産は，1990 年代初めにピークを迎え，その後，取水量は減少している（図 19-7）．2008 年，サウジアラビアは，水を保全するために小麦生産を止め，輸入

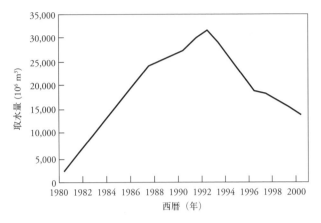

図 19-7：サウジアラビアの帯水層からの取水量. サウジアラビアには, 一年を通した表面水はない. 1970 年代以降の農業の発達は, 地下水の非持続的使用と永続する衰退をまねいた. サウジアラビアは, 水不足のため, 2008 年に小麦の生産を止めた. この曲線の形は, 図 19-10 の石油の生産曲線と似ていることに注意.（Created from data in Abderrahman, Water demand management in Saudi Arabia, in Water Management in Islam, IDRC (2001); http://www. idrc.ca/cp/ev-93954-201-1-DO_TOPIC.html）.

小麦に頼ることを発表した.

リサイクルの可能性があるばく大な資源：金属

　ほとんどの金属は, すべての岩石にいくぶんか含まれている. そのため, 理論上利用可能な量は, 本質的に無限である. 例えば, 火成岩は一般に 5〜10 % の酸化鉄（FeO）と, 数十〜数千 ppm のマンガン（Mn）, 銅（Cu）, ニッケル（Ni）, 亜鉛（Zn）などを含む. **鉱床**（ore deposit）は, 経済的な採掘のために必要な**鉱石**（ore）の品位によって定義される. 金属の価格が上昇すると, 鉱石ではなかった岩石も鉱石となる. 低品位の資源も経済的に採掘できるようになるので, 余分の供給が利用できるようになる. さらに価格が上昇すれば, 金属をリサイクルすることも経済的となる. 金属は利用によって破壊されないので, 再利用は簡単である. 採掘とリサイクルは, 市場で競争する. そのため, 採掘が増えな

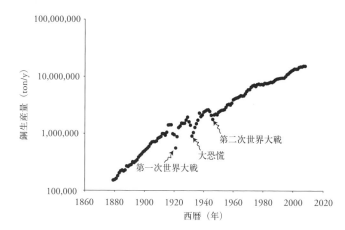

図 19-8：世界の銅生産量の着実な増加．第一次世界大戦，大恐慌，および第二次世界大戦の際に減少があった．縦軸は，対数である．銅の生産量は，100 年以上にわたり指数関数的に増加したことに注意．（Data from U.S. Geological Survey）．

くても，消費は増加しうる．例えば，アメリカで毎年使用される銅のおよそ半分は再生銅である．鉄鋼の 88％は，使用後リサイクルされる．これらの要因が，過去 1 世紀以上の間，金属生産の堅調な成長をもたらした（図 19-8）．採掘には経済効果があるが，その多くは地域に限られる．また，現代の鉱山は，環境規制にしたがっており，環境コストの多くは価格に含められる．無限の供給，リサイクルの可能性，および環境影響を含む経済モデルが，鉱山の利用を自己制御している．

　リンは，より大きな問題をはらんでいる．リンは，肥料のかけがえのない成分であり，世界を養う収穫を得るために，膨大な量が使用されている（2008 年には 1 億 5,000 万トン以上）．肥料は安価でなければならないので，きわめて豊かなリン鉱床のみが経済的に採掘できる．これらの鉱床は，地球史の短い期間にだけ形成された．形成のピークのひとつは，先カンブリア時代－カンブリア紀境界付近にあり，より大きなピークは，中生代の終わりにある（図 19-9）．人口の増加と土壌の劣化は，肥料の必要性を増している．今後 65 年に，地球のリン資源の半分が使いはたされるという推定がある．リンの一部はリサイク

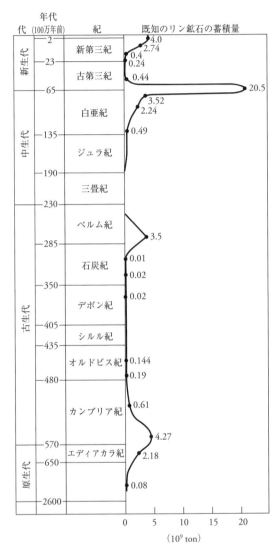

図 19-9：地質時代におけるリン鉱床の蓄積量．リン鉱床の大部分が蓄積された時代が，とびとびであることに注意．（Modified after Yanshin and Zharkov, Intl. Geol. Rev. (1986)）

ルされるが,それは金属の場合よりずっと難しい.リンはリン酸イオン（PO_4^{3-}）として水に溶け,流出水によって川,湖,および海へ運ばれるからである.これらの水中のリンは,濃度がごく低いので,リサイクルには適さない.金属は,鉱業によって濃縮され,固体として用いられる.リンは,鉱業によって希釈され,利用され,水によって運びさられる.

　また,リンは,環境劣化をまねく.リンは生物の制限栄養素であるので,水域に加えられると,藻類が増殖する.藻類が死ぬと,その有機物の分解によって水中の O_2 が使いつくされ,生物が存在できなくなる.これが,湖や海の**富栄養化**（eutrophication）および死の領域（無酸素環境）を引きおこす（例えば,メキシコ湾のミシシッピ川河口近く）.鶏糞は,大量のリンを含んでおり,チェサピーク湾を次第に富栄養化している.現在のやり方では,最も貴重なリンは失われ,環境が破壊される.しかし,廃水からリンを回収する方法があり,それを用いてリンをリサイクルできる可能性がある.

● リサイクルできない有限の資源

　以上 2 つの種類の資源とは異なり,供給に限りがあり,一度使うと人類のタイムスケールでは「永久」に失われる資源がある.これらは,**再生不能資源**（nonrenewable resources）である.最も有名なのは化石燃料であるが,土壌,および生物多様性もこの分類に含まれる.

化石燃料

　金属は単なる無機元素であり,地球全体も無機元素からつくられている.一方,化石燃料は複雑な有機分子であり,その原料は地球表面で生物によってつくられる.化石燃料の有用性は,元素そのものにあるのではなく,分子結合にエネルギーが貯えられていることにある.いったんこのエネルギーが放出されると,化石燃料は永久に失われ,数百万年のタイムスケールの光合成と有機炭素の貯蔵によってのみ再補充される.化石燃料は,地球史を通して生産された有機物の量によって制限されており,燃料として有用になるためには,変成さ

れ,濃縮されねばならない.金属と異なり,化石燃料の量は限られている.いったん利用されると,資源は消失する.リサイクルは,成り立たない.

また,化石燃料資源は,金属資源とはまったく異なる生産曲線を示す.個々の鉱山の金属資源量は,価格が上昇するとしばしば増加する.金属をより多く抽出するほど利益が増すからである.鉱石は,固体の岩石として採掘される.一方,油田は,くみ上げられるが,ある時点で涸れてしまう.天然ガスと石油は,金属資源ほど資源量の拡大を起こさない.キング・ハバートは,おのおのの油田は有限の寿命を持ち,特徴的な生産曲線を示すことに気づいた.新しい油田が開発され,資源が豊富にあるときは,生産は成長期にある.油田の生産は,頂点に達すると,次第に減少する.この特徴は,個々の油田,および北アメリカや北海の油田地帯などで繰り返し確認された(図 19-10).新しい油田の発見数も,減少しつつある.そのため,成長期の油田からの新しい供給はなくなりつつある.これらの事実が,**ピークオイル**(peak oil)の概念を生んだ.世界の石油生産は,アメリカあるいは北海の油田生産と同じ傾向にしたがうだろう.油田の発見には巨額の費用がかかり,発見の速度が低下していることを考慮すると,石油生産は 21 世紀初めに衰退しはじめるだろう.

石炭は,人間のタイムスケールでさし迫った不足の恐れはない.数百年の供給が可能だろう.オイルシェール,タールサンド,および大陸棚に豊富なガスハイドレートは,より低品位あるいは入手しにくい資源であるが,石炭と同じことが言える.数百年は,選挙サイクルに比べれば長いが,人類文明の時間枠ではごく短い.図 19-11 は,化石燃料の利用曲線を 2 つの惑星的タイムスケールで示している.ひとつは化石燃料が次第に蓄積された顕生代のタイムスケールであり,もうひとつは人類文明の 10,000 年のタイムスケールである.私たちは**化石燃料時代**(fossil fuel age)に生きている.それは,5 億年もかけて蓄積された資源がひとつの種によって消費され破壊されようとしている,地球史のごく短い期間である.私たちは,地球が生産した 100 万倍の速度で化石燃料を枯渇させつつある.私たちが地球の有機分子の宝庫を浪費していることを見れば,私たちの子孫は驚くだろう.有機分子は,プラスチック,人工関節,潤滑剤など きわめて多様な用途がある.そのような宝物をただ単に燃やすとは,いったい何を考えているのか?

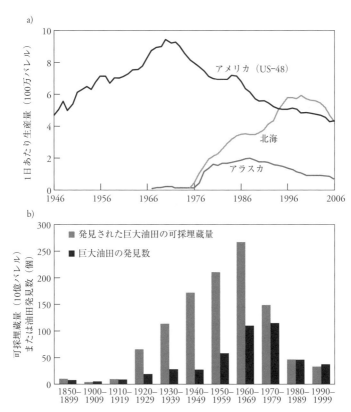

図 19-10：(a) 油田の特徴的なライフサイクル．キング・ハバートによって発見された．油田は，初め速やかに生産量を増やし，完全に開発される．生産量は，ピークを迎え，その後次第に減少する．この観察は，アラスカのノース・スロープのような個々の油田，北海のようなより大きな油田地域，およびアメリカのような国全体のいずれにも当てはまる．これがピークオイルの背後にある概念である（U.S. Energy Information Agency）．(b) 世界の石油生産の大部分を占める巨大油田の新しい発見数．発見数は，1970 年代から減少している．これらの油田も，上のパネルに示されたより古い油田と同様にやがて生産量が減少する．実際，2007～2010 年の全世界の石油生産量は，ほぼ一定であった．それは，2008 年の原油価格高騰の原因のひとつとなった（American Association of Petroleum Geologists, Uppsala Hydrocarbon Depletion Study Group）．

208

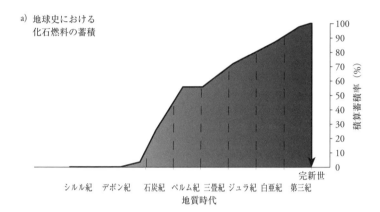

a) 地球史における
　化石燃料の蓄積

積算蓄積率（％）

100
90
80
70
60
50
40
30
20
10
0

完新世

シルル紀　デボン紀　　石炭紀　ペルム紀 三畳紀 ジュラ紀 白亜紀 第三紀
地質時代

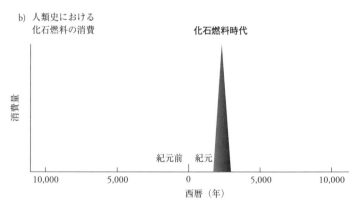

b) 人類史における
　化石燃料の消費

化石燃料時代

消費量

紀元前　　紀元

10,000　　　　5,000　　　　　0　　　　　5,000　　　　10,000
西暦（年）

図 19-11：化石燃料の形成（a）と消費（b）の時間変化. 化石燃料は，5 億年をかけて蓄積され，数百年で枯渇しつつある. この消費の時代は，化石燃料時代として知られることになるだろう.（(a) data from Pimentel and Patzek, Rev. Environ. Contam. Toxicol. 189 (2007): 25–41).

土壌

　土壌も，人類のタイムスケールでは再生不能な資源である．土壌は，岩石の
ゆっくりとした風化と，風化生成物の生物による変質によって生じ，きわめて
複雑な土壌の生態系をつくる．いったん土壌がはぎ取られると，その土地はも
はや多くの生物を養えない．地球は，放っておけば，土壌資源を蓄積する．人
類は，この宝物を使って食物を育てている．土壌は，自然にはそれほど侵食さ
れない．植生が常に表面を覆い，深い土壌は表面までひっくり返されないから
である．農業は，土地を覆う植生をとり除き，土壌を雨と風にさらす．さらに，
深い土壌をひっくり返し，その凝集力を減少させ，表面にさらす．アメリカに
おける土壌の損失速度は，再補充速度の約 10 倍である．毎年の損失は 1 エー
カー（約 4,000 m^2）あたり約 10 トンであり，1800 年以来中西部の表土の半分が
失われた．ある推定によれば，全世界の表土の損失は，1 年あたり約 1% であ
る．土壌が失われれば，生産力を保つために施肥を増やさなければならない．
しかし，肥料のアンモニアの生産は化石燃料を消費する．リンは有限の資源で
ある．ある地域では，表土を失った土地を捨てて森林を切りはらう方が，施肥
よりも安上がりである．人口の圧力，新しい農地の限界，および現在の食物需
要が，世界の土壌を次第に劣化させている．これは，先進国と開発途上国の両
方に共通する問題である．例えば，アメリカ，ヨーロッパ，および中国の農業
中心地は，すべて表土の損失にさらされており，それが農業の潜在力に影響を
およぼしている．

生物多様性

　究極的に再生不能な資源は，生物多様性である．私たちのすべての食物は，
地球全体の遺伝子ライブラリーから得られている．現代の多くの医薬と工業過
程も，細菌から哺乳類までの生物の遺伝子に依存している．生態系の安定性は，
生物多様性に依存している．そして，地球の生存可能性は，究極的に生態系の
生存力に基づいている．変化と大事変に対する地球の応答は，生命の進化的可
能性に依存している．この可能性は，全体としての遺伝的多様性に応じて高く

なる．過去の大事変の研究によれば，生物多様性の回復には数千万年のタイムスケールを要する．また，太古の進化上の革新は，決して繰り返されないかもしれない．次章でさらに詳しく論じるように，生物多様性の破壊は，数十億年かけてつくられた進化的可能性を破壊することなのである．

まとめ

　人類は，ごく最近に出現し，惑星の優占種となった．この支配は，著しい人口増加に反映されている．人口は，約 70,000 年前のわずか 10,000 人から，まもなく 100 億人に達する．これは，100 万倍の増加である．人類は，すべての生態系を支配し，すべての食物網の最上位にあり，居住可能なすべての土地の所有権を主張している．

　この惑星支配は，人類のエネルギー革命によって可能となった．ひとつの種が，その他のいかなる種が利用するよりもはるかに過剰のエネルギーを利用するようになった．この革命が起こったのは，人類が惑星のエネルギーを発見したからである．このエネルギー資源は，数十億年におよぶ惑星の進化によってつくられたもので，完全に保存されており，簡単に利用できる状態にあった．また，エネルギーの利用は，他のすべての惑星資源の開発を可能にした．それは，水，金属，肥沃な土壌を持つ土地，および豊富で多様な生物圏である．人類は，最初に食物と土地を争った他の大型肉食獣を破滅させ，次に自分たちの利用のために他の生物の生息域を破壊し，改造した．それは，大量絶滅を引きおこした．すべての資源は，同様に扱われた．資源は，惑星によって惜しみなく与えられ，対価や結果は考えずに利用された．

　資源には，異なる種類がある．ある資源は，供給可能性に限界がなく，リサイクルされる．その局地環境への影響は，修復可能である．その他の資源は，リンのように，供給が制限されており，リサイクルが難しい．環境影響は，しばしば資源の起源とは遠く離れたところで現れる．例えば，下流の川，湖，縁辺海に富栄養化を引きおこす．化石燃料，土壌，および生物多様性は，限界があり，再生不能であり，いったん破壊されると，人類のタイムスケールでは「永久」に失われる．化石燃料と生物多様性の環境影響は，地球規模である．ある

国のふるまいは，地球の反対側の国に影響をおよぼしうる．

　現代の市場においては，資源の質的差異は，ふつう認識されていない．私たちは，地球の賜物を利用するとき，数年の時間枠，現在の採取価格，および短期の利益を最大化することだけを考える．利用可能な最大量，リサイクルの可能性，環境影響は考慮されない．このため，再生不能な宝物の急速な採取と利用は避けられない．人類文明は，数十億年にわたって蓄積された惑星資源をほんの数百年で使いつくすだろう．私たちは，現場に到着して，抜きんでて住みやすい世界を見いだした．過去 2 世紀の私たちの行動は，世界を私たち自身にとってすばらしく住みやすくした．私たちは，乾燥地にも極寒の地にも快適に生活し，著しい人口増加を起こし，都市に集中している．同時に，私たちは，惑星を共有している数百万の他の種のほとんどにとって，地球をきわめて生きにくくした．最後には，私たちは地球を自分たちの子孫にとっても住みづらくしているのではないかという，緊急の問題が残った．

第20章

舵を取る人類

惑星の文脈における人類文明

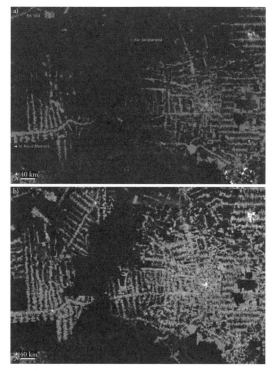

図 20-0：ブラジルの熱帯雨林の写真．2000～2009 年の森林破壊を示す．左下の 40 km の スケールバーに注意．示されている面積は，ワイオミング州あるいはポーランドとほぼ等し い．（Images from NASA Earth Observatory (earth observatory.nasa.gov/Features/WorldofChange/ deforestation.php)）

　人類文明の興隆は，惑星史の大変革事件である．ひとつの種が，初めて惑星の表面全体を支配した．陸上と海洋のすべての食物連鎖の頂点を占め，生物圏のほとんどを自己の目的のために乗っ取った．また，私たちは，大気と海洋の組成を変え，物理環境に影響をおよぼし，水循環を変化させ，土壌を失わせ，かつてなかった巨大な集団を形成している．外部の観測者が見ると，惑星全体の能力にも変化があった．人類は，宇宙，陸，および海洋から惑星規模のセンシングを実現し，惑星システムのゆくえを意識できるようになった．他の惑星文明が存在するならば，それらと通信することもできるだろう．また，私たちは，エネルギー利用，全球的通信，技術，および進化を直接操作する DNA 組換えにより，惑星変化の速度と大きさを著しく増大させた．このような変化は，地球の全歴史において記念碑的であり，パウル・クルッツェンが提唱したように，**人類新世**という新しい地質時代にふさわしい．しかし，その惑星変化の異常な大きさは，生命の誕生，酸素の増加，多細胞生物の誕生，あるいはペルム紀－三畳紀境界の大量絶滅など，地質時代の代あるいは累代の境界をなす過去の重大事件に匹敵する．私たちは，すでに**人類代**に入っているのかもしれない．それは惑星意識と方向づけられた進化の代であり，ひとつの種が惑星の運命を支配する代である．過去の代は，数億年のあいだ続いた．人類代も同じように長寿だろうか？　私たちは，知恵と良心を持って新しい代を先導できるだろうか？　あるいは，私たちは失敗し，惑星進化の不成功の試みに終わるだろうか？

　現実の問題のひとつは，必要な物質および食糧を使いはたさないように，惑星の資源を管理することである．さらに重要な問題は，現在，人類の活動はきわめて巨大であり，惑星システムに衝撃を与えていることである．エネルギー利用は，大気中の温室効果ガスを増加させた．二酸化炭素（CO_2）は 40％，メタン（CH_4）は 100％も増加した．この増加は，自然の変動幅をはるかに超えており，大気の温暖化，北極の極冠の融解，および平均海面の上昇を引きおこしている．人類起源の CO_2 の一部は，海洋に吸収され，海洋を酸性化している．生物圏に対する影響は，さらに顕著である．海洋の酸性化が，サンゴ礁の衰退をまねき，海洋生態系全体に影響をおよぼしている．陸上では，今や植物と動物の生産の 25％が，人類の食物生産に関係している．その結果，私たち以外の種の生息域は大きく破

壊された. 残っている生物多様性の最大のリザーバーである熱帯雨林は, 毎年 40,000 km² が切りはらわれている. その面積は, マサチューセッツ州よりも大きいのだ (図 20-0 参照). 生存できる種の多様性は, 連続した面積に依存する. 野生の地域が減少すれば, 絶滅は避けられない. これまでは人類の人口増加が, 生物多様性を減少させる主な要因であった. 気候変動は, 多様性をさらに低下させるだろう. 生物多様性の損失は, 惑星の遺伝的可能性, および惑星変化に適応する遺伝的能力を低下させる.

　私たちは, 惑星に対する影響の責任をとり, 気候変動に対処する意志をまだ十分に示していない. 現在の経済モデルでは, エネルギー利用と人口増加は, 負の環境影響をおよぼす. そして, ほとんどの人は, そのどちらも制限したくない. 惑星は, 無料である. 環境コストは, 経済モデルにめったに取り入れられない. 環境コストを取り入れるためには, 社会の再調整が必要であるが, 抵抗は不可避である. 解決策は, 主に個人および政治の選択にかかっている. なぜなら, 互いの存在を武器で破滅させるための支出の一部があれば, 効果的な対策をとれるからだ. 今後数十年, 化石燃料への依存は避けられないが, 大気からの**二酸化炭素の捕集と貯留**は全球規模で実行可能となりつつある. もしそうであれば, 私たちのエネルギー需要を満たすために, 太陽光, 風力, および原子力などの発電を伸ばす十分な時間をかせぐことができるだろう. ついには核融合発電が経済的となり, 無尽蔵のエネルギー源となるかもしれない. しかし, これだけで惑星の危機を避けられるわけではない. 惑星のさらなる劣化を防ぐために, 私たちを支える惑星を再評価することが必要である. 人間性は, 数十億年の惑星進化の結果であり, 地球から与えられた賜物のおかげで開花した. 私たちには, その資格があるだろうか? 私たちは, それを感謝しているだろうか? 人類が「惑星利用者」から「惑星管理者」へと態度を変革することによってのみ, 惑星の効果的な運営が可能となるだろう.

はじめに

　前章の地球資源の議論は, 地球は管理されねばならない宝箱のようであることを示している. しかし, 地球は, 動的なシステムである. その健全性は, 大

気，水圏，生物圏，および固体地球を含む無数の生物地球化学サイクルによって決まる．私たちの資源利用がシステムに影響をおよぼさなければ，問題は単に知的な資源管理である．しかし，もし私たちが全球規模の力を持ち，これらのサイクルを変化させるならば，システム全体の健全性と私たちの活動の影響について考えなければならない．以下に述べられる証拠は，私たちが地球の歴史上のどの種とも異なり，急速に惑星表面に対する支配的な影響力となったことを示す．私たちは，気候を変え，海洋の化学を改変し，生物圏のほとんどを支配し，大量絶滅に匹敵する速度で他の種を滅ぼしつつある．

　私たちは，自らの影響のため，深刻かつ急激な惑星変化の時代を生きている．人類の活動は，気候と海洋を改造してしまった．それは，他の種のみならず私たち自身にも世界的な破局をまねくかもしれない．同時に，もし人類が惑星システムに欠かせない責任の重い一員であると自覚して行動できれば，人類文明は革命的な能力を得て，惑星に慈悲深い影響を与えうる．私たちは，惑星の未来に永久的な影響をおよぼす選択に直面している．私たちは，惑星の衰退を選ぶだろうか，それとも惑星の管理を選ぶだろうか？　この選択は，決して避けることができない．私たちが与える衝撃は，激烈であり，全球的である．よかれ悪しかれ，今や私たちは惑星の舵を握っている．惑星の運命は，私たちの手の中にあるのだ．

地球に対する人類の衝撃

　人類活動は，地球表面のすべてのリザーバー，大気，海洋，土壌，および生物圏に影響をおよぼしている．

気候

　第 9 章で学んだように，地球史を通した太陽光度の増加にもかかわらず，地球気候は**温室効果**（greenhouse effect）によって絶妙に調整され，表面の温度は狭い範囲に保たれてきた．この範囲には，極地にも氷河がない比較的暖かい時代も含まれる．それが最後に現れたのは，3,000 万年前以前である．また，ミラ

ンコビッチサイクルによって氷期と間氷期が繰り返される時代，およびもっと永続的な氷河時代も含まれる．これらの状態の差異は大きかったが，その間の遷移は生物の寿命に比べてゆるやかだった．氷期のない温室状態から，周期的な氷期のある氷室状態への変化には，数百万年を要した．氷期から間氷期への「急速な」変化でさえ，10,000 年におよぶ過程であり，ヒトのような長命の種でも 200 世代が含まれる．生物は，気候の変化に適応しなければならない．すべての種は寿命が短いので，徐々に移動し，変化することができる．生態系には，数千年から数百万年をかけて移動し，適応するのに十分な時間がある．

　人類が引きおこしつつある**気候変動** (climate change) は，惑星の文脈において重大だろうか？　この疑問に答えるために，過去 700,000 年の詳細な気候記録を調べてみよう．記録には，極地の氷に捕らえられた空気の泡の二酸化炭素 (CO_2) 濃度も含まれる．CO_2 濃度は，氷期極大期の最小値 190 ppm と，短い間氷期の最大値 270 ppm との間で変動した．温度も，同時に変動した（図 20-1）．CO_2 の変動は，気候変動と歩調をそろえている．産業革命以前，大気中 CO_2 濃度は，間氷期の定常値 280 ppm であった．CO_2 の産業排出が始まると，大気中濃度は増加しはじめた．最近 50 年には，きわめて正確な記録がある．CO_2 濃度は，315 ppm から 390 ppm まで，1 年あたり平均 1.2 ppm 増加した．特に最近は，CO_2 の排出量が増大し，増加率は 1 年あたり 2 ppm となった．現在の大気中 CO_2 濃度は，過去 700,000 年の氷柱記録にあるどの値よりもはるかに高い．おそらく，過去数百万年のどの値よりも高いだろう．これは，地球規模の大きな変化である．しかし，白亜紀の大気中 CO_2 濃度は，約 2,000 ppm であり，22 世紀の最悪の予測値よりさらに高かった．もちろん，当時の地球は「熱室」状態にあり，氷床は存在せず，浅い海が大陸の広い範囲を覆っていた．数千万年間の CO_2 濃度の変動は，全体の幅は大きいが，自然の変化である．最近の CO_2 の増加は，単なる自然の変化ではなく，人類の衝撃によると，どうしてわかるのだろうか？

　人類が大気を変化させたことを確かめるには，2 つの独立な方法がある．第一は，私たちが大気に放出した CO_2 の量を単純にたし合わせることである．私たちが燃焼したと推定される炭素量は，膨大である．その量は，大気中 CO_2 の増加量よりも大きい．実際，放出された CO_2 のおよそ 45％は，海洋ま

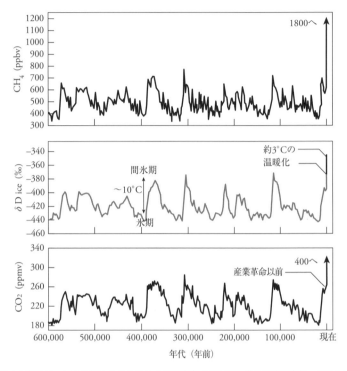

図 20-1：南極ドーム C 氷柱から得られたメタン濃度，温度，CO_2 濃度の時間変化．これらは，過去 60 万年の間，歩調を合わせて変化したことを示す．すべてのパラメータは，短い間氷期に高く，氷期に低い．（European Project for Ice Coring in Antarctica (EPICA), project members, 2006）

たは生物圏によって吸収されたに違いない．残りの 55％だけが，大気に蓄積された．第二の方法は，大気中 CO_2 の自然変動の原因に注目するものである．CO_2 の収支において，巨大なリザーバーは海洋と固体地球である．海洋は大気の 50 倍の CO_2 を擁しているので，海洋の CO_2 量の小さな変動も重要となる．固体地球は，さらに大量の CO_2 を擁している．固体地球からの放出は，大気中 CO_2 を増加させないだろうか？

　後の質問には，火山による CO_2 放出量を調べれば答えられる．地球の火山

による CO_2 放出量は，1 年あたり 0.2 ギガトン（Gt）である．氷期から間氷期への遷移期には，一時的に放出量が 1 年あたり 0.5 Gt に増加した．これに比べて，2008 年の人類による放出量は，30.0 Gt であり，自然のバックグラウンドの 150 倍である．固体地球からの CO_2 放出量は，最近の人類による放出量に比べればとるに足りず，長い時間スケールでしか変化を起こさない．

　海洋も，CO_2 増加の原因から除外される．海洋は正味の CO_2 吸収源であり，人類起源の CO_2 全放出量の収支をつり合わせている．この結論は，大気中酸素（O_2）濃度，および CO_2 の炭素同位体の変化によっても確かめられる．

　海洋から放出される炭素は，もともと CO_2 分子である．海洋からの CO_2 放出は，大気の O_2 に影響をおよぼさない．しかし，私たちが炭素を燃焼すると，炭素が大気の O_2 と化合し，その濃度を減少させる．**化石燃料**（fossil fuels）が大気中 CO_2 の増加の原因であるならば，大気中酸素濃度はそれと歩調を合わせて「減少」するはずである．大気中酸素濃度を十分な精度で測定することは，難しい．その変動は数 ppm に過ぎないからである（1 年あたり 2 ppm の CO_2 増加は，O_2 濃度を 22.9％ から 22.8998％ に減少させるだけである）．ラルフ・キーリングは，その測定に熟達し，O_2 濃度の変動をあきらかにした（図 20-2）．大気中酸素濃度の一様な減少は，炭素燃焼と符合している．

　炭素同位体は，もうひとつの独立の証拠となる．化石燃料の有機炭素は，同位体的に軽い．その燃焼は，軽い炭素を大気に加える．実際，大気中 CO_2 の炭素同位体組成は，一様に軽くなっており，燃焼された有機炭素の巨大な寄与を示す（図 20-2）．大気中 CO_2 が人類による放出によって増加していることは，あきらかな事実である．それは，私たちの理論評価で 10 点満点である．

　氷河記録の興味深い点は，氷期からの脱出のとき，CO_2 濃度よりも先に温度が上昇することである．これは，CO_2 が温暖化の原因ではないことを示しているのだろうか？　非科学的なコミュニティーでは，しばしば「大気の温度が，CO_2 濃度の変化を引きおこす．したがって，CO_2 の増加は温暖化の結果であって，原因ではない．」と解釈される．この誤った理解の原因は，CO_2 は氷河後退期には温暖化の正のフィードバックの一部であるが，現在は温暖化を駆動していることである．地球軌道の変化による北半球の太陽光度の増加は，わずかな温度上昇を引きおこす．温度上昇は，海洋から CO_2 を放出させ，さ

220

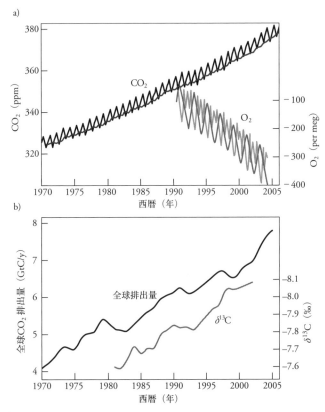

図20-2：大気中 CO_2 の増加は，人類による有機炭素の燃焼が原因であることを示す証拠．(a)炭素の燃焼は，O_2 を消費し，CO_2 をつくる．したがって，炭素燃焼は，O_2 を減少させる．実際には，O_2 の減少量は大気中 CO_2 の増加量から推定されるよりも大きい．これは，燃焼で生じた CO_2 の多くが，海洋と生物圏に取り込まれたことを示す．この観測結果は，簡単な収支計算と一致する．大気に蓄積された量のほぼ2倍の CO_2 が，化石燃料の燃焼によって生じた．O_2 の2つの曲線は，2つの異なる場所のデータを示す．(b) 化石燃料の有機炭素は，重い炭素同位体 ^{13}C に乏しく，$\delta^{13}C$ 値が低い．この同位体的に軽い炭素が大気に加わると，大気の CO_2 の $\delta^{13}C$ が減少する．これが観測されている．縦軸の $\delta^{13}C$ の目盛は上下逆になっていることに注意．(©2007 IPCC AR-4 WG1, chap. 2, fig. 2.3)

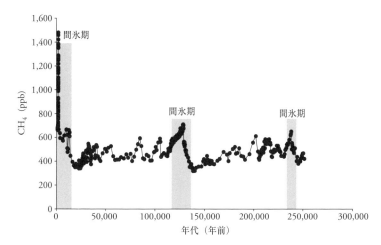

図 20-3：南極の氷柱における過去 250,000 年のメタンの変動．メタン濃度は，前世紀にほぼ 3 倍に増加した．〔Data from Loulergue et al., Nature 453 (2008): 383–86, and Etheridge et al., J. Geophys. Res. 103 (1998): 15,979–93〕

らなる温暖化を導く．それは，CO_2 をより増加させる正のフィードバックを生む．次に，氷床の融解が，火山活動を活発化させ，さらに CO_2 を放出させ，温暖化を促進する．氷河後退期の温暖化は，CO_2 が中心的役割を果たす多重のフィードバックの結果である．**温室効果ガス**（greenhouse gas）の温暖化効果は，物理学の基礎事実であって，「信念」や政治問題ではない．

　もうひとつの重要な温室効果ガスは，メタン（CH_4）である．CO_2 と同じように，メタン濃度は氷河期サイクルにともなって，規則的に変動した．メタン濃度は，氷期極大期の 350〜400 ppb から間氷期の極大値 650 ppb に達し，その後の数千年に速やかに中間的な値に減少した（図 20-3）．最近 150 年に，大気のメタン濃度は 2 倍以上の 1,800 ppb となった．メタンの人類起源は，主に家畜，ごみ処理場，および天然ガス開発である．その排出量は，自然起源の供給量を超えており，大気中濃度の増加を引きおこしている．メタンの約 1 ppm（＝1,000 ppb）の増加は小さく見えるが，その温暖化効果は相当に大きい．メタンは CO_2 より 20 倍も強力な温室効果ガスであるからだ．

その他の温室効果ガスも，問題となりつつある．亜酸化窒素（N_2O）は，著しく増加したが，かなりの温室効果を持っている．**クロロフルオロカーボン**（chlorofluorocarbons, CFCs, フロン）は，20世紀，冷蔵庫およびその他の産業用途に用いられた化学物質で，温室効果ガスである．また，フロンは，地球のオゾン層を破壊する．フロンのオゾンに対する影響は，1970年代に科学的に証明された．しかし，国際的な対策は，1985年に南極上空で**オゾンホール**（ozone hole）が見つかってからようやく始まった．1987年，フロン排出を削減するための国際協定（モントリオール議定書）が締結された．この国際協定，人類の健康との明白な関係，およびフロンの特許の失効による利益の減少などにより，化学工業界の支持が得られ，フロンの排出量は大きく削減された．この削減により，オゾン破壊ガスは，1995年のピークから10%だけ減少した．大気に残存するフロンのため，オゾンホールはまだ残っている．オゾンホールは，21世紀後半まででなくならないだろう．フロンの代替物（代替フロン，特にハイドロフルオロカーボン，hydrofluorcarbons, HFCs）は，オゾン層を破壊しないが，温室効果ガスである．代替フロンの利用は，特に発展途上国において急速に増大している．代替フロンは，今世紀半ばまでに 100 ppm の CO_2 に相当する温室効果を持つようになるという予測がある．

人類が引きおこした変化の意味をあきらかにするために，大気の温室効果は，過去数十億年にわたって地球気候の安定性に不可欠であったことを思いだそう．温室効果がなければ，地球は凍りつくだろう．最近数百万年の間，大気には180〜280 ppm の CO_2 と 650 ppb 未満のメタンが存在し，気候の安定性が保たれてきた．CO_2 とメタンは，数千年のタイムスケールで氷期と間氷期をくり返す気候振動の主な要因のひとつであった．また，私たちは，大気の CO_2 濃度が上昇し，氷床がなくなって，平均海面が著しく上昇したとき，地球が「熱室」状態にあったことを知っている．地球の歴史は，温室効果ガスが重要であることを私たちに示す．温室効果ガスは，惑星の生存可能性を維持し，氷期から間氷期，氷室から熱室への変化に寄与してきた．この見地から，人類の衝撃は重大だろうか？　現在，私たちが大気中 CO_2 量を 2 倍にすることは確実であり，ひょっとすると 4 倍にするかもしれない．私たちは，すでにメタン濃度を 2 倍以上にした．さらに，過去には存在しなかったその他の温室

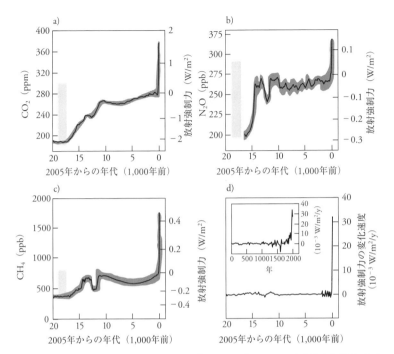

図 20-4：20,000 年前の最終氷期極大期から現在までにおける，3 つの主な温室効果ガスによる放射強制力の変化．薄い灰色の棒は，過去 800,000 年の自然変動の幅を示す．氷河後退期に有意な漸進的変化が起こり，その後，完新世の大部分の間，値は安定していた．急激な変化は，人類新世に起こった．人類による 2 W/m² 以上の放射強制力の変化は，最終氷期極大期から間氷期への変化と同程度であるが，10,000 年ではなく 100 年のうちに起こった．CO_2 が 500〜1,000 ppm まで増加すれば，さらに大きな放射強制力を生ずる．(d) 放射強制力の和の変化速度．(©2007 IPCC AR-4 WG1, chap. 6, fig. 6.4)

効果ガスを加えつつある．人類の衝撃は，氷期と間氷期の間の変化よりも大きく，氷室と熱室の間の変化に近づきつつある．

　生態系への影響においては，大気の変化の大きさだけではなく，変化の速度も重要だろう．地球のリザーバーは大きく，変化にゆっくりと対応する．大気中に増加した CO_2 は，1,000 年くらいで海洋に吸収される．高濃度の CO_2 は

1万年以上にわたって風化を促進し，その結果 CO_2 は減少する．生物が環境変化に適応するには数千年を要し，進化には数百万年を要する．地球のシステムは，ゆっくりとした変化に適している．数十年での変化は速すぎて，これらの漸進的な調節は不可能である．最近の CO_2 濃度の変化は，1年あたり 1.8 ppm である．比較のため，氷期末期には，CO_2 濃度は 5,000 年で 100 ppm だけ変化した．1年あたり 0.02 ppm である．最近の変化速度は，90 倍も速いのだ！変化の大きさと速さの両方において，人類は，惑星大気，および地球のサーモスタットに深刻な影響を与えつつある．

　温室効果の変化は，どのくらいの大きさになるだろうか？　大気の温室効果は，基礎物理学によって厳密に計算できる．結果を図 20-4 に示す．人類は，大気に大きな温室効果をおよぼしつつある．また，図 20-4d に示された変化の速度にも注意しよう．

　最近数十年の大気の変化は，平均気温を有意に上昇させた．全球の温度は，1900～1940 年に上昇したが，1940～1980 年の増加は小さかった．現在利用できるさらに長期の記録は，20 世紀の大きな温度上昇を示す（図 20-5）．温度の上昇率も，増加している．温度上昇率は，1850～1950 年には 10 年あたり約 0.035℃，1950～1980 年には 10 年あたり約 0.067℃，最近 30 年には 10 年あたり約 0.17℃である．最近 10 年間は，記録上最も暖かかった．温度は，1880 年から約 1.2℃上昇した．2009 年は，記録上二番目に暖かい年であった．

　もちろん，全球温度の上昇は，局地的に非常に寒い日や年を排除するものではない．また，温度上昇は，世界中で均等に起こるものではない．図 20-6 は，2000～2009 年の 10 年間における温暖化の分布を示す地図である．温暖化は，海洋よりも大陸において顕著であり，特に北の高緯度で著しい．これは，海洋がより大きな熱容量を持ち，平衡に達するまでにより長い時間を要することを反映している．

　測定された温度上昇は，他のさまざまな研究結果と一致している．例えば，春の開花日，最初の種まきの日，成長期の長さ，さまざまな野生生物の北限などである．温度傾向のもうひとつの直接的証拠は，氷と雪の面積の測定から得られる．図 20-7 は，その証拠をまとめている．1980 年以降の温度上昇とともに，北半球の海氷，凍土，氷河，および積雪の面積は，すべて大きく減少して

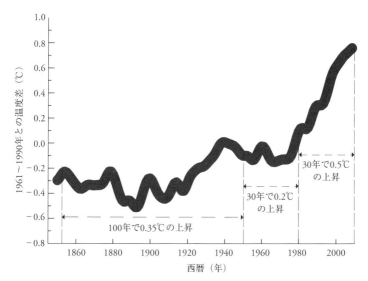

図 20-5：1850 年から 2005 年までの全球陸表面温度の変化．1961～1990 年の平均を基準とする．〔Modified after ©2007 IPCC AR-4 WG1, chap. 3, fig. 3.1〕

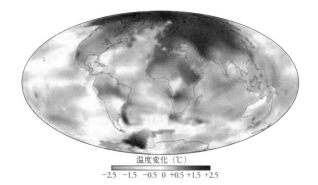

温度変化（℃）
-2.5　-1.5　-0.5　0　+0.5　+1.5　+2.5

図 20-6：1951～1980 年（気候研究で一般的な参照期間）の平均温度に対する，2000～2009 年の平均温度の変化を示す世界地図．最も極端な温暖化は，濃い灰色で示され，北極で見られる．アフリカと南極海の一部の白い領域は，温度の記録がない．南極近くの小さな領域は，わずかに寒冷化している．口絵 27 を参照．〔NASA images by Robert Simmon, based on data from the Goddard Institute for Space Studies〕

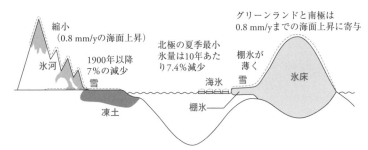

全体として1993年から2003年までの0.6〜1.8 mm/yの海面上昇に寄与

図 20-7：全球温度が上昇した 1993〜2003 年における氷，雪，および凍土の変化のまとめ．（Modified from ©2007 IPCC AR-4 WG1, chap. 4, fig. 4.23）

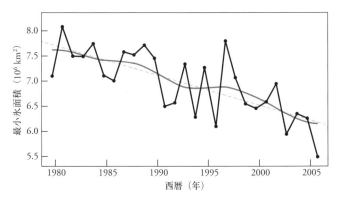

図 20-8：過去 25 年における北極の最小氷面積の変化．全球温度が上昇するとき，その影響は北の高緯度で最大となる．これは，北極の氷を夏季により大きく融解する．図は，この期間に氷の最小面積が 30% も減少したことを示す．（©2007 IPCC AR-4 WG1, chap. 4, fig. 4.8）

いる．温暖化が北の高緯度に集中しているため，この効果は特に北極で著しい（図 20-8）．

海洋酸性化

　二酸化炭素は，水に溶けると炭酸（H_2CO_3）を生じ，水の**酸性度**（acidity）を上げる（pH を下げる）．卓上で簡単にできるこの実験が，化石燃料の燃焼によって，巨大なスケールで行われている．大気の CO_2 濃度が高くなると，その一部が海洋によって吸収され，海水の pH を下げる．海洋表層の pH は，およそ 0.1 だけ低下した．これは，水素イオン濃度の 30％の増加に相当する（図 20-9）．この影響は，温度変化の結果ではなく，大気の CO_2 増加の簡単かつ直接の結果である．CO_2 が増えつづければ，生物が生きている海洋表層はますます酸性になるだろう．

　海洋の pH は，炭酸カルシウム（$CaCO_3$）の殻をつくる生物に大きな影響をおよぼす．$CaCO_3$ は，酸性の水ではより不安定となるからである（地質学者は，岩石が炭酸塩かどうかを調べるとき，岩石に酸を滴下し，$CaCO_3$ が分解されて CO_2 ガスが「泡立つ」のを見る）．もし，海洋の酸性度が上がり続ければ，この影響は重大となるだろう．これまでに起こった酸性度の小さな変化でさえ，海洋の炭酸イオン濃度を減少させ，生物の成長を阻害し，すでにサンゴ礁の全球的な衰退の一因となっている（図 20-10）．その他の石灰化生物への影響はあまり明白でない．CO_2 増加に対する応答は，生物ごとに異なり，すべての生物に有害ではないかもしれない．例えば，ある生物は，他の栄養素が十分に利用できれば，高い CO_2 濃度によって殻の厚さを増す可能性がある．したがって，海洋の状況は，大気の状況と似ている．大気では CO_2 の増加が，基礎物理学にしたがって温暖化を起こす．ただし，その影響を正確に計算するためには，他のフィードバックを考えなければならない．同様に，化石燃料の燃焼による CO_2 の大気への付加は，海洋をより酸性にする．酸性化のシステム全体への影響はどのようであるか，およびそれに関係する他のフィードバックは何であるかをあきらかにするには，広範な研究が必要だろう．そして，大気の場合と同様に，変化の大きさに加えて変化の速度が，人類の影響の特徴である．

　海洋酸性化（ocean acidification）の影響は，**地球温暖化**（global warming）とは独立に起こることに注意しよう．海洋酸性化は，大気の温度変化とは関係がない．海洋の pH 低下は，大気の CO_2 増加の避けられない結果である．大気の温暖

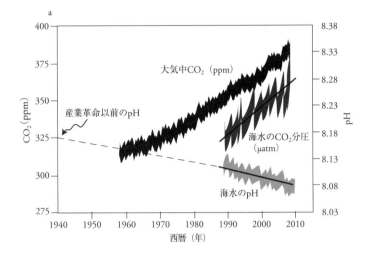

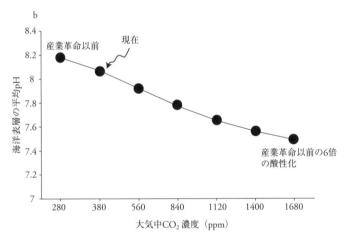

図 20-9：(a) マウナロア山の大気中 CO$_2$ 濃度（体積百万分率，ppmv），熱帯北太平洋の表面海水の pH および二酸化炭素分圧（pCO$_2$）の変化．左の軸は CO$_2$ 濃度，右の軸は pH を表す．(b) 海洋表層の pH は，大気中 CO$_2$ 濃度にしたがってさらに変化するだろう．pH は水素イオン濃度の対数であるので，1 pH の減少は 10 倍の酸性化を意味することに注意．(Doney et al., Annu. Rev. Mar. Sci. 1 (2009): 169–92. Reprinted, with permission, from the Annual Review of Marine Science, Volume 1 ©2009 by Annual Reviews)

2 mm

2 mm

図 20-10：サンゴ *Oculina patagonica* の写真．（a）通常の海水（pH = 8.2）で 12 か月生育した後．
（b）酸性化した海水（pH = 7.4）で 12 か月生育した後．酸性度が高くなると，生きているサ
ンゴを覆っている炭酸塩の殻が溶解する．（From Fine and Tchernov, Science 315 (2007): 1811.
Reprinted with permission from AAAS. Source: Doney et al. (2009; see Fig. 20-09)).

図 20-11：ホモ・サピエンスの進出以前にありふれていた大型哺乳類の例．(a) マンモス，(b) 剣歯虎，(c) メガテリウム．

化は，海洋表層の温暖化を引きおこす．その海洋生物への影響はわかっていない．温度と酸性度は，ともに海洋生態系にとって重要なパラメータである．自然サイクルにおける $CaCO_3$ の溶解による中和には時間がかかるので，ここでも CO_2 の排出速度がきわめて重要である．

生物多様性

　すべての動物は，食物探しに駆りたてられる．ホモ・サピエンスも例外ではない．人類の移住の軌跡は，おそらく狩猟によって引きおこされた**絶滅** (extinctions) によって印されている．古代ポリネシア人が太平洋の島々に入植したとき，鳥の在来種の75%が絶滅した．おそらく，鳥は捕食者を見たことがなく，入植者にとって簡単な食料源だったのだろう．約 45,000 年前，氷河作用によって平均海面が低下し，アボリジニがオーストラリアへ進出した．彼らの到達と時を同じくして，おそらくそのために，在来の植生が大きく衰退し（放射年代測定された卵の殻の炭素同位体比に記録が残っている），タスマニアタイガーなど，大型有袋目哺乳動物の多くの種が絶滅した．人類は，初めてベーリング海峡を越えて北アメリカに渡ったとき，アフリカよりも多様性に富んだ野生生物を見いだした．アメリカには，剣歯虎，マンモス，長角バイソン，ラクダ，ジャイアントオオカミ，レイヨウ，バク，および多様な大型鳥類が生息していた（図 20-11）．南北アメリカでは，大型哺乳類の 70〜80% が絶滅してしまった．人類がマダガスカルとニュージーランドに初めて現れたときにも，同じような絶滅が起こった（図 20-12）．

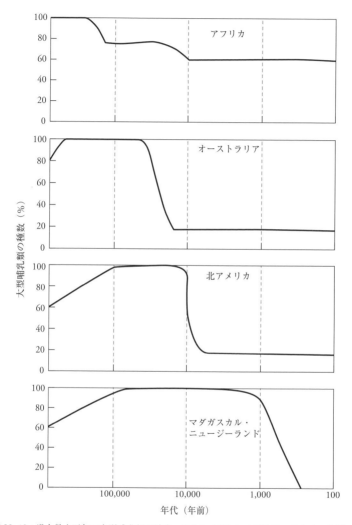

図 20-12：過去数十万年の大型哺乳類の減少．おそらく新しい大陸や島へのホモ・サピエンスの進出が原因である．その直後に，急速な絶滅が起こった．かつて北アメリカの大型哺乳類は，現代のアフリカよりも大きな多様性を有していた．（Modified from E. O. Wilson, ed. Biodiversity (Washington, D.C.: National Academy of Sciences, 1988)）

農耕および動物の家畜化の開始は，さらに大きな環境影響を引きおこした．私たちの土壌で生育する植物と牧草地を歩きまわる動物は，ほとんど私たちによって決められた．人類の必要に応じて，作物や動物を選択することにより，きわめて初期の時代に**遺伝子操作**（genetic engineering）が始まった．柵がつくられ，家畜を内に，捕食者を外に分けた．自然の供給による水の変動を補償するために，ダムと灌漑システムがつくられた．すべては食物を獲得するためである．推定によれば，今や人類活動は，惑星のバイオマス生産の4分の1を占めている．

現在，人類の食欲の影響力は，地域環境のみならず，全球におよんでいる．2003年に発表された科学データによれば，マグロ，メカジキ，マカジキ，および底生のタラ，オヒョウ，ガンギエイ，カレイなどの大型魚類は，「全海洋において」1950年のレベルより90％も減少している．1950年のレベルでさえ，産業革命以前に比べてすでに衰退していたらしい．水産資源の減少は，工船による乱獲が原因である．水産資源はきわめて小さくなり，漁獲高は減少している．

絶滅は，生息地を失いつつある，めだたない動物にもおよんでいる．人類は，農業のために土地を収奪し，多様な種からなる生態系をひとつの穀物の広大な畑に変える．そこでは，他の植物は「雑草」である．森林破壊は，人類の足跡である．現在，スコットランド高地や多くのヨーロッパに見られる広々とした風景は，かつては豊かな森であった．土地は牧草地に変えられ，もともとの植物種は伐採され，野生動物の生息地が消しさられた．全球の分布図は，世界の草原，熱帯乾燥林，および広葉樹林のおよそ50％が人間の使用のために変えられたことを示す．

生物多様性（biodiversity）の地球最大の貯蔵所は，熱帯雨林である．そこに生息する多くの種は，まだ知られてさえいない．現代の技術は，きわめて効率的に森林を破壊する．熱帯雨林は，1年あたり40,000 km²が切りはらわれている．その面積は，ロードアイランド州の10倍にも達するのだ（図20-0，20-13参照）．インドネシアの雨林の約70％は，すでに失われた．雨林の土壌はきわめて貧弱であるため，再植林は難しい．

生息域と種の破壊は，陸上に限らない．サンゴ礁は膨大な生物多様性を支え

a) アマゾンの森林破壊

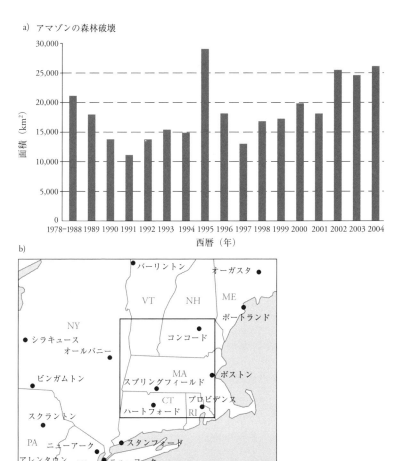

b)

図 20-13：現代の森林破壊．（a）アマゾンの熱帯雨林の 1 年あたり破壊面積．これは，全球の雨林破壊面積の半分以上を占める．全球の 1 年あたりの減少は，40,000 km² である．（b）この面積をアメリカ北東部の地図上に表したもの．これと等しい面積の雨林が，毎年破壊されている．（All figures derived from official National Institute for Amazonian Research (INPA) figures）

234

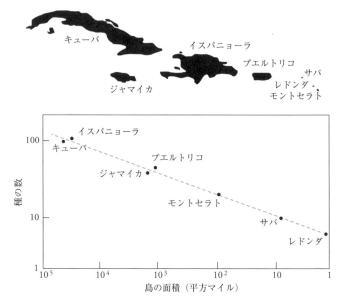

図 20-14：海洋島の生物種の数は，島のサイズが小さくなると減少することを示す研究結果．同じ原理が，大陸にある「生物多様性の島」にも当てはまる．種を保存するためには，単に隔離された小区画ではなく，連続した大きな面積が必要である．また，気候変動が生物を高緯度に追いやれば，連続した場所の不足が絶滅を引きおこすだろう．（Adapted from Biogeography by E. O. Wilson）

ているが，いくつかの地域のサンゴ礁は 1970 年代以降 90％も減少した．湖沼と河川のリンによる汚染は，広範な「死の領域」を生じた．そこには O_2 がないため，藻類は生き残れるが，動物は生き残れない．

　大型生物の絶滅はあきらかであるが，小さな種の絶滅は見えにくく，定量が困難である．特殊な地域での注意深い研究によって，生息地の破壊が種の多様性におよぼす影響の法則が見いだされた．この法則から，一般的な影響を推定できる．E. O. ウィルソンは，島に注目して，生息地の大きさが種の多様性におよぼす影響を調べた．図 20-14 は，爬虫類と両生類の種数は，利用できる連続した土地の面積に依存することを示す．面積が 90％減少すると，種数は 50％減少する．人類が生息地を奪えば，直接殺さないとしても，絶滅が起こり，

全球の生物多様性は低下する．衰退は，種の絶滅のみならず，種の中の遺伝子変動という重要なレベルでも起こる．ひとつの種が持つ遺伝的多様性は，より大きな生存可能性と，より豊かな遺伝子プールを意味する．

　ほとんどの生態系において，種は競争し，多様な生物の混在へと進化する．生態系は，常にバランスの上に成り立っている．捕食者がいない，あるいは在来種がそれに対する防衛手段を持たない新しい種は，導入されると指数関数的に増殖し，地域の種の絶滅と多様性の衰退をまねく．人類は，もともとその土地のものではない**外来種**（invasive species, exotic species）を新しい大陸に導入した．初期の人類は，彼ら自身が外来種であり，またヤギ，ネズミ，ネコのような種を導入した．それらは，地域の生態系の主要なメンバーとなった．現在，国際的な輸送と交通の発達により，大陸から大陸への種の移動は容易になった．例えば，北アメリカのゼブラガイは，アメリカとカナダの多くの湖，河川の生態系において，在来のイガイを駆逐し，優占種となっている．アメリカのアフリカミツバチも外来種である．ミナミオオガシラは，グアム島の鳥類を絶滅させた．オーストラリアのウサギ，ヒツジ，ヤギも，外来種である．キクイムシは，森林を破壊している．さらに数百種の植物も，外来種である．

　過剰収穫，生息地への侵略，汚染による生息域の破壊，外来種の導入など，人類が引きおこしたさまざまな要因の複合が，地球全体の生物多様性に大きな影響をおよぼしてきた．今のところ，生物多様性への影響は，気候変動によるものではなく，人類の人口の増加，土地と食糧への需要の増大が原因である．気候変動は，新しい要因であり，既存の要因のトップに加えられるようになるだろう．人類活動による気候変動は，生態系がこれまでに応答してきた自然の変化速度よりもずっと速いので，惑星の生物に広範な影響をおよぼすだろう．

　ある意味で，生物多様性は，惑星進化の最後の結果である．私たちは，気候変動を引きおこし，海洋を改変し，生息域を破壊し，土壌を損ない，食物と楽しみのために乱獲している．そして，数十億年をかけて地球に蓄積された遺伝的多様性の多くを消滅させている．数億年かかって蓄積された石油や石炭と同じように，生物多様性も，地質時代を通して，より多くの種とより豊かな遺伝子変動という資源を蓄えてきた．遺伝的多様性は，生命の工具箱である．多様性が大きければ，より多くの生物が環境変化に適応でき，遺伝的回復力により

大きな機会が生まれる．生物多様性の破壊は，遺伝子プールを衰退させる．私たちは，生物多様性を破壊することで，惑星の生物圏の進化的可能性を低下させてしまうのだ．

● 将来の予測

　人は，誰でも繁栄を願う．繁栄は，ふつう経済生産によって測られる．一般的な指標は，**国内総生産**（gross domestic product, GDP）である．各国の GDP は，そのエネルギー消費量と密接に相関している（図 20-15a）．エネルギーのほとんどは化石燃料から得られているので，エネルギー消費量は CO_2 排出量と密接に相関している（図 20-15b）．国々と人々は，繁栄を願う．繁栄には，エネルギーが必須である．エネルギー生産は，CO_2 を排出する．よって，繁栄と CO_2 排出量の削減の間には根本的な矛盾があり，問題を難しくする．

　困難さをいっそうひどくするのは，国の間の格差である．北アメリカとヨーロッパの国々は，二酸化炭素の問題に責任がある．これらの国々は，1800 年から 2000 年までの CO_2 積算排出量の 70% を排出した．今でも一人あたり排出量が突出している（図 20-16a）．アメリカの一人あたり CO_2 排出量は，世界平均の 5 倍，アフリカおよびアジア（中国を除く）の 10 倍である．ヨーロッパと比べても 2 倍である．GDP1 ドルあたりの CO_2 排出量に基づく，経済効率にも大きな格差がある（図 20-16b）．資源の豊富な旧ソ連と中東の国々は，生産のために GDP1 ドルあたり最も多くの CO_2 を排出する．それに続くのは，中国，オーストラリア，カナダ，アメリカである．その他の世界は，CO_2 に関してより効率的である．ヨーロッパや日本の経済は，エネルギー効率がアメリカより 1.6 倍も高い．アメリカは，世界人口の約 5% を占めるに過ぎないが，過去 2 世紀にわたり最も多くの CO_2 を排出し，現在も一人あたり CO_2 排出量が最大である．その経済は，先進国のうちでエネルギー効率が最も低い．

　この現状と歴史に反して，CO_2 排出量の「成長」は，発展途上国で起こっている．アジア（日本を除く）は，2001 年から 2010 年までの CO_2 排出量増加の 70% 以上を占めている．2006 年，中国は CO_2 総排出量においてアメリカを抜いた．中国は，耐用年数 30 年以上の石炭火力発電所を毎週 1 基の速さで建

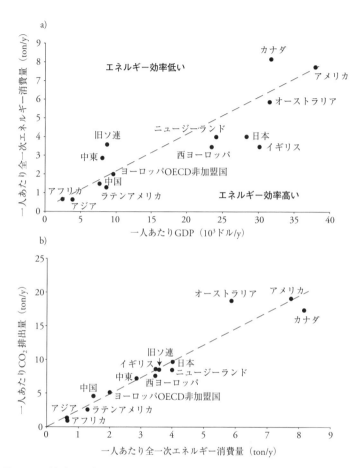

図 20-15：(a) 各国の全一次エネルギー消費量 (1 年あたり一人あたり石油換算量，トン) と国内総生産 (GDP) の関係．(b) 各国の 1 年あたり一人あたり CO_2 排出量と全一次エネルギー消費量の関係．(Data from International Energy Agency, Key World Energy Statistics, 2009)

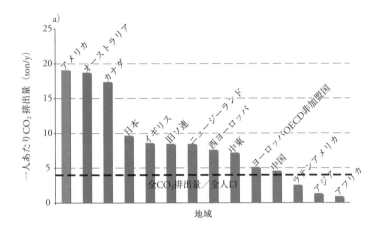

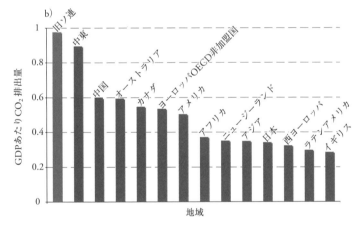

図 20-16：(a) 各国の 1 年あたり一人あたり CO_2 排出量．(b) 各国の GDP1 ドルあたり CO_2 排出量．単位は，kg CO_2/ドル．(Data from International Energy Agency, Key World Energy Statistics, 2009)

設している．中国の自動車販売は，急速に成長している．その膨大な人口，低いエネルギー効率，石炭への依存，および急速な GDP の成長のため，中国の CO_2 排出量の増大は避けられず，やがて世界の CO_2 収支を支配するだろう．インドも，そのような急成長を熱望している．

これらの事実が，異論のある政治問題を生ずる．世界は競争しており，最も多くのエネルギーを使う国々が最大の力を持っている．経済繁栄や世界的影響力を低下させてもよいと考える国はない．政治家は，そのような政綱で選挙に勝てないだろう．西洋は，混乱を生みだした．ある人は，西洋の国々にはその混乱を収拾する責任があると言う．西洋は，今なお不相応な一人あたりのエネルギーを使用している．しかし，世界的な CO_2 排出量の増加は，発展途上国で起こっている．発展途上国は現在の問題には責任がなく，その市民はエネルギーによって得られる経済繁栄の「正当な分け前」を受け取っていない．どうして彼らが CO_2 排出量を制限しなければならないのか？

この問題は，1997 年の地球温暖化に関する京都会議であらわになった．そこでは，CO_2 排出量を削減する国際計画が討議された．ヨーロッパは，排出削減に合意した．発展途上国は，責任を免除された．アメリカは，調印を拒否した．予想しなかった会議の結論は，先進国から発展途上国への CO_2 排出量の輸出である．例えば，イギリスの CO_2 排出量は，排出量取引によって見かけ上 5% だけ削減されたが，実際の消費ベースでは 17% も増加したのだ！　正味の結果として，世界の CO_2 排出量は，2000〜2008 年に 29% も増加した．中国の CO_2 排出量の成長は，他の国々がとったあらゆる倹約を小さく見せる．2009 年コペンハーゲン会議では，アメリカ政府はより前向きであったが，新しい合意は達成されなかった．問題は，政治の手に負えない．そして，CO_2 排出は増えつづけるだろう．その後に，何が起こるだろうか？

前章で見たように，原油埋蔵量の限界のため，石油の使用は今後数十年のうちに減少するだろう．しかし，十分な量の石炭があり，あと 1〜2 世紀の間，世界全体に燃料を供給できる．さらに，石油の埋蔵量は不安定な中東に集中しているが，石炭の埋蔵量はアメリカ，ロシア，および中国にある．現在，石炭は，電力のエネルギー源として石油より 5 倍も安価である．経済が環境コストを価格に含めない限り，石炭の利用は増えつづけるだろう．

もちろん，**再生可能エネルギー**（renewable energy）の大波について，多くの話がある．特に，太陽光と風力が重要である．アメリカでは，現在，太陽光と風力はエネルギー生産の1%未満を占めるに過ぎない．そのどちらも資本集約的な産業であり，相当な導入コストを要する．また，それらのエネルギーを効率的に利用するためには，電力系統の改修が必要である．化石燃料は，容易に輸送でき，需要に応じていつでもどこでも燃焼できる点で非常に優れている．一方，太陽光と風力による発電に最も適した場所は，しばしば電力が必要とされる場所からずっと遠くにある．太陽光と風力は，今のところ化石燃料ほど安くない．再生可能エネルギーが大きく成長したとしても，それがエネルギー需要の10%以上をまかなうまでには長い時間がかかるだろう．

以上の理由により，大気のCO_2濃度はさらに増加するだろう．CO_2排出量を削減できるという楽観的なシナリオもあるが，今のところ全球規模で排出量が減少する見込みはない．これは，**気候変動に関する政府間パネル**（International Panel on Climate Change, IPCC）がつくったさまざまな「シナリオ」と現実の経験を比べればあきらかである．IPCCの「中間的シナリオ」は，排出量の増加を縮小するための相当な国際努力を含んでいる．実際には，全球の排出量は，最も悲観的な「現状維持シナリオ」を超えてしまっている．私たちの政治システムが全球のCO_2排出量を有意に削減できるという証拠はない．

CO_2増加のタイムスケールは，ごく短いかもしれない．2008年，CO_2濃度は2.4 ppm増加して，390 ppmとなった．これは，記録上最大の年間増加量である．もし，排出量が過去10年間と同様に1年あたり2.5%だけ増加すれば，CO_2濃度は2050年までに560 ppmに達するだろう．排出量が急にゼロにならない限り，CO_2はその後も増えつづけるだろう！　大気のCO_2濃度を560 ppm未満に保つには，今世紀半ばまでに，CO_2排出量をほとんどゼロにまで劇的に減少させなければならない．

CO_2が増加するにつれ，海洋の酸性度も上昇し，海洋生態系に未知の影響をおよぼす．人口が増加し，経済が成長すれば，生物多様性は減少しつづけるだろう．サンゴ礁と熱帯雨林は，ほとんどなくなるかもしれない．

温室効果ガスの濃度が増えれば，地球の温度も上昇する（図20-17）．温度変化の推定にはモデルが必要だが，それは完全ではない．気候システムは，複雑

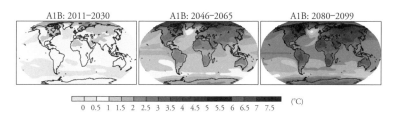

図 20-17：温度予測の全球地図. 年平均表面温暖化（表面温度変化, ℃）. A1B シナリオに対する多数のモデルの結果. このシナリオでは, CO_2 排出量の増加を抑制する有効な対策がとられ, 排出量は 2050 年以降減少する. 予測は, 3 つの時間期間に対するもの. 2011～2030 年（左）, 2046～2065 年（中央）, 2080～2099 年（右）. 1980～1999 年の平均値に対する差を示す. 口絵 28 を参照.（©2007 IPCC AR-4 WG1, chap. 10, fig. 10.8）

な猛獣である！　しかし, モデルはますます複雑になり, 現在の地球温暖化を再現できる. また, 巨大な火山噴火による短期間の冷却効果も説明できる（図 20-20 参照）. モデルによれば, CO_2 濃度が産業革命以前の 2 倍（560 ppm）になると, 全球の平均温度は約 3～5℃ だけ上昇する. ニューヨークの気候は, ジョージア州アトランタのようになるだろう. CO_2 濃度をこのレベルに止めるには, 今後数十年に CO_2 排出量を削減する大きな努力が必要である. そのような努力がなされなければ, CO_2 濃度はさらに 2 倍（1,020 ppm）となり, さらに 3.5 ℃ の温暖化が起こる. ニューヨークは, フロリダのような気候となるだろう.

　私たちの惑星は暖かくなるだけでなく, 降水の分布も変化する. 温暖化の程度を推定するコンピュータ・シミュレーションによれば, 地球が暖かくなると, 降雨は熱帯に集中するようになる. モデルが正しければ, 地球の乾燥地はいっそう干からびるだろう（図 20-18）.

　古気候の記録は, この予測と一致している. 最終氷期は, 冷たい地球のよい例である. この冷たい地球では, 現在と比べて乾燥地帯の乾燥がずっと弱く, 熱帯の雨が少なかった. 証拠はさまざまなところから得られるが, 最も信憑性が高く, 理解しやすいのは, 海への流出を持たない湖の大きさである. 湖水は, 集水域に降る雨によって供給され, 表面からの蒸発によって失われる. そのような閉ざされた湖は, 惑星の乾燥地域にのみ出現する. このため, 乾燥状態のよい記録となる. 降雨が減少すれば, 湖は小さくなる. 降雨が増加すれば, 湖

a)

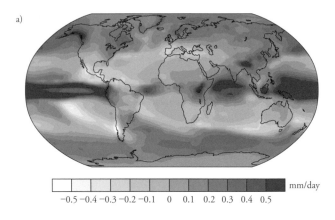

b)

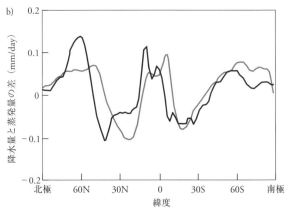

図 20-18：降水量変化の予測．（a）多数のモデルによる降水量の平均変化．変化は，1980～1999 年と 2080～2099 年との年平均の差（©2007 IPCC AR-4 WG1, chap. 10, fig. 10.12）．（b）降水量変化の緯度依存性．2 つのモデルによる降水量と蒸発量の差（P－E）が示されている．中緯度の乾燥化が予測されていることに注意（Held and Soden, J. Climate 19 (2006): 5686）．

は大きくなる.

このような湖でよく知られているものが 2 つある. ひとつは, ユタ州のグレートソルト湖である. もうひとつは, イスラエルとヨルダンの間の地溝帯にある死海である. これらの湖は, 最終氷期には, 今よりはるかに大きかった. ニューメキシコ, ネバダ, 中国北西部, アルゼンチンのパタゴニア乾燥地の湖も同様である. 私たちは, 湖の変化を昔の湖岸線の年代から知ることができる. 湖岸線の跡は浴槽にできる水面の跡のようにあきらかで, その年代は放射年代測定によって確立された.

中緯度の乾燥帯の湖が今より数倍も大きかったとき, アフリカのビクトリア湖などの赤道域の湖は乾いていた. それは, 湖底堆積物の柱状試料を採取すると, 土壌の層で終わっていることからわかる. さらに, その土壌の上の湖底堆積物に含まれる有機物の放射性炭素年代は, 最終氷期が終わりベーリング・アレレード温暖期が始まったころ, 湖がふたたび現れたことを示す. 寒冷期の記録は, CO_2 の増加が地球を温暖化し, 降水がより強く熱帯に集中するという, コンピュータ・シミュレーションに基づく予測を支持する.

温暖化と降水パターンの変化は, 私たちの生活に衝撃を与えるのみならず, 野生生物に大混乱をもたらすだろう. CO_2 による温暖化が強まるにつれ, 種はひとつまたひとつと生息地から閉めだされ, 代わりに日和見主義の種 (opportunists) が入りこむだろう. 土地に定常的に生息する植物, 動物, および昆虫のグループはなくなるだろう. すべての種は, 流動状態におかれるだろう. そして, 極地環境に適応した種 (ホッキョクグマなど) は, 人工的に冷房された「動物園」でしか生き残れないかもしれない.

すでに起こりつつあるように, 地球の氷河は今後も縮小するだろう. ペルーでは, 山頂の氷河が乾期と干ばつのときに融解水を供給している. 氷河がなくなれば, 水不足が深刻化するだろう. 世界の山岳氷河の融解は, 平均海面を上昇させる. グリーンランドや南極の氷床の融解は, きわめて深刻な変化を引きおこす. グリーンランドの氷床が融解すれば, 平均海面はおよそ 6 m も上昇するだろう. 南フロリダのほとんどは, 海の底に沈むだろう. 南極西部の氷床は, 温暖化の影響を受けやすいと考えられる. その融解は, 平均海面をさらに 6 m も上昇させるだろう. 多くの推定によれば, グリーンランドの融解のタイ

ムスケールは数世紀である．しかし，最近の「いつ流氷河」の著しい増加と，夏季の融解水プールの広がりは，タイムスケールの再評価が必要であることを示している．融解水プールに蓄えられた水が，氷床の基部まで達すると思われる深淵に滝のように流れ落ちている写真を見ると，いつ流氷河は自己潤滑効果を持ち，その海への流れをさらに加速させると考えられる．これは，まだ不十分な経験に過ぎない．氷床の融解を理解し，そのタイムスケールを正しく評価することが必要である．

これらすべての結果に対して，現在が将来の鍵を握っている．私たちの経済やインフラストラクチャーが変化するには長い時間を要することを考えれば，無駄にできる時間はほとんどない．

歴史的視点から見た将来

私たちの将来を考えるとき，過去数千年の地球の全体的な条件を考慮する必要がある．それは，安定性の黄金時代であった．歴史データに基づけば，そのような安定性が続くとは考えられない．

図 20-19 は，**完新世**（Holocene）の全球温度を，過去 430,000 年の他の間氷期と比較したものである．現在の温暖期は，最も長く，安定していることがわかる．これと似ているのは，400,000 年前の間氷期である．また，最近は何十年も続く地域的干ばつもなかったが，そのような干ばつは歴史記録にはたびたび現れる．

この安定性の原因のひとつは，1800 年代初めにはかなり大きな火山噴火があったが，完新世には本当に巨大な火山噴出は起こっていないことである．多くの人は，1980 年のセント・ヘレンズ山の噴火や，1991 年のピナツボ山の噴火を覚えており，この記述に当惑するかもしれない．セント・ヘレンズ山は，$2\sim3\ km^3$ の物質を噴出した（図 12-10 参照）．ピナツボ山の噴火はより大きく，$10\ km^3$ の物質を噴出し，2,000 万トンの二酸化硫黄（SO_2）を大気に放出した．SO_2 は成層圏に達し，地球を冷却した．ピナツボ山は，1991〜1993 年に全球温度を約 0.5℃ だけ低下させた（図 20-20）．この冷却は，気候モデルの較正に役立った．気候モデルは，この冷却をきわめて正確に再現できた．もっと昔

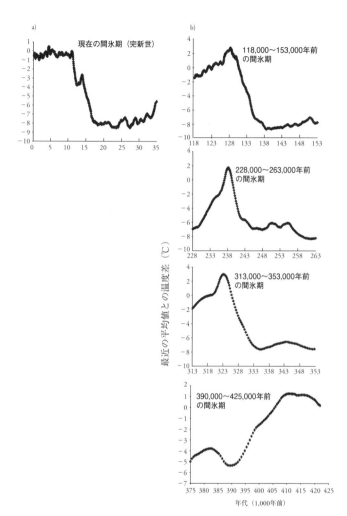

図 20-19：完新世と過去 430,000 年の間氷期における全球温度の時間変化の比較．完新世の長く安定した温度に注意．それは，人類文明の興隆を支えたが，最近の地球史においてはきわめて異常である．それぞれの横軸のタイムスケールは，約 40,000 年である．（Data from the Vostok ice core）

a)

b)

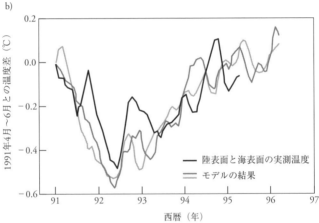

図 20-20：(a) 1991 年のピナツボ山噴火の写真．噴火は，大気上部に 2,000 万トンの SO_2 を放出し，全球気候の一時的寒冷化を引きおこした．過去のより大きな噴火は，一層劇的な影響をおよぼした（将来にも同じようなことが起こるだろう）（Courtesy of U.S. Geological Survey.）．(b) 実線は，ピナツボ山噴火による表面気温の変化の実測値を示す．これは，気候モデルのよいテストとなる．薄い灰色の曲線が，モデルの結果を示す．モデルの結果は，観測結果とよく一致している（Figure modified from Hansen et al. (1996), A Pinatubo climate modeling investigation, in The Mount Pinatubo Eruption, NATO AbI Series, vol. 1, 42, pp. 233–272, Springer Verlag）．

（1783〜1785 年）にアイスランドのラキ山で起こった噴火は，約 15 km^3 の玄武岩溶岩を噴出し，大量の SO_2 を放出した．このとき，アメリカ東部では，冬季の気温が平均より約 5.0 ℃ も低くなった．アイスランドは家畜のほとんどを失い，人口の 4 分の 1 が餓死した．2010 年のアイスランドのもっと小さな噴火は，ヨーロッパの航空交通を大混乱させた．ラキ山のような噴火が今起こったならば，その影響ははかり知れない．

しかし，火山活動の歴史記録で見れば，ピナツボ山やラキ山の噴火も赤ん坊のようである．インドネシア，タンボラ山の 1815 年の噴火は，160 km^3 の物質を噴出し，北アメリカとヨーロッパに「夏のない年」をもたらした．6 月，豪雪と霜がニューイングランドを襲い，北アメリカのほとんどの穀物が失われ，動物が食糧のために屠殺された．ヨーロッパは，19 世紀最悪の飢饉を経験した．多くの都市で暴動，放火，略奪が起こった．

タンボラ山でさえ，超巨大火山 (supervolcanoes) の噴火に比べれば，ひかえめである．約 74,000 年前，スマトラのトバ山は，2,800 km^3 の物質を噴出した．その量は，タンボラ山噴火のほぼ 20 倍である．跡には，長さ 100 km，幅 30 km のクレーターができた（現在は湖となっている）．トバ山はインドネシアにあるが，その大量の火山灰はインドに 6 m も降り積もった．この噴火の記録は，全世界に残されている．グリーンランドの氷柱試料にもあきらかな痕跡がある．SO_2 の放出量は，おそらくピナツボ山の 100 倍を超えた．トバ山噴火のモデルシミュレーションは，全球が 6 年の間 12℃ も冷却されたことを示す．すべての広葉樹を含む，全球のほとんどの植物が被害を受けただろう．トバ山の噴火は，その時期に生じた人類人口の「ボトルネック」の原因であると考えられる．人口は 10,000 人にまで減少したと推定されている．タンボラ山やトバ山のような規模の火山噴火は頻繁ではないが，将来も周期的に起こるだろう．それは，固体地球システムの通常の火山活動である．

以上の例は，短期の気候変動と全球規模の自然災害は，地球表面の避けられない現象であることを示す．過去 200 年の平穏で最適な気候条件は，例外的である．気候は長い間全球的に安定しているという私たちの認識は，1850 年から続いている偶然の温和さに基づいている．

ほとんどの人は，私たちの世界の安定性を特徴づける食物の生産と供給の間

の微妙なバランスに気づいていない．耕作に適するほとんどの土地は，すでに耕されている．食物生産と消費の間の差は，1〜2パーセントに過ぎない．10億人は，栄養不足である．世界の食糧備蓄は，2か月分しかない．私たちは，現代文明がそれ自身を養うことができると信じている．それは，耕作しやすいすべての土地の乗っ取り，肥料の大量使用，および緑の革命の結果である．しかし，これが可能であるのは，惑星の歴史においてきわだって温暖な時期のおかげであることを，私たちは十分に理解していない．1550〜1850年頃，地球は**小氷期**（little ice age）を経験した．イギリスのテムズ川は凍りつき，アムステルダム運河でスケートが誕生し，ジョージ・ワシントンの軍隊はバレーフォージの欠乏におちいった．小氷期が終わると，近年の例外的に温和で農業に適した気候が訪れた．その結果，1850〜2010年に人類人口は増加した．その間，大きな火山噴火はなく，気候はきわめて安定していた．氷柱記録にしばしば現れる短期間の気候振動も起こらなかった．安定性が永続し，惑星規模の災害がなければ，すべてうまく行くかもしれないが，私たちは飢饉の崖の縁に生きているのである．ついには，惑星規模の変化が起こるだろう．不安定性は，惑星の自然な条件である．これを現実とすれば，危険な崖の縁に生きていながら，その結果をよく知らずに惑星システムを攪乱することは，賢明だろうか？

● 可能な解決策

　人類の行動に変化がなければ，これまでに議論した惑星に対する負の影響は，21世紀にますます大きくなるだろう．私たちの影響は，人口に比例する場合（食糧，土地利用など）と，人口と経済成長の複合のため人口に対して指数関数的である場合（エネルギー消費量，CO_2排出量など）がある．一般に人口制限は，受け入れられる解決策としてテーブルに上らない．経済成長は，無料の資源とエネルギー生産の増加に基づいている．数十年間それを可能にした唯一の選択肢は，化石燃料であった．これが，今なお世界の経済モデルである．生物多様性，土壌，および化石燃料は，希少で貴重な惑星資源であると理解されない限り，枯渇の危機を生ずるまで衰退しつづけるだろう．それらの資源は，枯渇に至れば，私たちのタイムスケールでは決して回復しない．温室効果ガス

が大量に蓄積し，気候変化がゆるやかでなくなったならば，CO_2 の大気滞留時間は長いので，私たちに打つべき手はないだろう．

　しかし，将来は必ずしも暗くない．私たちは，行動を変えて，すべての種の利益のために惑星を管理する可能性を持っている．一家族あたりの子供を一人か二人に制限すれば，簡単に人口増加を抑えることができる．土地と食物をより効率的に利用するために，主にベジタリアンになることができる．持続可能なエネルギー源を開発するために，国際的に協調して努力できる．小さな車あるいは列車を使って旅行できる．必要な空間だけで生活できる．冬にはセーターを着て，夏には少し汗をかくことができる．持続可能な農業を採用できる．資源の浪費を縮小できる．大気から CO_2 を除去し隔離することができる．森林や草原を破壊するのではなく，育成できる．惑星を共有し支えている他の生物を注意深く観察し，その生息域を保つことができる．これらすべては，私たちの技術と選択の範囲内にある．これらの変化は，私たちの生活の質を著しく損ねるだろうか？　実際には，それらの多くは生活の質も向上させるだろう．いくつかの変化は，お金を節約するだろう．その他の変化は，資源の利用に環境コストを課すことで可能だろう．

　行動を妨げる主な原因は，私たちの経済モデルが環境コストを含める簡単な方法を持っていないことである．農業は，土壌劣化のコストを考慮していない．化石燃料の燃焼は，大気の改変を考慮していない．人々は，CO_2 排出の代金を支払っていない．生息域の破壊は，種の絶滅を考慮していない．漁業者は，海から捕る魚の代金を支払っていない．材木，石油，石炭，および鉱物の開発業者は，土地代を除いて，その資源の代金を支払っていない．経済コストは，採取と輸送だけを含めている．地球はただである．地球は，きわめて長い時間をかけて蓄えた金でいっぱいの銀行のようである．私たちは，その金がどこから来たかを尋ねもせず，感謝もせずに，銀行に歩いて行き，たぶんささやかな入場料は支払うが，欲しいだけの金をすべて取ってきて使うことができる．私たちは，何の疑問もいだかずに，地球の資源は無料だと考えている．唯一の主なコストは，採取と輸送にかかるものだけである．その原動力は，「今，私により多くの利益をもたらすこと」である．自分自身およびその他に対する長期間の結果は，問題とされない．私たちの経済モデルは，環境コスト，環境

影響，および惑星の歴史を考慮していない．

産業文明の経済モデルが正当化されるのは，環境への影響が十分に小さく，惑星規模の重大性がなく，資源（地球銀行）が無限と信じられるときのみである．環境への影響が大きければ，それを考慮することが必要である．私たちは，そのための自由市場経済モデルを持っていない．資源が有限で環境影響が有害であるならば，それらの事実が採取の費用と同様にコストに反映されねばならない．

さらなる問題は，私たちは含まれるべきコストをよく理解していないことである．E. O. ウィルソンは，絶滅危惧種の大部分を含む生物多様性ホットスポットの保全には，500億ドルで足りると推定した．しかし，この推定は，生息域を改変するであろう気候変動を軽減するための費用は含んでいない．省エネルギーのコストは，数十年のタイムスケールで有益となるだろう．1年あたり1,000億ドルの支出は，CO_2排出量を大きく削減するだろう．持続可能な農業は，長い目で見れば経済的に有利となる．現実に即して考えると，これらのコストは，私たちが世界で軍事に費やしている金額に比べて小さい．戦争と軍備のために世界が費やしている金額の15％を用いれば，惑星を守れるだろう．もし，アメリカが国防費をガソリン税でまかなうならば，ガソリンの価格は1ガロンあたり8ドル（1リットルあたり210円）となる．しかし，惑星の損害に対するコストとして，1ガロンあたり10セント（1リットルあたり2.6円）を課すことは受け入れがたいと見なされている．したがって，資金はあり，技術は開発できる．問題は，選択である．私たちは惑星を守り，その宝物を保存し，それによって資源をめぐる戦争を防ぐことを選択するだろうか？　それとも，現在の行動を続けて，資源を手に入れるために軍事力と戦争により多くを支出するだろうか？

戦略，エネルギー，および気候に関する問題が収束する建設的な解決策がある．エネルギー消費の削減，および風力発電と太陽光発電へのシフトは，石油資源獲得の必要性を低下させ，費用のかかる軍事介入を減らし，さらに巨額の国費が外国に流出するのをくい止めるだろう．気候，経済，そして国防のすべてが恩恵を受けるのだ．

行動を起こさないことは，ひとつの政治的および個人的選択である．それは，

技術力の問題ではない．もし，私たちが，概念としてではなく行動のレベルで，惑星の単なるユーザーではなく惑星システムの重要な一部であることを自覚できれば，行動への意志が生まれるかもしれない．惑星を管理するという選択がなされたならば，私たちは何をできるだろうか？

温室効果ガスの蓄積を解決する

最も注目される人類影響の問題は，エネルギーと CO_2 排出について何をなすべきかである．私たちは，CO_2 排出量を減らすために次のことをできる．

- 単位エネルギーあたりの生産性を上げること（例，省エネルギー）
- エネルギーのための化石燃料への依存を縮小し，CO_2 を排出しないエネルギー源を採用すること
- 二酸化炭素の捕集と貯留により，大気から CO_2 を除くこと

これらすべての技術を組あわせれば，大気の CO_2 蓄積を抑制できるだろう．それは，地球温暖化，平均海面の上昇，海洋酸性化，および生物圏への衝撃を和らげるだろう．

最も簡単な方法のひとつは，エネルギー消費を減らし，より効率的にすることである．アメリカと中国は，ヨーロッパと日本に比べて，GDP1 ドルあたり1.6 倍のエネルギーを消費している．この点で大きな改善が可能である．これは，もしエネルギーのコストが上がれば，自然に達成されるだろう．しかし，その行動は，CO_2 排出量の増大を抑えるに過ぎない．究極的な目標は，CO_2 排出量をゼロ近くにまで下げることでなければならない．これはもっと長い時間のかかる仕事であり，私たちのエネルギー・インフラストラクチャー全体の改造が必要である．現在，私たちのエネルギーの 85％は，石炭，石油，および天然ガスの燃焼により得られている．世界的に見れば，電気の大部分は石炭からつくられている．石炭の価格は，単位エネルギーあたり石油の約 5 分の 1 である．化石燃料への依存から脱却することは，その他のエネルギー源（原子力，風力，水力，太陽光，地熱，バイオなど）の組み合わせにシフトすることである．これらの多くは，それぞれ固有の問題を抱えている．原子力発電が世界に広ま

れば，原子力事故，核兵器の拡散，およびテロリストの脅威が増すだろう．バイオ燃料は，食糧収穫と競合し，食物の価格を上昇させ，食物の利用可能性を制限する．エネルギーの転換は，多面的で複雑な問題である．

太陽，風，および原子のエネルギー

太陽エネルギーを利用するには，主に2つの方法がある．ひとつは光起電力電池（太陽電池）であり，もうひとつはバイオ燃料である．現在，**太陽電池**（photovoltaic cells）の普及は，コスト高のために失速している．さらに，そのエネルギーを有効に利用するためには，蓄電システムと結合し，夜間や曇りのときにも電力を供給できるようにしなければならない．太陽からのエネルギーはばく大で，どこでも利用できるので理想的であるが，太陽電池の大規模な利用には，相当な技術進歩を待たねばならない．あるいは，高額な炭素税により，太陽電池の競争力を高めなければならない．

太陽エネルギーのもうひとつのかたちが，**バイオ燃料**（biofuels）である．それは，すでにさかんに追求されている．バイオ燃料は，CO_2 に関して閉じたループである．植物は，大気から CO_2 を吸収し，有機炭素に変換する．この有機炭素が燃焼され，大気に CO_2 を戻しても，正味の CO_2 の増加は起こらない．障害は，バイオ燃料の生産には，土壌に肥料を施し，植物を成長させて収穫し，燃料をつくり輸送するためにエネルギーが必要であることだ．アメリカでは，バイオ燃料の生産は，それが生みだす以上のエネルギーを消費するようだ．最も効率が高くても，生みだすエネルギーの90％のエネルギーが必要である．同時に，バイオ燃料に使われるトウモロコシは，食糧用途と競合し，食物の価格をつり上げる．アメリカにおける穀物生産高の増加は，ほとんどバイオエタノールのためであり，農業関連産業に大きな利益をもたらしている．しかし，アメリカのバイオ燃料は，CO_2 の削減には意味のある貢献をしていない．ブラジルでは，サトウキビからつくられるガソホール（ガソリンとアルコールの混合燃料）が，広く使われている．熱帯の気候と，成長に適した季節の長さのおかげで，サトウキビ生産はエネルギー効率がよく，そのエタノールはより安価である（ブラジルのエタノールが安いため，アメリカはその輸入に大きな制限を設

けている）．原理的には，より広い土地をバイオ燃料の生産に用いることができるが，その選択は，生息地のさらなる破壊，生物多様性の損失，および食物とエネルギーの間の競争と価格上昇をまねくだろう．将来，石油埋蔵量が深刻に減少すれば，バイオ燃料を輸送のための液体燃料として利用することが賢明かもしれない．

　風力は，すでに経済競争力がある．風力発電機の設置は，急速に成長している．しかし，風力には，根本的な限界がある．もし，風力が電力供給の主力となれば，地球表面の風によって運ばれるエネルギーの 10〜20％を奪うだろう．その結果による気候変動は，大量の CO_2 の蓄積による気候変動に匹敵するかもしれない．風力は，太陽光と同様にきわめて分散されたエネルギー源である．風力を蓄えることは容易でなく，需要に応じて呼び出すことはできない．現在の風力と太陽光では，曇りで風のない日にはエネルギーは利用できない！　このようなエネルギー源を電力供給の 10％以上にするためには，国の送電網を再構築しなければならない．風力と太陽光は，長期的な解決策の一部であるが，その実現には長い時間を要し，課題は大きい．

　現在の情勢では，これらの代替エネルギー源のどのような組み合わせも，大きな貢献はできない．太陽光発電は，高価すぎる．水力発電および地熱発電は，すでにその最大発電量に近く，可能性は限られている．大量の風力発電および太陽光発電は，現在の送電網に適合しない．

原子力発電（nuclear power）は，日本，スイス，そして特にフランスで，相当量の電力を供給している．日本では，数十年におよぶ安全な操業の歴史の後，2011 年に原子力事故が起こり，原子力の潜在的危険性，および事故が起こったときの影響の広範さがあきらかになった．しかし，この事故にもかかわらず，長期の環境コスト，産業安全記録などは，石炭火力より原子力の方が優れているという意見がある．新しい原子力発電所の建設には時間がかかるので，次の数十年間，原子力はアメリカの電力供給においてあまり大きく増加しないだろう．日本の事故後，規制と安全性の強化が必要となったので，原子力の開発はよりゆるやかになるだろう．安全の問題は，原子力の重要な役割を排除するかもしれない．例えば，ドイツは，すべての原子力発電所を 2022 年までに廃止することを計画している．

もし，エネルギーのコストに大気の変化が反映されれば，これらすべてのオプションは化石燃料よりも安価となり，多くの関連産業の成長が促されるだろう．しかし，そのタイムスケールは長い．最終的な希望は，核融合だろう．それはばく大なエネルギーを秘めており，環境にとってクリーンである．核融合の支持者は，今世紀半ばまでに，核融合発電が私たちのエネルギー需要の一部を供給しはじめるだろうと主張する．したがって，もし化石燃料がもっと高価になれば，CO_2排出量を縮小できる長期的な見込みがある．今世紀の半ばには，節約，再生可能エネルギー，および原子力と核融合を用いて，私たちのエネルギー需要を非化石燃料でまかなうことが可能である．しかし，これを実現するために必要なことは，直ちに組織的かつ協調的な行動を起こすこと，およびエネルギーコストに関する新しい経済モデルをつくることである．最も楽観的なシナリオでさえ，CO_2蓄積を緩和するために，今後数十年の緊急対策があきらかに必要である．

二酸化炭素の捕集と貯留

幸いにも，CO_2濃度の許容できない上昇を避けるための方策がある．それは，**二酸化炭素の捕集と貯留**（carbon capture and sequestration）である．明白な目標は，石炭火力発電所の煙突の排気からCO_2を除くことだろう．しかし，これは非常に高価であるため，より経済的な代替手段が考えられた．石炭ガス化（coal gasification）は，石炭を大気のO_2で燃焼するかわりに，石炭に水蒸気を流して一酸化炭素（CO）と水素（H_2）をつくる（石炭＋$H_2O \rightarrow H_2 + CO$）．次に，COは酸化されて$CO_2$となり，$H_2$は燃料電池に導かれる（貫流型電池）．そのような発電所は，CO_2をより安価に捕集できる．また，この方法は，石炭に含まれる化学エネルギーをより効率的に利用できる．電力会社の発電所は，CO_2排出源の上位数千を占め，全CO_2排出量の30％以上を占めている．発電所における濃縮されたCO_2の捕集には，大きな意味があるだろう．

しかし，発電所におけるCO_2の捕集が実現したとしても，それは解決策の一部に過ぎない．小さな排出源からのCO_2も除去されねばならない．現在，化石燃料のおよそ3分の2は，小さなユニットで燃焼されている（自動車，家

庭など），燃料タンクがガソリンで満タン（約 50 kg）の自動車は，約 150 kg の CO_2 を排出する（およそ走行距離 1 km あたり 280 g である！）．現在，化石燃料の消費の 3 分の 1 を占めている輸送機関による CO_2 排出を軽減するために，2 つの方策が考えられる．ひとつは，自動車の動力に再充電可能な電池，または水素燃料電池を用いることである．どちらの場合も，エネルギーは究極的には発電所から得られる．これは，アイディアとしてはよいが，絵に描いた餅である．長距離走行を可能にする電池は，まだ存在しない．ハイブリッド自動車は，かなりの量のガソリンを消費する．車に十分な量の H_2 を蓄え，何日も走行できるような技術も存在しない．したがって，電池の利用は，大きな技術革新がなければ，対策とならない．

　コロンビア大学のクラウス・ラクナーは，大気からの CO_2 の除去が低いコストで実現可能であると提案した．彼の方法は，風力発電と似ている．平均的なアメリカ人が必要とするエネルギーを風力発電で供給するためには，有効面積 100 m^2 の回転翼で爽快な風を受けなければならない．一方，ラクナーは，もしエネルギーを化石燃料の燃焼から得るのであれば，それによって生じた CO_2 を大気から除くためには，同じ速さの風を面積 1 m^2 で受け，その空気に含まれる CO_2 を捕集すればよいことを示した．CO_2 を捕集するには，水酸化カルシウム（$Ca(OH)_2$）の溶液に吸収させてもよいし，CO_2 の捕集と放出をくり返せる化学捕集剤を修飾したプラスチックを用いてもよい．この方式の CO_2 捕集の利点は，どこでもできること，車や家などの小さな排出源から放出された CO_2 を捕集できることである．捕集の後，CO_2 は回収され，吸着剤は再利用される．空気からの抽出の利点は，発電所のようにエネルギーが生産される場所だけでなく，惑星上のどこでも可能であることだ．

　これらすべての方法により，CO_2 を捕集できるだろう．次の問題は，回収した CO_2 をどうするかである．CO_2 の貯留には，いくつかの選択肢がある（図 20-21）．

深海貯留

　現在，海洋の CO_2 吸収容量の約 6 分の 1 だけが利用されている．その原因は，

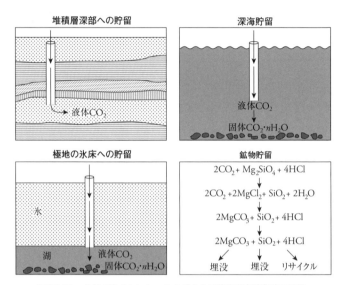

堆積層深部への貯留

深海貯留

極地の氷床への貯留

鉱物貯留

図 20-21：本文で述べられた，さまざまな二酸化炭素貯留法の図解.

大気と接触した表層水と亜表層水との交換が，きわめて遅いことである．深層水との交換は，もっと遅い．海洋深層水は，数百年もの間，表層水と交換しない．そこで，深海に直接液体 CO_2 を注入して，輸送を速めるというアイディアが生まれた．液体 CO_2 は，海洋表層では密度が海水よりも低いが，もっと圧縮できる．深度 3,500 m では，海水と液体 CO_2 の密度は等しくなる．これより深いところでは，液体 CO_2 は海水より高密度となる．したがって，深さ 3,500 m 以上の深海に注入された液体 CO_2 は，海底に沈む．さらに，深海の低温と高圧条件では，CO_2 は液体のままではなく，H_2O と化合して，$CO_2 \cdot nH_2O$ （$n=6 \sim 8$）という化学式の固体を生成する．化学者は，この固体をクラスレート (clathrate) と呼ぶ．クラスレートは，液体 CO_2 と海水のどちらよりも密度が高いので，海底に積みかさなるだろう．もちろん，長い時間のうちにクラスレートは溶解し，CO_2 が深海に拡散するだろう．CO_2 は海水中に溶解している炭酸イオン（CO_3^{2-}）と反応し，炭酸水素イオン（HCO_3^-）を生ずる．このようにして，深海への CO_2 の輸送を著しく速められる．

極地の氷床への貯留

　南極の氷床の下には，数百の湖がある．湖は，地球内部の熱が下から拡散し，氷床の基部を温めて融かすために生じる．アイディアは，氷を貫通するパイプを通して，液体 CO_2 を湖に送り込むというものである．CO_2 は湖の水と反応し，クラスレートを生じ，湖底に沈むだろう．南極まで液体 CO_2 をパイプで輸送するには，手が出ないほどの費用がかかるので，このオプションは，氷床上の空気から CO_2 を捕集する技術と組み合わされるべきである．大気はきわめて速やかに混合するので，CO_2 の捕集は惑星のどこで行ってもよい．ニューヨークのような大都会の上空でのみ CO_2 が蓄積されるわけではないように，南極の空気でのみ CO_2 が減少するわけではない．

堆積層深部への貯留

　堆積盆地の深い地層の間隙には，かん水（brines）と呼ばれる高塩分の水が存在する．かん水は，数百万年の間，このリザーバーに捕らえられているので，もうひとつのオプションは，この塩水に液体 CO_2 を注入することである．深海や南極の氷床下の湖と異なり，かん水は温かすぎるので，CO_2 クラスレートは安定ではない．CO_2 は，液体のままであるだろう．これは，好都合である．なぜなら，もしクラスレートができれば，堆積物の間隙をふさいで，液体 CO_2 が帯水層に拡散するのを妨げるからである．ノルウェーのエネルギー企業スタトイルは，すでにこれを始めている．スタトイルは，北海の海底のリザーバーからメタンを採掘している．そのガスに含まれる 15% の CO_2 は，メタンを燃焼する前に分離されねばならない．通常，分離された CO_2 は，大気に放出される．しかし，ノルウェーは，CO_2 の排出に 1 トンあたり 50 ドルの税を課した．その結果，スタトイルは，分離した CO_2 を液化して帯水層に戻すほうが安価であると判断した．現在，これは日常的に行われている．小さな一歩だ！

　深さとともに圧力が増すと，CO_2 は気体から液体に変わり，その密度は海水よりも高くなる．カート・ハウスとダン・シュラグは，CO_2 を海底の堆積

物中に注入すれば，CO_2 は安定となり，深海生態系に影響を与えず，散逸も
しないだろうと提案した．この解決策は，適当な水深に堆積層がある大陸棚に
隣接する発電所には，特にふさわしいだろう．また，深海堆積物への貯留も，
沿岸地域では可能性がある．

炭酸マグネシウムへの変換

もう少し努力すれば，CO_2 を永久的に固定化できる．このオプションは，
CO_2 と酸化マグネシウム（MgO）との反応により，頑丈で耐久性のある炭酸マ
グネシウム（$MgCO_3$）鉱物をつくるものである．ある方法は，超塩基性岩をす
りつぶして，溶解することにより MgO を得る．超塩基性岩の主な鉱物である
かんらん石は，化学式 Mg_2SiO_4 で表される．したがって，反応式は次のよう
である．

$$Mg_2SiO_4 + 2\,CO_2 \;\rightarrow\; 2\,MgCO_3 + SiO_2 \tag{20-1}$$

地球の超塩基性岩のほとんどはマントルにあるので，私たちには利用できな
い．しかし，その露頭は多くの場所にある．したがって，大型の発電所と空気
抽出工場は，超塩基性岩の露頭の場所に建設されるべきだろう．

マントル岩に自然に形成された炭酸塩に富む鉱脈は，地表に大量に現れてい
る．ピーター・ケルマンが提案した興味深い可能性は，岩石に割れめをつく
り，CO_2 に富む流体を注入すれば，上式の反応が自発的に起こることである．

以上の貯留法は，いずれも技術的な難問があるか，または環境影響がある．
深海貯留が海洋深層に生息する生物におよぼす影響は，すでに懸念されてい
る．グリーンピースは，このオプションに断固として反対している．南極での
貯留を実行するためには，南極大陸での鉱業を禁止している現在の条約を修正
しなければならない．人々は，自宅の下のかん水帯水層に大量の液体 CO_2 を
注入することを認める前に，この活動が地震や破局的な CO_2 放出を引きおこ
さないことを確信したいだろう．最後に，CO_2 を $MgCO_3$ に変換することでさ
え，環境問題がないとは言いきれない．大規模な鉱抗または注入活動のための
インフラストラクチャーが，建設されねばならない．

　二酸化炭素隔離の代替策のひとつは，**ジオエンジニアリング**（geo-engineering）である．それは，地球表面に届く太陽放射を減らすように，大気を改変することである．モデルによれば，CO_2 を 2 倍にすることは，太陽放射を 2% だけ強めることと等しい．そうであれば，CO_2 の倍加に対抗するために，大気上部に届く太陽光を 2% だけ反射することが有効かもしれない．これを実行する手段が，いくつか提案されている．そのうちのひとつは，最も安価で環境負荷が小さい．それは，大気に SO_2 ガスを注入することである．自然の実験（1982 年のエルチチョン山の噴火，1991 年のピナツボ山の噴火など）であきらかなように，SO_2 は速やかにごく小さな硫酸（H_2SO_4）エアロゾルとなる．硫酸エアロゾル粒子は，衝突する太陽光のおよそ 10% を後方散乱する．したがって，硫酸エアロゾルが全太陽光の 20% と衝突すれば，2% を反射できるだろう．これには，大気に SO_2 として 3,200 万トンの常備在庫が必要である．エアロゾルの大気滞留時間は 1〜2 年だけであるので，定期的な更新が必要である．この方法が有利であるのは，もし受け入れられない副作用があれば注入を中止でき，硫酸エアロゾルはすぐに消えてしまうからである．もちろん，戦争や政治的混乱によって注入が中断されれば，暖かさが戻ってしまうだろう．また，このジオエンジニアリングは，海洋の酸性化と生物多様性の破壊を阻止することはできず，さらに不測の結果をまねくかもしれない．

　あきらかに，二酸化炭素問題に対するいかなる解決策も，それ自身の環境影響を持つ．これは避けられないので，目標は，CO_2 による環境影響よりも，その解決策による環境影響がずっと小さくなるようにすることである．

　どの手段が選択されようと，二酸化炭素問題の解決は，巨大事業である．その巨大さを理解するには，化石燃料がエネルギー市場で支配的でありつづけた場合に，廃棄されねばならない液体 CO_2 の量を考えてみればよい．現在の利用速度では，毎年およそ 24 km^3 の液体 CO_2 が生みだされる．2060 年に人口が 100 億となり，貧困がなくなっているとすれば，液体 CO_2 の年間排出量は 64 km^3 に増加し，およそ 2,500 km^3 の CO_2 が蓄えられているだろう．この体積は，エリー湖とオンタリオ湖を合わせた体積よりも大きいのだ！

　あきらかに，二酸化炭素の捕集と貯留は化石エネルギーの価格を上昇させるだろう．コストの上昇は，25±10% になると推定される．全体では，CO_2 の

制御は，2050 年までの全世界の年間 GDP を 0.1〜0.15％だけ減少させるだろう．しかし，この減少は防衛や健康のような政府支出に比べれば，ごく小さな額である．

　問題の重要さと効果的な対策をとるためのコストの妥当性にもかかわらず，惑星保全に向けたどのような有効な対策に対しても，かなり手強い抵抗がある．私たちは，不都合な CO_2 濃度の上昇を予防しなければ，もっと苦しい闘いに直面するだろう．CO_2 増加を予防するために，技術はゼロからつくられねばならない．支出計画がつくられねばならない．180 か国すべてが参加しなければならない．疑い深い大衆を説得しなければならない．これらの仕事には，数十年かかるだろう．技術の実施とインフラストラクチャーの建設には，さらに数十年以上を要するだろう．現時点では，大気への CO_2 の流れが止まる気配はまったくないのである．

より広範な問題

　前節で議論した方法は，大気の変化と海洋の酸性化に対する可能な対策である．それらは，土壌と生物圏の問題は何も解決しない．大気の変化は，気体の測定，および最近数十年の気温と平均海面の上昇から明白である．これらの変化は実感でき，人類の福祉に直接影響をおよぼすと想像できる．しかし，土壌と生物圏の破壊は，土地や自然とほとんど接触のない大多数の人々にとっては直接の衝撃を持たず，目に見えない．土壌は，私たちの長期の福祉にとって大気と同じくらいに重要であるが，メディアが土壌の劣化を扱うことはごくまれであるか，まったくない．一方，気候変動は，ほとんどのニュースメディアに日々現れる．生物圏の破壊は，保護主義者の小さなグループの関心事だが，ほとんどの人々にとっては，瑣末な問題である．土壌と生物圏のどちらにも，全世界の注意と科学の専門知識を問題に向けさせる IPCC のような組織はない．しかし，どちらの問題も，長期の影響において気候変動と同じくらいに重要である．また，気候変動と似た問題の構造を持っている．現在の経済モデルは，長期のコストを考慮していない．よって問題の悪化は必然である．エネルギーと大気の問題の解決は，結果を考慮しない消費によるさらなる人口と経済の成

長が何の制約もなく認められたような誤解を与えるかもしれない．しかし，私
たちが直面している問題は，単に気候変動に対する技術的挑戦ではない．より
問題となるのは，経済モデル，および私たちが住む惑星に対する人類の態度で
ある．

　もうひとつの重要な点は，発展途上国における食糧不足と貧困の蔓延であ
る．数十億の最貧層の人々にとって，主な関心事は，食物，家，および生存の
ために十分な燃料を得ることである．食物と燃料のためには，炭素排出量を削
減し，森林伐採を止めるという選択肢はない．貧困と飢餓に直面すれば，だれ
も惑星の健康にかまっていられない．また，貧困の地域では，人口が最も急速
に増加し，生物多様性が危機にさらされている．私たちが惑星の危機を解決し
ようとするならば，人間の危機も解決しなければならない．私たちが直面してい
る難問は，惑星に対する態度だけではなく，仲間の人間に対する私たちの態
度である．

● 人類代？

　人類文明によって引きおこされた影響の範囲と速度は，惑星を劇的に変化さ
せている．このため，パウル・クルッツェンは，私たちは地質学上の新しい
「世」に生きていると提唱した．それは**人類新世**（Anthropocene）であり，完新
世は人類文明が始まったときに終わったと言う．世と世の境界をなすのは，一
般に小さな惑星事件である．しかし，人類によって起こされた変化は小さくな
い．人類文明は，ひとつの種による最初の全球的集団をつくり，数十億年にわ
たって蓄えられた資源を消耗し，大気の組成を変化させ，第四のエネルギー革
命を起こし，大量絶滅をまねいた．さらに，私たちの技術は，方向づけられた
進化を起こすこと，地上および宇宙から惑星システムを監視することを可能に
した．将来，銀河系の他の惑星と通信することも可能になるだろう．知的生物
と文明の誕生は，1 万年前に存在したものと根本的に異なる惑星システムをつ
くりあげた．この惑星変化は，生命の起源あるいは O_2 濃度の上昇に匹敵する
と言えるかもしれない．

　地球史において，そのような大きな変化を含むのは，代と代の境界である．

二度目のO_2濃度の上昇と多細胞生物の発展は，そのような境界である．ペルム紀－三畳紀境界は，そこまで重大とは考えられない．それは，大量絶滅を含むが，エネルギー革命，進化の特徴の変化，あるいは惑星変化に対応した生物の能力の根本的変化を含まないからである．したがって，私たちは完新世から人類新世への変化を起こしただけではないように思われる．私たちは，代あるいは累代を替えたと言えるかもしれない．新生代 (Cenozoic) および顕生代 (Phanerozoic) から**人類代** (Anthropozoic) へと．もちろん，人類代には，大きな不確かさがある．過去の累代と代の境界は，数億年以上の時間幅で隔てられている．私たちは，人類代に入って数千年しかたっていない．私たちは生き残るだろうか？　私たちは知恵と良心を持っており，惑星史における私たちの潜在的地位を理解するだろうか？　人類文明には，地球を「生存可能な惑星」から「居住されている惑星」に変える力がある．すなわち，人類は，惑星とそのすべての生物の利益とさらなる発展のために，知性と意識を惑星規模で働かせることができる．そうでなければ，人類代は失敗した早産の変異に終わるだろう．知性を持つ種は，自分自身と環境を破滅させるだろう．もし，私たちが失敗すれば，数千万年のうちに別のかたちの知的生物が現れるだろう．彼らは，惑星の宝箱がほとんど空であることを見いだすだろう．そのため，惑星の二度目の文明化は，より困難な努力となるだろう．

まとめ

人口が少なかったときでさえ，人類は惑星と生物圏に劇的な影響をおよぼした．人類の初期の介在の証拠は，それまで「前人未踏」の土地に人類が移住したすぐ後に起こった大型動物の絶滅である．好ましい気候条件の到来とエネルギーの利用により，人類は自分の必要に応じて地球を改造できるようになり，他の種に比べて圧倒的に有利となった．人口と資源利用の増加は，現代文明のすべての奇跡を可能にし，環境破局の危険性を生んだ．人類は，大気，海洋，土壌，および生物圏に惑星規模の影響をおよぼしている．私たちの成功を可能にしたのは，生存可能性を増大させてきた惑星の長い進化，および惑星気候と火山活動の比較的長い安定性である．最近の私たちの行動は，短期的には，惑

星を私たちにとって住みやすくしたが，私たちが守らず食物として収穫しない
すべての種にとって生きづらくした．長期的には，人類による物理環境の改
変，および他の種と全生態系の破壊は，惑星的危機をまねき，私たち自身の生
存を脅かすだろう．この状況は，生命の歴史において前例のない問題を生じた．
私たちは，生物進化の戦いに勝利した．私たちは，他の生物を破滅させ，かけ
がえのない惑星資源を使いはたし，無意識に惑星環境を改変できるまでに勝利
した．人類の衝撃のため，今や惑星進化は私たちのふるまいに依存している．
地球の健康と将来のゆくえは，私たちの行動にかかっているのだ．

参考図書

E. O. Wilson. The Diversity of Life. 1999. New York: W. W. Norton & Co. 大貫昌子，
牧野俊一訳．2004．生命の多様性．岩波現代文庫．

Fourth Assessment Report (AR4) of the Intergovernmental Panel on Climate Change
(IPCC). http://www.ipcc.ch/ipccreports/ar4-wg1.htm. IPCC 第 4 次評価報告書
について．環境省．http://www.env.go.jp/earth/ipcc/4th_rep.html.

Comprehensive Assessment of Water Management in Agriculture. 2007. Water for
Food, Water for Life: A Comprehensive Assessment of Water Management in
Agriculture. London: Earthscan, and Colombo: International Water Management
Institute. http://www.iwmi.cgiar.org/assessment.

Peter Gleick et al. 2006. The World's Water 2006–2007. The Biennial Report on
Freshwater Resources. Washington, DC: Island Press.

ISRIC—World Soil Information. http://www.isric.org.

第21章

私たちはひとりぼっちか?

宇宙の生存可能性についての疑問

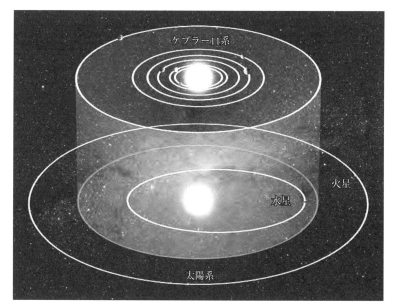

図 21-0：私たちの太陽系と，ケプラー人工衛星で初めて発見された 3 個以上の惑星を持つ惑星系の比較．発見されたすべての惑星は，地球よりも大きい．（Courtesy of NASA, Tim Pyle）

　宇宙に関する最も深遠な疑問は，生命は宇宙の創発特性であって，地球はそのひとつの例であるのか，それとも生命は例外であり，地球は特異であるのかというものである．ある見方では，物理法則の働きは，一般に特異性を生みださない．私たちの銀河系だけでも数千億個の恒星があるので，生命の出現が惑星進化の自然の結果であるならば，私たちの惑星を生命が存在する唯一のものと考えることは常識を曲げた解釈である．しかし，もうひとつの見方では，技術文明を可能にする現在の状態に至るまでに，地球はきわめて多くの困難を経験したので，私たちは特異かもしれない．データがないので，簡単に知ることはできないが，私たちは知的に問うことができる．

　どの惑星系にも，恒星のまわりの**ハビタブルゾーン**がある．それは，液体の水が存在し，長期にわたる惑星進化が可能な環境である．金星は，その歴史の初期においては，ハビタブルゾーンにあった．しかし，生命は，もし誕生したとしても，温室効果の暴走により破滅しただろう．金星は，太陽に近すぎるので，熱すぎる．火星も水を持っているので，初期に生命が生まれたかもしれない．ひょっとすると，火星の深部には，現在も小さな生物圏があるかもしれない．火星で生命が誕生したとしても，惑星進化は細菌の段階で止まっただろう．火星はサイズが小さいため，大量の大気がなく，十分な温室効果がない．火星は，小さすぎて，寒すぎる．木星の衛星エウロパは，液体の海を持っており，生命を維持しているかもしれない．しかし，太陽エネルギーの不足は，生命進化の可能性を必然的に制限する．水以外の液体に基づく別の生命体が冷たい惑星で生きているかもしれないが，これはまったくの憶測である．

　他の惑星系についての新しい事実は，より明快な答えを約束する．巧妙な天文学的方法により，**太陽系外惑星**の発見が急激に増加している．惑星を発見する方法の特徴のため，新しく発見される惑星のほとんどは大きく，その恒星に近い．このことは，銀河系にはきわめて多様な惑星系があることを示唆する．人工衛星から得られる質の高いデータを用いて，他の恒星のまわりのハビタブルゾーンにある地球型惑星の探索が始まっている．惑星大気のスペクトルを観測すれば，ついには他の惑星の生命を推定できるだろう．もし，私たちがひとつでも他の惑星に生命を見つけたならば，統計学的に考えて，生命は宇宙において圧倒的に豊富であると言える．

　　しかし，他の技術文明の存在は，別の問題である．決定的な未解決問題は，技術文明の存在期間が惑星の寿命に占める割合である．技術文明は，数百年で自己崩壊するだろうか，それとも数百万年も持続するだろうか？文明が持続するためには，技術を用いる種は，惑星資源を略奪するのではなく，惑星の生存可能性を維持し，育てなければならない．その理解がなければ，惑星は進化の初期段階に退行するだろう．より楽観的に考えれば，知的生物は惑星進化を育てて，私たちの想像を超えた発展段階へ導くだろう．

　　技術文明が数百万年も持続する場合にのみ，技術力を持つ生物の惑星系が，銀河系に多数存在しうる．私たちはこの能力をほんの 100 年前に得たところなので，他のすべての文明は私たちの文明に比べてはかり知れないほど進歩しているだろう．長寿の文明には，惑星の持続可能性に対する理解と注意が必須だろう．それは，現在の地球に欠けているものである．宇宙のどこかでこの難問が解決された場合にのみ，宇宙は知的生命によって居住されていると言えるだろう．

● はじめに

　　私たちは**生存可能な惑星**（habitable planet）という言葉を一般的議論に用いてきたが，もちろん私たちの知識はほとんど地球とそこでの経験に限定されている．第 17 章で，地球の重要な経験は，宇宙において普遍的な現象である可能性を指摘した．そうであれば，宇宙に別の生存可能な惑星があるだろうか，他の文明と惑星間通信が可能だろうかというよくある疑問に答えることは自然である．もちろん，完全に確証された一般向けの惑星間通信は存在しないので，私たちの議論は推測の域を出ない．私たちの見方は自分の惑星での経験に影響されるので，疑問を十分に広く考えることは不可能である．しかし，他の恒星をめぐる惑星の特徴について，たいへん重要な事実があきらかにされつつある．少なくとも疑問を統計学的に考えることで，最も重要な問題と不確かさの原因がどこにあるかを示すことは可能である．

　　地球の進化は，太陽系星雲からの集積による岩石惑星の形成，異なる層への分化，大気と海洋の形成，地殻と海洋を含むフィードバック・メカニズムによ

表 21-1：惑星進化の段階

ステージ 1	岩石惑星をつくるのに十分な量の金属，適当な銀河系環境
ステージ 2	適当な量の揮発性物質，惑星表面と内部の間の交換を可能とするテクトニクス循環
ステージ 3	海洋と安定な気候のフィードバック
ステージ 4	生命の誕生
ステージ 5	光合成と酸素生産
ステージ 6	酸素危機の生き残りと多細胞生物の発達
ステージ 7	知的生命
ステージ 8	外部エネルギーを利用する技術文明

る安定した気候の発達，生命の起源，光合成の進化，酸素 (O_2) を含む大気と真核細胞の発達，大気中酸素濃度の上昇（約 20％に），多細胞生物の発達，および最近の人類の進化とその後の文明と技術の発達を含む（表 21-1）．これらの出来事は，惑星進化における飛躍的なステップであった．それらのステップで，惑星は異なる能力と，まったく異なる質を得た．進化の全体には，きわめて長い時間を要した．40 億年以上の安定な惑星環境が必要であった．ある惑星が，これらの惑星進化のいずれかの段階に止まってしまうこともあるだろう．ある惑星系では，不十分な元素合成のため重元素が不足しており，岩石惑星は形成されないだろう．惑星系星雲の破局的事変や近くの恒星との相互作用は，惑星の形成を不可能にするかもしれない．近くの超新星爆発は，初期惑星を破壊するかもしれない．初期大気は失われることもあり，惑星が大気をつくるのに十分な揮発性物質を持たないこともあるだろう．気候のフィードバックは失敗するかもしれない．生命が誕生しそこねることもあるだろう．あるいは，生命は惑星環境との共進化に失敗するかもしれない．地球では，この共進化が多細胞生物を生み，惑星の燃料電池の膨大なエネルギーを利用できるようになった．さらに，技術文明が誕生できないこと，戦争，気候変動，あるいは疾病によって自己崩壊すること，または短期間に技術に必要な資源とエネルギーを使いはたすこともあるだろう．これらの障害物が連続するとすれば，生存可能な他の惑星は，どのくらい可能性があるだろうか？

比較惑星学：金星と火星に学ぶ

私たちの太陽系において，金星と火星は，私たちに最も近い隣人である．これらの惑星では，生命は発見されていない．また，太陽系の他のいかなる天体にも，生命は見つかっていない．技術文明へと続く数十億年の生存可能性には，特別な条件が必要である．金星と火星は，生命が惑星進化に失敗した最も近くの例を与える．私たちは，銀河系の他のどこかにある生命の可能性を考える上で，金星と火星から多くを学ぶことができる．第 9 章で学んだように，金星のサイズは，地球とほぼ同じである．金星は，濃密な大気からあきらかなように，十分な量の揮発性物質を持ち，全球的な火山活動を起こすのに十分な内部の熱を持つ．惑星表面に衝突クレーターがないので，火山活動の一部は最近のものである．金星は，地球よりも 30 ％だけ太陽に近く，その歴史を通してほぼ 2 倍の太陽エネルギーの流入を経験してきた．金星は，惑星進化を賭けるには熱すぎる．

火星は，惑星の特徴において，金星以上に地球と大きく異なっている．火星は太陽から遠いので，太陽照度は地球の約半分である．太陽が暗かった初期太陽系では，火星はより弱い太陽エネルギーしか受けていなかった．火星は，地球と金星よりもずっと小さい．半径はほぼ半分，質量はおよそ 10 分の 1 である．その小さな質量のため，火星が初期の揮発性物質をとどめることは難しく，大気は容易に散逸した．火星の地形学から得られる証拠は，表面に水の豊富な時期が周期的にあったことを強く示唆する．マーズ・ローバー計画によってあきらかにされた火星土壌の鉱物学は，生成に水を必要とする鉱物の存在を示した．今なお，相当量の水が地下に存在するらしい．また，火星は二酸化炭素（CO_2）を持っているが，低温のため固体の CO_2 が極冠を形成している．その大きさは，季節によって変化する．しかし，現在の火星の大気圧は，地球の 2 ％未満である．地球の大気は，その歴史の大部分において，非平衡状態の組成であったが，火星の大気は非平衡状態ではない．火星の生命の証拠は，見つかっていない．しかし，小さな生物圏が地下に存在することは考えられる．たとえ火星が生命を持っていたとしても，その惑星進化はごく初期の段階で制限されたに違いない．火星は，冷たすぎ，小さすぎる（例えば，火星が地球の数倍の質量を持つ惑

星であったなら，十分な量の大気を持ち，より大きな温室効果によって太陽からの遠い距離を克服できたかもしれない）．

　火星と金星は，太陽系の生命にとって，最も明白な2つの候補である．太古の火星生命の証拠が，いつか見つかるかもしれない．しかし，生命の可能性があるのは，火星と金星だけではない．地球の深海熱水噴出孔における生命の発見は，太陽光のない液体環境において，惑星の熱に支えられた生命が可能であることを示した．木星の衛星エウロパは，そのような環境を持っている．エウロパは，太陽系において，地球を除いて，岩石と液体の水の両方が豊富に存在する唯一の天体である．木星の潮汐力による加熱のため，エウロパは海洋が完全に凍るほど冷たくない．その温度環境は，地球で生物が存在するものと似ている．生物には，外部のエネルギー源が必須である．エウロパの生物にとって最もありそうな生息環境は，海洋全体ではなく，海底の熱水噴出孔付近だろう．このため，エウロパの生物を検出するのはきわめて難しい．さらに，光合成を支える太陽光に比べて利用できるエネルギー量が限られているので，エウロパの進化した生物はとてもスリムだろう．また，それは，惑星進化のかなり初期の段階に制限されているだろう．もし，私たちの太陽系が典型例であるとすれば，ひとつの恒星あたりひとつの惑星だけが生物と惑星の長期的な共進化の機会を持つだろう．

　以上の考察は，他の恒星のまわりで惑星はどのくらい一般的であるのか，他の惑星系は物理的特徴において私たちの太陽系とどのくらい似ているかという疑問につながる．

● 惑星探査

　惑星はとても小さく暗いので，つい最近まで，他の恒星をめぐる遠くの惑星を発見する望みはなかった．しかし，新しい技術が惑星探査にめざましい進歩をもたらし，発見される惑星の数は指数関数的に増加している（図21-1）．これは急速に発展している分野なので，本書は出版されたときにはすでに時代遅れになっているだろう．幸い，惑星探査の最新情報を与えるウエブサイトがある（http://exoplanet.eu）．読者は，このサイトや他のサイトを訪れて，この興奮

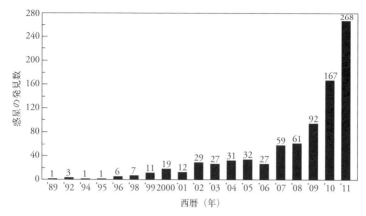

図 21-1：新しい惑星の年ごとの発見数．最近，ケプラー人工衛星によって，1,000 個以上の新しい候補が発見された．（Data from http://exoplanet.eu）

に満ちた新しい科学分野を追跡するとよいだろう．

　惑星を検出する第一の方法は，恒星スペクトルの**ドップラーシフト**（Doppler shift）を利用するものである．恒星のスペクトルは，恒星に対する惑星の重力によりわずかに変化する．惑星は，恒星の向こう側にあるとき，重力によって恒星を地球から遠ざかるようにわずかに引っぱる．また，惑星は，恒星より地球に近いとき，恒星をわずかに地球の方へ引っぱる．この変化が，恒星の相対速度にわずかな変動を生じ，恒星の可視光スペクトル上の暗線の正確な位置を少し変える（図 21-2）．重力の影響は，距離の 2 乗に反比例し，質量に比例するので，この方法は，恒星の近くにある大きな惑星に対して最も効果的である．最初に検出された惑星は，「熱い木星」だった．それらは，私たちの太陽系の水星よりも恒星に近い軌道をまわる巨大惑星である．

　第二の方法は，**通過法**（transit method）と呼ばれる．この方法には，地球から見たとき，惑星がその恒星の正面を横切るという特別な位置関係が必要である．惑星は，恒星を「通過」するとき，恒星の光の小さな部分をさえぎる．そのため，恒星の光度が，わずかに低下する．図 21-3 に示すように，個々の恒星の

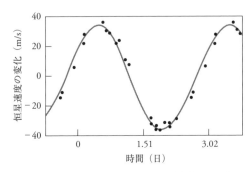

図 21-2：惑星探査のドップラー法の図．惑星は恒星に重力をおよぼすので，惑星が地球側にあるか，遠い側にあるかによって，恒星の相対速度がわずかに変化する．恒星速度のごく小さな変化が測定されていることに注意．これは，きわめて高感度な方法である．例えば，10 m/s は，1 時間あたり 36 km の速度に過ぎない．（Modified from Marcy, Butler and Vogt, The Astrophysical Journal 536 (2000): L43–L46）

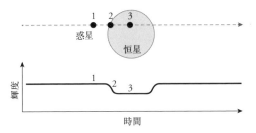

図 21-3：惑星探査の通過法の図解．惑星が恒星の前面を通過すると，恒星の一部がさえぎられ，恒星の輝度がわずかに低下する．通過の所要時間と周期は，惑星から恒星までの距離の情報を与える．輝度の減少の程度は，惑星のサイズの情報を与える．

光度変化を観察することにより，惑星を「見る」ことができる．長期間観測を続ければ，光度減少の規則性から，恒星をまわる惑星の周期を求めることができる．恒星の質量と大きさは，その光度から推定される（大きな星はより明るく燃える）．次に，周期から惑星の軌道の半径が求められる．光度の減少の程度から，恒星に対する惑星の相対サイズ，そして惑星の半径が求められる．

通過法には，惑星の軌道と恒星が地球からの視線上で交差することが必要で

ある．そのため，上や下からではなく，横から観察される惑星系だけが，この方法に適している．簡単な幾何学からあきらかなように，より大きな惑星は，より大きな光度変化を起こす．また，惑星は，公転周期が短いほど，見つかりやすいだろう．例えば，私たちの太陽を横切る木星を検出するには，34 年に 1 度の短時間に，木星が太陽に食を起こすのを捉えなければならない．恒星に近い惑星は，通過が観察される視角がより広くなる．例えば，惑星が恒星の表面をまわっているという（不合理な）場合を考えてみよう．視線に対して垂直である軌道以外のすべての軌道が，恒星の前を通過するだろう．この理由のため，水星の通過が観測される視角は，海王星に比べて約 90 倍も大きい．一般に，通過の可能性は，恒星の半径と恒星から惑星までの距離の比に依存する．他の恒星から，地球が太陽を通過するのを見るには，視角は太陽系の黄道面に対して，$0.05°$ 以内でなければならない．海王星では，視角は $0.02°$ 以内でなければならない！　以上の理由により，近い軌道にある大きな惑星が検出されやすい．実際，最初に発見された惑星は，大きく，恒星に近かった．それは，私たちの太陽系には存在しない条件である．

　通過法とドップラー法の両方で観測できれば，惑星の密度を限定できる．光度の変化が惑星のサイズを，重力が惑星の質量を示すからである．これらの巧妙な方法によって，天文学者は，少量のデータから驚くべき量の情報を抽出した．

　惑星探査の困難さのため，発見された惑星は，恒星からの距離と質量との関係が，私たちの太陽系の惑星とは異なっている．図 21-4 は，これまでに発見された惑星を示す．私たちの外惑星と同じくらいのサイズの多くの惑星が発見されたが，そのほとんどすべては，太陽系の外惑星よりはるかに恒星に近い．より遠くにある小さな惑星は，発見が難しい．

　これらの発見は，惑星系について多くの事実をあきらかにした．私たちの太陽系の特徴は，至るところにあるわけではない．太陽から惑星までの距離が簡単な数列で表せるというボーデの法則は，惑星系にあまねく当てはまるわけではない．大きく低密度の惑星が恒星のごく近くに存在することがある．太陽系の特徴である内惑星と外惑星の間の対照は，ある型の惑星系にのみ見られ，一般則ではない．惑星系の型の分布を知るためには，さらに研究が必要である．

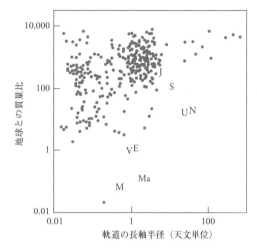

図 21-4：2010 年初めまでに発見された他の恒星をまわる惑星（太陽系外惑星）の質量と軌道の長半径．惑星のサイズと公転半径の大きな幅を表すため，対数軸が用いられていることに注意．文字は，私たちの太陽系の惑星を示す．ケプラー以前には，通過法は主に大きく，恒星にきわめて近い惑星にのみ適用できた（本文参照）．発見された惑星の多くは，地球より 100 倍以上も大きく，恒星に 20 倍も近いことに注意．（Modified after S. Seager and D. Deming, Annu. Rev. Astr. Astrophys. 48 (2010): 631-72, with data from http://exoplanet.eu）

また，天文学者は，惑星の大気の情報を得るために巧妙な方法を開発した．惑星が恒星の正面にあるとき，光のスペクトルは，恒星と惑星の両方の影響を受ける．惑星が恒星に食を起こさないときには，スペクトルは恒星だけのものである．これらの差から，スペクトルに対する惑星の影響を推定し，惑星の大気の情報を引き出すことができる．

生命のある惑星と生命のない惑星では，大気の組成が決定的に異なる．図 21-5 は，金星，地球，火星の大気組成を比較している．金星と火星では，CO_2 が主な気体である．水と O_2（そしてオゾン O_3）は存在しない．太陽系では，惑星の大気組成は表面に生物が豊富であるかどうかを表している．図 9-8 に見られるように，O_3 は赤外領域に特徴的な吸収を示す．大気に相当量の O_2 がなければ，O_3 は存在しない．したがって，惑星大気のスペクトルは，私たち

	金星	地球	火星
温度（K）	730	290	220
CO_2	0.96	4×10^{-4}	0.96
N_2	3.4×10^{-2}	0.78	2.7×10^{-2}
O_2	6.9×10^{-5}	0.21	1.3×10^{-3}
H_2O	$3 \ \times 10^{-5}$	1×10^{-2}	$3 \ \times 10^{-4}$

大気組成の単位は mol/mol

図 21-5：金星，地球，火星の写真と大気の相対組成．金星と火星は，O_2 と水に乏しいことに注意．また，CO_2/N_2 比が似ている．生物と炭素サイクルは，地球大気の組成をまったく変えた．大気の組成は，大気の吸収スペクトルによって検出できる．惑星大気のスペクトルは，他の恒星をまわる惑星の生命を検出するために最も見込みのある方法である．

が知っているような惑星生物のしるしとなる．この方法は，もっと洗練されれば，他の惑星に生命の証拠を検出する可能性が高い．オゾン層を形成するに足る高濃度の O_2 と低濃度の CO_2 は，過去数億年にわたって地球大気の特徴であった．遠くの惑星に同じような大気を検出できれば，他の生命が存在することを示す強力な証拠となるだろう．

ケプラーからの新しい結果

　ケプラーと呼ばれる惑星探査衛星が，太陽に似た恒星の**ハビタブルゾーン**（habitable zone）にある地球型惑星を発見するために打ち上げられた．恒星のハビタブルゾーンは，恒星の黒体温度に依存する．恒星の黒体放射は，恒星表面の温度を示す．恒星からの距離によって温度がどのように変化するかを計算することは，私たちの太陽系について第9章で議論したように簡単である．太陽よりも小さい恒星は，恒星により近いところにハビタブルゾーンを持つ．太陽よりも大きく熱い恒星は，恒星からより遠いところにハビタブルゾーンを持つ．

276

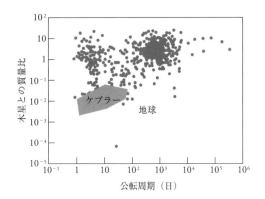

図 21-6：点は，ケプラー以前に発見された惑星の分布を示す．縦軸は，木星の質量に対する相対質量を示す．ケプラーが発見した惑星は，灰色の領域にある．ケプラーも多くの大きな惑星を発見したが，データは質量の小さい領域へ広がった．近い将来，地球と同じような特徴を持つ惑星が発見されるだろう．（Modified from http://exoplanet.eu）

より小さく，低温の恒星は，より小さい半径の軌道に生存可能な惑星を持つ．そのような惑星は，恒星に対して相対的に大きく見え，軌道が小さいので，最初に発見されるだろう．

　ケプラーは，通過法を用いる．恒星光度のわずかな変化を検出できる超高感度の光検出システムを備えている．目に見える空の 400 分の 1 という宇宙の小さな領域にある 15 万個の恒星を連続的に観測する．惑星と恒星の距離が地球と太陽の距離と同じくらいである惑星を発見し，その公転周期を決定するためには，長年の観測が必要である．本書を執筆しているとき，ケプラーからの利用できるデータは 1 年未満であり，得られた結果は恒星に近い惑星に限られている．しかし，その成果はめざましい．やがて，ケプラーの新しいデータは，惑星系，および生命に適している可能性のある惑星の数に関する私たちの理解を著しく拡大するだろう．

　ケプラーは，1,000 個以上の惑星の候補を見つけ，新しい惑星と惑星系の数と範囲を大きく広げた．その高感度ゆえ，小さな惑星も発見できるようになった．初期の結果は，検出された惑星の質量の下限を広げた．しかし，観測時間

が短いため，公転周期のデータはまだ限られている．時間がたてば，図 21-6 の灰色の領域は次第に公転周期が長い方に広がり，おそらく 2015 年までに地球型惑星が発見されるだろう．

また，ケプラーは，複数の惑星を持つ惑星系を発見した．これまでにひとつの恒星をまわる 6 つの惑星が発見された．その惑星は，私たちの太陽系の惑星よりもずっと恒星に近い（図 21-0 参照）．そして，そのすべてが地球よりも大きい．また，ケプラーは，恒星のハビタブルゾーンにある惑星候補を発見した．新しい大発見は，これから 10 年のうちに現れるだろう．私たちの惑星と太陽系は，ばく大で多様な惑星と惑星系を有する銀河系コミュニティの小さな一部分であることがわかるだろう．

● 銀河系の生存可能な惑星の数：確率論アプローチ

私たちは，これまでに得られた序曲のようなデータを用いて，推測的考察を行える．私たちの銀河系に生命を持つ他の惑星はいくつあるのだろうか？　どれだけの数の知的生命が技術文明を発達させ，私たちと通信できるだろうか？　これらの疑問を考える簡便な方法は，確率の積という統計学的方法を用いるもので，**ドレイクの方程式**（Drake equation）と呼ばれる．この方程式は，次式で表される．

$$N = N_S \times f_S \times N_P \times f_L \times f_I \times f_{Tech} \times T_{Tech}/T_P \qquad (21-1)$$

N は，私たちの銀河系にあり，技術文明を持ち，私たちと通信できる可能性のある惑星の数である．その数は，いくつかの数と確率の積により推定される．N_S は，銀河系にある恒星の総数である．これは，この方程式で現在わかっている唯一の数である．銀河系には，約 4,000 億個の恒星がある．f_S は，恒星のうち生命に適したものの割合である．地球での経験によれば，生命の進化には長い時間が必要である．巨大な恒星は，寿命が数億年未満であり，そのまわりに生物が生きている惑星を持たないだろう．極端な例として，100 万年で超新星となる巨大恒星には，惑星と生命が発達する時間がないだろう．そして，その爆発は，まわりにあるすべての惑星を破壊するだろう．

278

図 21-7：私たちの太陽系と銀河系におけるハビタブルゾーンの概念図．銀河系の内部は，
私たちが知っているような生命には放射線が強すぎる．銀河系の外縁部は，超新星爆発が少
なすぎて，岩石惑星と生命をつくるために必要な重元素が十分に存在しない．（Modified after
Lineweaver et al., Science 303 (2004), no. 5654: 59–62）

　ホストとして適当な恒星の数に関して，他に 2 つの条件がある．ひとつは，
その恒星を生ずる星雲は，十分な量の炭素，酸素，ケイ素，マグネシウム，お
よび鉄を持たねばならない．これらの元素は，生命の必要材料を持つ岩石惑星
をつくる．そのためには，超新星爆発の頻度が高く，大量の重元素がつくられ
る銀河系の中心に近いことが必要である．一方，銀河系の中心は，恒星の密度
が非常に高いので，私たちが知るような生命にとっては，銀河放射線が強すぎ，
超新星爆発の頻度が高すぎる．したがって，恒星はサイズが適当であるだけで
なく，銀河系全体の中間的な場所にある，**銀河系のハビタブルゾーン**（galactic
habitable zone）に存在しなければならない（図 21-7）．もちろん，生命は銀河系
内部で高エネルギーを利用して進化する可能性もあるが，そのような生命は私

たちが知るものとはかなり異なるだろう．ハビタブルゾーンの制限は，生命が存在する惑星の数をひかえめにする．以上の考察から，f_S の値は 0.01 から 0.1 である．

　ドレイクの方程式における残りの項は以下のようである．N_p は，恒星のまわりで生命に適したエネルギー収支を持つ惑星の数である．f_L は，そのような惑星で生命が誕生する確率である．f_i は，その惑星で知的生命が進化する確率である．f_{Tech} は，その惑星で技術文明が発達する確率である．T_{Tech}/T_p は，惑星寿命において技術文明が存在する時間の割合である．これらすべての項に適当な数値を代入すれば，私たちの銀河系に現存する通信可能な文明の数が得られる．

　確率を扱うことは，賭けと同じである！　特に，束縛条件がまったくないときにはそうである．例えば，生命の起源を考察するとき，確率論アプローチを採用してドレイクの方程式のような式を立てれば，その確率はほとんどゼロになるだろう．正しい場所に正しい比率で有機分子の前駆体がつくられる確率はどのくらいか？　それらが結合して高分子になる確率はどのくらいか？　高分子がキラリティーを持つ可能性はどのくらいか？　これらの分子が細胞の容器に取り込まれる確率はどのくらいか？　自然選択による進化へとつながる複製を開始する確率はどのくらいか？　私たちには，これらの確率のどれもわからない．説得力のある議論は，これらの多くをごく小さな確率にすることで可能になるだろう．その結果，地球は生命を持つただひとつの惑星であるという結論になるだろう．

　同様に，生命を持つ惑星は，可能性がきわめて低いことを議論できる．ドレイク方程式の項についても小さい値を仮定すれば，N は 1 よりずっと小さくなる．これを「悲観的シナリオ」と呼ぶ．例えば，恒星 100 個のうち 1 個が適当なサイズであり，適当な銀河系環境にあるとしよう．その恒星 100 個のうち 1 個が，惑星系を持ち，そのハビタブルゾーンに惑星があり，適当なエネルギー収支を持つとしよう．生命誕生の賭け率は 1 万分の 1，知的生命へと続く惑星進化の賭け率は 1,000 分の 1 としよう（ほとんどの惑星は，火星，金星，またはエウロパのようだとする）．技術文明の発達の確率が 1.0，文明の持続期間がひとつの種の平均寿命である 1,000 万年，惑星の年齢が 45 億年と仮定すれ

ば（$T_{\text{Tech}}/T_{\text{P}} = 10^7/4.5 \times 10^9$），$N$ の確率項は，$10^{-2} \times 10^{-2} \times 10^{-4} \times 10^{-3} \times 1 \times 2 \times 10^{-3} = 2 \times 10^{-14}$ となる．これに銀河系の恒星の総数 4×10^{11} を掛けると，N の値は 0.008 となる．技術文明は，銀河系にはまったくありそうにない．地球は，可能性が低く，唯一である．

　惑星進化を考えると，ドレイク方程式に他の確率のセットを付け加えることができる．例えば，惑星が適当な量の揮発性物質を持つ確率はどのくらいか？ 惑星が潮汐と軌道の安定性を与える大きな月を持つ確率はどのくらいか？ プレートテクトニクスが発達し，気候の安定性を生む確率はどのくらいか？ 光合成が進化する確率はどのくらいか？ O_2 の毒に対処する機構が発達し，O_2 をより進んだエネルギー生産に利用する確率はどのくらいか？ 細胞内共生がより大きく複雑な細胞を導く確率はどのくらいか？ これらの細胞が協力関係を発達させ，多細胞生物に進化する確率はどのくらいか？ 生命が惑星と太陽系の避けられない破局的事変を生き残る確率はどのくらいか？ などなど．これらのどの確率も，1 よりもずっと小さいだろう．確率の連鎖に加えられる項の数が増えるほど，全体の確率は小さくなる．

　このアプローチが見逃しているのは，確率がきわめて低い出来事も，十分に長い時間と機会が与えられれば，100％ 起こりうることである．死は，そのあきらかな例である．より肯定的にいえば，たとえ好ましい出来事の確率が 100 万分の 1 でも，100 万回のチャンスがあれば，その出来事はやがてきっと起こるだろう．とてもありそうもない出来事も，反復され，増幅されれば，ついには支配的な現象となる．鍵となるのは時間であり，惑星は長い時間を持っている．この説明は，生命の起源，および惑星進化の多くのステップに当てはまるかもしれない．確かに，O_2 は最初の数億年間はただの毒であったかもしれない．しかし，防御となるひとつの突然変異が進化上の優位を与え，エネルギー源としての O_2 の利用はさらに優位を与えた．酸素呼吸する生物は，次第に必然として生態系を支配するようになった．もし，惑星進化が究極的にエネルギー散逸の外部強制関数にしたがい，関係を増大させるものであるならば，その発現の詳細は多様であるとしても，光合成と酸素呼吸に基づく生態系は普遍的な特徴となるだろう．

　この見方に基づけば，生命は，適当な環境条件にある惑星において，惑星系

のエネルギー散逸の一般的な結果であると言える（第13章参照）．技術生命への惑星進化は，エネルギー的に好ましいだろう．これは，「楽観的シナリオ」を与える．おそらく，10個に1個の恒星は生命の条件を提供し，10個に1個の惑星系は適当な惑星を持ち，10個に1個の惑星は生命の誕生に成功する．いったん生命が始まれば，知的生命と技術文明は10分の1の確率で発達し，惑星寿命の半分の間持続する．そうであれば，Nの値は2×10^7となる．銀河系には，2,000万の技術文明が存在する．私たちは，その一員となった．私たちには，これらのシナリオのどちらが正しいのかわからない．他の惑星系に関するデータは限られており，私たちは十分な知識を持っていない．

　私たちは銀河系でひとりぼっちかもしれない．あるいは，知的生命を持つ数百万の惑星があるのかもしれない．もちろん，この推定は，天の川銀河にのみ当てはまる．宇宙には，1,000億以上の銀河が存在するので，文明の総数はそれに比例するだろう．しかし，最も近いアンドロメダ銀河でさえ，250万光年のかなたにある．私たちの現在の理解では，光速がすべての恒星間通信の最大速度であるので，となりの銀河にある文明は互いにアクセスできないだろう．

　私たちは，ついには事実により，憶測と先入観から解放されるだろう．重要な鍵は，銀河系の他の惑星（あるいは衛星）における生命の証拠だろう．私たちが調査できるのは，銀河系に存在する1兆個の惑星のうちほんのわずかに過ぎないので，もしどこかで生命を発見したとすれば，それは生命が圧倒的に豊富であることを意味する．私たちが10,000個の惑星を調査し，そのうちのひとつに生命を見いだしたとすれば，そのような惑星が数百万個は存在するだろう．決定的な証拠は，近くの恒星のハビタブルゾーンにある惑星の大気から得られるだろう．その発見の日は，いつか訪れるに違いない．そして，私たちは惑星系の広大な共同体の一員であり，生命は惑星系の中心的存在であることを知るだろう．

● 惑星の文脈における人類文明：宇宙の進化と生命

　地球は，惑星進化のさまざまなステージを経験してきた．比較的安定した長い期間は，新しい進化へと続く急激な変化の短い期間によって区切られた．最

後の急激な変化は，知的生命と現代文明の出現である．この変化は，惑星の見地からすると，著しく急激である．知られている最古の文明は，10,000 年前以降に現れた．長距離通信を可能にする技術文明は，まだ約 100 年しか存在していない．技術文明は，地球史の 0.000002 ％を占めるに過ぎない．地質記録を劇的に区分する大量絶滅のほとんどは，10 万年から 100 万年かかっており，技術文明の歴史より数千倍も長い．惑星の視点から見れば，人類はつい最近の突然の出来事である．ヒトの寿命に例えれば，それはあなたがこの文を読むときのように画期的で影響力のある一瞬の出来事である．

もし，他の誰かが地球に生命を探していたら，単細胞生物の数十億年，多細胞生物の数億年，そして惑星間通信の可能性を持つ知的文明の約 100 年を見いだしただろう．私たちには，知的文明がどのくらい続くかわからない．戦争，飢饉，疾病，資源の枯渇，あるいは生物多様性の破壊のために，私たちの技術文明が短時間に滅亡することは容易に想像される．いったん文明が崩壊すれば，それを復活させることはきわめて難しいだろう．私たちは，簡単に利用できるエネルギー源をすべて使いつくしてしまいそうだからだ．それは，惑星進化の異なる段階において，4 億年以上におよぶ光合成と化石燃料の生成によってつくられたものである．

この事実は，他の惑星での生命探査に重要な視点を与える．地球の歴史をよりどころとすれば，ある年に地球に技術文明を発見する確率が，今のところ 45 億分の 100 である（およそ 2×10^{-6} ％）．高濃度の O_2 を含む大気を発見する確率は，6：45（13％）だろう．どんなに原始的であっても，生命を発見する確率は，35：45（78％）だろう．これらの確率には，大きな差がある．したがって，おそらくドレイクの方程式で最も重要な項は，知的文明が継続する時間である．楽観的シナリオのように，銀河系に通信可能な文明が 2,000 万発生するとしても，惑星寿命の 45 億年のうち 1,000 年しか続かないのであれば，現存する数は 4 個となる．銀河系の直径は 10 万光年であるので，通信は不可能であり，私たちは実際上ひとりぼっちということになるだろう．

この考察の結論は，知的生物を持つ惑星を発見するより，微生物を持つ惑星を発見する方がずっと見込みがありそうだということである．微生物を持つ惑星は，悲観的シナリオでは 4,000 個，楽観的シナリオでは 4 億個と推定される．

酸素化された大気を持つ惑星の数は，これよりやや少なくなるだろう．

　第二のより興味のある結論は，もし銀河系のどこかに知的生命が存在するならば，その文明は長い時間持続しているに違いないということである．ひとつの種の平均寿命である 1,000 万年，あるいは地球史の残りの時間である数十億年のように．地球の科学技術の発達は，約 100 年で起こったことを考えれば，数百万年の文明を持つ惑星の知的生命は，私たちに比べて想像を絶するほど進んでいるだろう．私たちは，今から 100 万年はおろか，1,000 年だけ進化した文明も想像できない．知識と技術の進歩は，指数関数的である．

　また，この要因は，**フェルミのパラドックス** (Fermi paradox) として知られる問題に関係している．もし，銀河にあまねく知的生命が存在するならば，みんなどこにいるのか？　どうして私たちは彼らの電波通信の証拠を見ないのか？　惑星進化のタイムスケールが，この疑問に光を投げかける．100 万年の歴史のどこかにある文明が，私たちが考える明白な方法で私たちに接触するかどうかわからない．おそらく，彼らはダークエネルギーやダークマターの不思議を理解しており，宇宙に関する直接的な知識を持っているだろう．それと比べれば，私たちの理解は，宇宙の穴居人より原始的だろう．私たちにとってふつうの見方とは異なる見方が必要かもしれない．進んだ惑星文明の間の通信は，私たちが今想像できるどんなものともかなり異なるのかもしれない．

 ## まとめ

　宇宙のどこかの生命に関する私たちの推測は，私たちの生命，惑星，および太陽系の経験によってかたよらされる．それらは，つい最近まで私たちにとって唯一のデータであった．また，私たちは，物質と宇宙の性質についての理解によって制限されている．これらのかたよりに基づいて，「私たちが知るような生命」という言葉が導かれる．この見方では，生命は惑星史を通して液体の水が存在する，恒星のハビタブルゾーンにある惑星に限られる．生命をはぐくむ恒星は，銀河系の地理的中間にある，銀河のハビタブルゾーンに限られる．今のところ，銀河系の他の生命の可能性は，いくぶん哲学的な問題である．それを考えるには，私たちが信頼できるデータを持っていない多くのパラメータ

の確率を評価しなければならない．他の惑星系における最新の発見は，銀河系の生命を推定するために必要なデータを提供するだろう．地球以外のたったひとつの場所でも生命が発見されれば，それは生命が普遍的であることを意味するだろう．

　他の技術文明に関する疑問は，私たちの惑星の歴史を考慮すれば，より洗練された問いとなる．自然システムとしての地球は，数十億年の進化の末に，現在の技術文明を発達させた．この技術文明は，惑星がまばたきする間に現れた．技術文明が持続するためには，自然システムとしての地球と調和しなければならない．自然システムは，第1章で述べた原理にしたがう．長寿であるためには，自然システムは，持続可能でなければならない．フィードバックシステムと循環を利用して，資源を保存しなければならない．太陽と惑星から提供されるエネルギーの贈りものの範囲内で生きなければならない．また，自然システムは，大きなスケールと小さなスケールの両方と関係している．人類文明は，その関係を理解しなければならない．惑星スケールとの関係，私たちが重要な一員である生態系との関係，および他の生物とのより小さなスケールの関係を理解しなければならない．これは，人類文明の挑戦である．さらなる惑星進化を可能にし，またそれに参加するために，自然システムの一部となることが必要である．もし，他の惑星文明がこの挑戦をなし遂げていれば，惑星文明は宇宙に豊富に存在するだろう．私たちは，自分たちの挑戦をなし遂げた場合にのみ，銀河系の共同体の一員になれるだろう．

参考図書

James Kasting. 2010. How to Find a Habitable Planet. Princeton, NJ: Princeton University Press. http://www.exoplanet.eu.

Sara Seager and Drake Deming. 2010. Exoplanet atmospheres. Annu. Rev. Astron. Astrophys. 48: 631–72.

William J. Borucki, et al. 2010. Kepler planet detection mission: introduction and first results. Science 327: 977–80.

Jack J. Lissauer, et al. 2011. A closely packed system of low-mass, low-density planets transiting Kepler-11. Nature 470: 53–57.

用語集

AGB 恒星 (AGB star)：漸近巨星分枝の恒星．低から中程度の質量を持つ．恒星進化の後期にあり，赤色巨星として見える．

D/H 比 (D/H ratio)：重水素と水素の比（$^2H/^1H$ 比）．この 2 つの同位体は，100% の質量差を持つので，低温の過程で容易に分別される．この比の変動をパーミル（千分率，‰）で表したものは，δD と呼ばれる．

p 過程 (p-process)：陽子の付加により重い核種を生成する原子核合成過程．

r 過程 (r-process)：超新星爆発時の強烈な中性子照射によって起こる重い核種の合成．

s 過程 (s-process)：中性子付加の遅い過程による重い核種の合成．恒星内部で卓越する．

T タウリ (T-Tauri)：小さな恒星の初期に起こる強烈な恒星風による大量のガスの放出．

アイソクロン (isochron)：同位体比の図における直線．この直線上に位置するすべての物質は，均質なリザーバーから同時に生成された．アイソクロンは，その生成が起こった年代の情報を与える．放射年代測定の基本的な方法である．

圧力解放融解 (pressure release melting)：岩石がマントル湧昇により上昇するとき，かかる圧力が低下して固相線を横切り，融解する過程．融解温度（固相線）が圧力に敏感であり，圧力が低下すると融点が著しく低下するために起こる．

アミノ酸 (amino acid)：複雑な有機分子．中心の炭素原子が，アミノ基（NH_2），カルボキシル基（$COOH$），水素原子，および R 基と呼ばれる側鎖と結合している．すべてのタンパク質の構築ブロックは，20 種類のアミノ酸である．

アルファ崩壊 (alpha decay)：3 つの主な放射性崩壊のひとつ．ウランやトリウムのような重い元素でのみ起こる．アルファ崩壊は，ヘリウム原子核（2 つの陽子と 2 つの中性子の塊）を放射し，後に残る同位体の核子数を 4 だけ減少させる．例えば，ウラン ^{238}U から鉛 ^{206}Pb への崩壊は，8 回のアルファ崩壊を含む．

アルファ粒子 (alpha particle)：質量数が 4，電荷が +2 価である正の荷電粒子（ヘリウムの原子核）．アルファ崩壊によって生じる．

アルベド (albedo)：惑星が光を反射する割合．高いアルベドは，高い反射率を意味する．

安定同位体分別 (stable isotope fractionation)：「質量依存分別」を参照．

硫黄の質量非依存分別 (sulfur mass independent fractionation, SMIF)：約 24 億年前の大気中酸素濃度の変化を示す最も確実な証拠．

イオン (ion)：軌道電子の負電荷数が，原子核の陽子の正電荷数と一致していない状態の原子．負に荷電した陰イオンと正に荷電した陽イオンがある．

イオン半径 (ionic radius)：原子イオンの半径．イオンのサイズと幾何的な束縛条件を決定

し，イオンが他のイオンとどのように結合して分子をつくるかを制御する．

一般共通祖先 (universal common ancestor)：それからすべての生物が進化した祖先．

遺伝子の水平伝播 (horizontal gene transfer, HGT)：DNA の突然変異が，生命の樹のひとつの枝にそって世代間を伝わるのと異なり，生物間の遺伝子共有による DNA 変化が，別の枝の間で横方向に伝わること．HGT は特に細菌界で一般的であるらしい．

隕石 (meteorites)：宇宙空間に存在した太陽系物質の破片で，地球に衝突し，収集されるまで残ったもの．

宇宙線起源放射性核種 (cosmogenic radionuclides)：宇宙線生成放射性核種ともいう．半減期の短い放射性同位体で，地球の大気中で宇宙放射線によって絶えず生成されている．多くは放射性炭素 ^{14}C のように，地球の最近の出来事にタイムスケールを与える．

エイコンドライト (achondrites)：コンドルールを含まない石質隕石．太陽系が誕生した後に，岩石惑星が分化されたことを示す．

衛星 (moon)：惑星のまわりを公転する自然の天体．

液相線 (liquidus)：温度－圧力－組成の図における境界線．すべての液相と最初に生じる固体とを分ける．

エクロジャイト (eclogite)：ざくろ石を含む変成岩．密度は約 $3.5 \ g/cm^3$．玄武岩は高圧でエクロジャイトに変成される．下降するスラブに含まれるエクロジャイトは，スラブを重くし，マントルへ沈ませる．

オールトの雲 (Oort Cloud)：太陽系の最外縁部．カイパーベルトの外側．近くの恒星にまでおよぶ広大な軌道に，数十億個の彗星の種が存在する．それらは，付近を通過する恒星によって軌道を変えられると，内部太陽系を横切る彗星となり，惑星に衝突することもある．

オフィオライト (ophiolite)：海洋地殻と上部マントルの連続する地層が隆起して，表面に露出したもの．

親核種 (parent isotope)：崩壊する放射性同位体．娘核種を生ずる．

灰長石 (anorthite)：斜長石鉱物のカルシウムに富む端成分．$CaAl_2Si_2O_8$．曹長石と完全な固溶体をつくる．

カイパーベルト (Kuiper Belt)：太陽系の惑星の外側の領域．100 km 以上のサイズの天体を 70,000 個以上も含む．冥王星は，これらの天体のうちで最大のもののひとつである．

化学合成独立栄養生物 (chemoautotrophs)：太陽からではなく，化学反応からエネルギーを得て，有機物を合成する微生物．

核酸 (nucleic acids)：相補的な鎖をつくる複雑な有機分子．生きている細胞の中で情報，通信，および記憶の機能を果たす．DNA と RNA は核酸であり，タンパク質とともに最も重要な巨大分子である．

核酸塩基 (nucleobase)：ヌクレオチド，DNA，RNA の基本的な成分．塩基は，DNA のアルファベットの「文字」をつくる．DNA の 4 つの核酸塩基は，アデニン，グアニン，

シトシン，チミンである．

核種 (nuclide)：物質の基本ユニット．中性子と陽子から成る高密度の塊．

角閃岩 (amphibolite)：角閃石を主成分とする変成岩．

角閃石 (amphiboles)：ケイ酸塩鉱物のひとつ（イノケイ酸塩）．シリカ四面体 (SiO_4) の二本鎖で特徴づけられる．すべての角閃石は水分子を含む．これは，沈み込み帯へ水を輸送するメカニズムとなる．

拡大軸 (spreading axis)：海嶺に存在するプレート境界．2 つのプレートが互いに離れていき，新しい海洋地殻がつくられる．

拡大速度 (spreading rate)：地球のプレートが拡大する速度．

核分裂 (fission)：原子核が 2 つの大きな断片に分解すること．ある場合には自発的であり，他の場合には中性子の衝突によって引きおこされる．核分裂は，質量数が大きい同位体で，原子核内の反発力が十分強くなったときに起きる．

核融合 (fusion)：2 つの原子核が合体してひとつの原子核になること．恒星のエネルギーの源である．

花崗岩 (granite)：火成岩のひとつ．地球の大陸地殻の大部分を構成している．主に石英と長石から成る．

火山 (volcanoes)：地球内部で生じた液体のケイ酸塩（マグマ）が地表に噴出される場所．

火成岩 (igneous rock)：ケイ酸塩液体（マグマ）から生じる岩石．マグマは部分融解によって生じ，分化によって組成を変え，冷えて固まると火成岩になる．深部で冷却されると，大きな結晶の深成岩が生じる．溶岩流として噴出されると，細かい粒子の火山岩が生じる．

還元体 (reductant)：酸化還元反応で電子を供与する物質．還元剤ともいう．

かんらん岩 (peridotite)：苦鉄質鉱物のかんらん石と輝石から成るマントルの岩石．密度は約 3.3 g/cm³．地球のマントルを構成する．

かんらん石 (olivine)：化学式 $(Mg,Fe)_2SiO_4$ の鉱物．マグネシウム端成分の苦土かんらん石と鉄端成分の鉄かんらん石の固溶体．玄武岩と斑れい岩の重要な鉱物．また，地球の上部マントルの主な鉱物．

外来種 (invasive species, exotic species)：もともとその土地の生まれではない生物種．一般に，別の土地から人間によって運ばれた生物種．

岩塩ドーム (salt domes)：固体の岩塩の塊が，上の堆積物を貫通して現れたもの．

輝石 (pyroxene)：主に鉄，マグネシウム，ケイ素，および酸素から成る鉱物のグループ．かんらん石よりもややケイ素に富む．輝石は，玄武岩，斑れい岩，かんらん岩などの苦鉄質火成岩の主な構成成分である．

希土類元素 (rare earth elements, REE)：周期表上の 17 元素のグループ．ランタニド収縮系列 (lanthanide contraction series) をつくる 15 元素を含む．きわめて有用な地球化学的特徴を持つ．それは，共通した外部電子殻構造を持つため，同じような化学的性質が元

素間で規則的に少しずつ変化することである.

揮発性 (volatility)：物質が蒸発する傾向の指標. 揮発性化合物は, 難揮発性化合物より低温で液体や気体になる.

揮発性の差 (differential volatility)：同じ温度でも, 異なる分子は固体, 液体, または気体の異なる物質状態で存在しうること. 最も揮発性の高い分子は気体となり, 最も揮発性の低い分子は固体となる.

キャップカーボネイト (cap carbonates)：炭酸カルシウム (石灰岩) の厚い地層で, 氷河堆積物の上に存在する. スノーボールアース事変の証拠である.

共融 (eutectic)：複数の固相が融解物の液相と平衡にある最低の融点, およびその液相の組成. すべての固相が存在する限り, 液相の組成は一定となる.

共融の相図 (eutectic phase diagram)：固相は固溶体をつくらないが, 液相はすべての分子が混和する状態を示す相図. 通常, 横軸は個々の鉱物の割合を示す. 純粋な鉱物は, 横軸の両端に位置し, ある温度で融解する. 横軸の他の位置の組成は, 2つの鉱物の混合物となる. 温度は縦軸に, 上に向かって高くなるようにプロットされる.

均質集積 (homogeneous accretion)：地球は, 未分化で, 多かれ少なかれ均質な組成の物体が集積してできたという仮説. その後, 地球の層構造が形成された. コアとマントルは混じり合わないために分離し, 地殻は部分融解によって, 海洋と大気は脱ガスによって生じた. 不均質集積に代わるモデルで, 広く受け入れられている.

キンバリー岩 (kimberlite)：爆発的に生成した火山岩. 地球深部からきわめて速く上昇したので, さまざまな深度で捕捉された岩石の破片を含む. キンバリー岩は, マントルの破片をもたらす. また, すべての天然ダイヤモンドの起源である.

凝固点降下 (freezing point depression)：別の化合物が加えられ, 液体状態で混じりあうとき, 物質の融点が低下すること.

苦鉄質 (mafic)：マグネシウムと鉄に富むこと. 玄武岩や斑れい岩は, 苦鉄質岩である. マントルかんらん岩は, 超苦鉄質岩である.

苦土かんらん石 (forsterite)：かんらん石固溶体の端成分のひとつ. 化学組成は Mg_2SiO_4. 鉄かんらん石がもうひとつの端成分である. 苦土かんらん石は, 上部マントルの半分以上を占める鉱物である.

グーテンベルク不連続面 (Gutenberg discontinuity)：コアとマントルの境界に存在する, 密度と地震波速度の不連続面.

ケイ長質 (felsic)：長石と石英 (SiO_2, シリカ) に富むこと. ケイ長質岩は, 上部大陸地殻の大部分をなす. 花崗岩は, ケイ長質岩の代表である.

頁岩 (shale)：細粒の堆積岩で, 海や湖の底の泥を起源とする. 主に土壌の粘土鉱物から成る.

嫌気性 (anaerobic)：酸素 (O_2) のない状態. 嫌気性細菌は, 酸素がない環境で生育する.

原子 (atom)：惑星の物質の基本的な化学ユニット. 中性子と陽子からつくられる高密度の

核と，そのまわりの軌道をまわる電子から成る．

原始惑星 (protoplanets)：初期太陽系の内惑星．微惑星と惑星の中間の大きさである．

原生生物 (prokaryotes)：最も簡単な単細胞生物．細胞核と細胞小器官を持たない．細菌と古細菌は原生生物である．地球の遺伝的多様性のほとんどは，原生生物に属する．より大きく，複雑な真核生物と対比される．

元素 (element)：化学者による原子の分類．原子核の陽子の数に基づく．ひとつの元素は，中性子数の異なる多くの同位体を持ちうる．

玄武岩 (basalt)：火成岩のひとつ．マントルの融解によって生じ，地球の海洋地殻の大部分と大陸地殻深部を構成する．主にかんらん石，輝石，斜長石から成る．似た化学組成を持つ深成岩は，斑れい岩と呼ばれる．

コア (core)：地球の中心部で，融解した鉄，ニッケルとその他の元素から成る．地球のマントルの下に位置している．核ともいう．

後期重爆撃 (late heavy bombardment, LHB)：39〜38億年前の短い期間で，クレーター生成が著しく増加した．末期大変動ともいう．証拠は月のクレーター記録から得られた．

鉱床 (ore deposits)：個々の金属濃度が十分に高く，採掘に商業的メリットがあるところ．

恒星 (star)：銀河における物質の基本ユニット．内部で核の火が燃えていることによって，他の天体（惑星，衛星など）と区別される．

後氷期リバウンド (postglacial rebound)：最終氷期の氷床の融解により，質量が除かれたために起こった，アイソスタシーによる大陸地殻の上昇．

鉱物 (mineral)：天然の無機化合物．化学式で表される化学組成，固有の結晶形と物理的性質を持つ．固体地球は鉱物でできている．

黒体 (blackbody)：光をまったく反射しない物体または表面．そのアルベドはゼロである．

黒体放射 (blackbody radiation)：黒体は光を反射しないが，その温度に特徴的な波長の光を放射する．それを黒体放射と呼ぶ．宇宙が一様な黒体放射を持つという事実は，ビッグバンの証拠のひとつである．

固相線 (solidus)：圧力−温度−組成の図における線．融解物が存在しない領域と融解が始まる領域の境界をなす．液相線と対比される．

コドン (codon)：DNA の遺伝情報によって定義される連続する3つの塩基の組み合わせ．タンパク質において，どのアミノ酸が配置されるかを指定するのに用いられる．

コマチアイト (komatiite)：きわめてマグネシウムに富む岩石．ほとんどが始生代に形成された．地球の初期における高温のマグマの生成を示す．

コンドライト (chondrites)：コンドルールを含む石質隕石．初期太陽系の物質を保存していると信じられている．

コンドルール (chondrules)：隕石に見られる丸い粒子．コンドルールを含む隕石は，コンドライトと呼ばれる．コンドルールは，ほとんど完全な真空の宇宙に保存されたので，星雲の凝縮とその後の惑星分化の記録をとどめている．

細胞内共生 (endosymbiosis)：単純な細胞が共同して，互いに依存するようになり，最終的により大きく，複雑な細胞を形成する生物学的過程．

砂岩 (sandstone)：浜，砂丘，川などの砂が固められて生じる粗い粒子の岩石．主に石英から成る．

酸化状態 (oxidation state)：原子の酸化数．原子軌道の電子数が少ないと，原子の正電荷が大きくなり，酸化状態が高くなる．

酸化物 (oxides)：金属が酸素と結合している非ケイ酸塩鉱物．磁鉄鉱 (Fe_3O_4) と赤鉄鉱 (Fe_2O_3) は重要な酸化物である．

酸素 (oxygen)：酸素元素 (O) およびその単体分子 (O_2) の名．酸素分子は，地球の大気の主要成分で，海洋にも溶存しており，動物に必須である．

酸素発生型光合成 (oxygenic photosynthesis)：二酸化炭素 (CO_2) と水 (H_2O) を有機化合物 (一般式 CH_2O) に変換し，副産物として酸素 (O_2) をつくる反応．地球史を通して大気の O_2 濃度を増加させた．現在のほとんどの食物連鎖の基礎をなす．

シート状ケイ酸塩 (sheet silicate)：シリカ四面体の平行シートによって特徴づけられるケイ酸塩鉱物のグループ (フィロケイ酸塩)．雲母，緑泥石，および粘土鉱物が，代表的なシート状ケイ酸塩鉱物である．

脂質 (lipids)：酸素含量が低く，高いエネルギーを蓄える複雑な有機化合物 (例，脂肪)．生物細胞に必須の構築ブロック．

沈み込み帯 (subduction zones)：ひとつのプレートが他のプレートの下に動き，マントルへと戻る収束境界．

質量依存分別 (mass dependent fractionation)：同じ元素の 2 つの安定同位体がわずかに分別される低温の過程．同位体比の変動はごく小さいので，ふつうパーミル (千分率, ‰) で表される．代表的な同位体分別は，水と炭素のサイクル，および生物活動によって起こる．

質量非依存分別 (mass independent fractionation, MIF)：同じ元素の安定同位体の間に見られる，質量に依存しない同位体比の小さな変動．例えば，光化学反応によって起こる．硫黄同位体の質量非依存分別は，大気の酸素濃度が最初に上昇した時代を限定するのに用いられる．

縞状鉄鉱床 (banded iron formations, BIFs)：鉄に富む岩石．38〜18 億年前に大量に形成された．地球表面の酸素化における重要な遷移状態を示す．

斜長石 (plagioclase)：曹長石と灰長石を端成分とする長石グループの固溶体．玄武岩で最も豊富な鉱物．花崗岩にも普遍的に存在する．

収束境界 (convergent margins)：2 つのプレートが収束し，ひとつのプレートが他方の下に下降し，マントルに戻る場所．この過程は沈み込みと呼ばれる．沈み込み帯とほぼ同意．

消滅放射性核種 (extinct radionuclides)：半減期の短い放射性核種で，もはや存在しないもの．その娘核種の測定は，太陽系初期の出来事に束縛条件を与える．

小惑星 (asteroids)：太陽をめぐる小さな岩石天体．ほとんどは火星と木星の間の小惑星帯に存在する．

真核生物 (eukaryotes)：核と細胞小器官を持つ単細胞生物，および多くの異なる細胞が分化し，特殊化した多細胞生物を指す．ヒトは真核生物である．

親気 (atmophile)：ガスを好む元素および分子の性質．親気元素・分子は揮発性が高く，地球の条件下で気体または液体として存在する．希ガス（ヘリウム，ネオン，アルゴンなど），水（H_2O），二酸化炭素（CO_2），および窒素（N_2）が代表的な親気物質．それらは，圧倒的に海洋と大気に濃縮される．

深成岩 (pluton)：マグマが深部でゆっくり冷却されて生じた火成岩体．

親石 (lithophile)：岩石を好む元素および分子の性質．地球のケイ酸塩リザーバーに濃縮される．ケイ素，マグネシウム，酸素，カルシウム，アルミニウム，およびチタンが主な親石元素である．親石微量元素は，希土類元素，ルビジウム，ストロンチウム，ハフニウムなど．親石元素は，大部分が地球のマントルと地殻に存在する．

親鉄 (siderophile)：金属を好む元素および分子の性質．ケイ酸塩相より金属相に濃縮される．ニッケル，金，タングステン，銀，銅，白金などが代表的な親鉄元素．鉄は，利用できる酸素の量に応じて，親石にも親鉄にもなる．

親銅 (chalcophile)：硫黄と結合しやすい（硫黄を好む）元素および分子の性質．銀，ビスマス，水銀，亜鉛などが代表的な親銅元素である．

親マグマ (magmaphile)：マグマを好む元素および分子の性質．融解の間に液相に濃縮される．親マグマ元素・分子は，ルビジウム，カリウム，セシウム，ストロンチウム，希土類元素などの親石元素，タングステンのような親鉄元素，および水（H_2O），二酸化炭素（CO_2）のような揮発性物質を含む．

地震波の陰 (shadow zone)：地震において，せん断波または粗密波が届かない領域．せん断波は液体の内核によって，粗密波は層境界での速度の急激な変化によって，陰を生ずる．

ジャイアントインパクト仮説 (giant impact hypothesis)：月の起源に関する仮説のひとつ．火星くらいの大きさの惑星が地球にかすめるように衝突し，大量の物質が地球のまわりに放出された．それらが集積して，月を形成したという説．

ジャック・ヒル地層 (Jack Hills formation)：オーストラリアの堆積物地層．最古のジルコン（44億年前）が見つかった．

従属栄養生物 (heterotrophs)：エネルギーと炭素化合物を得るために，有機化合物を食べる生物．独立栄養生物と対をなす．

受動的上昇流 (passive upwelling)：ほとんどの拡大軸で生じるマントルの流れ．拡大するプレートによって生じるすき間を埋めるように，マントルが上昇する．内部マントルの特性による能動的上昇流の対語．

人類のエネルギー革命 (human energy revolution)：地球の最後のエネルギー革命．単一の

生物種が，生物の代謝によって得られる 100 倍以上のエネルギー生産を利用できるようになった．

彗星 (comets)：太陽をめぐる小さな氷の天体．ほとんどは外部太陽系に存在する．

水素 (hydrogen)：周期表の最初の元素 (H)．また，化学式 H_2 の分子．水素は，初期太陽系星雲において最も豊富な化合物であったが，現在の地球大気にはほとんど存在しない．

スティショバイト (stishovite)：石英の高圧形のひとつ．地上の多くの円形かつ非火山性のクレーターが隕石の衝突起源であることを示す決定的な証拠と考えられている．

ストロマトライト (stromatolites)：浅海に生育する光合成微生物群集によってつくられる炭酸塩の堆積構造物．生物によってつくられた最古の構造物であるが，現在でもいくつかの場所でつくられている．

スノーボール・カタストロフィー (snowball catastrophes)：地球が完全に凍結したという事変．ジョセフ・カーシュヴィンクによって名付けられた．7 億 5,000 万年前から 5 億 8,000 万年前の新原生代に起こった．

正長石 (orthoclase)：長石グループのカリウムに富む端成分．$KAlSi_3O_8$．花崗岩の主成分．

石英 (quartz)：化学式 SiO_2 の鉱物．花崗岩と砂岩の主な構成成分．

赤色巨星 (red giant)：非常に大きな恒星で，その燃料が枯渇するまで速く，熱く燃える．最後には爆発的な死を迎える．

石灰岩 (limestone)：主に方解石から成る堆積岩．若い岩石では，方解石はほとんど海洋生物起源である．

相図 (phase diagram)：鉱物と液相の種類と割合に影響するパラメータを二次元に表した図．温度－組成相図が，岩石などの融解混合物の特性を研究するために広く用いられている．

曹長石 (albite)：長石グループ鉱物の端成分のひとつ．$NaAlSi_3O_8$．曹長石は花崗岩と大陸地殻の主な構成成分である．

堆積岩 (sedimentary rock)：水，氷，あるいは大気から沈殿した物質が，ひとつに固められて生じる岩石．

太陽系星雲 (solar nebula)：初期の太陽をめぐるガスと塵の雲．それから太陽が形成された．

対流セル (convection cells)：対流の最も簡単な様式．熱い物質がある場所で上昇し，水平に流れ，冷却され，下降する．上昇と下降の領域が対流セルの境界を定める．

大量絶滅 (mass extinction)：地球史において短期間に多くの生物種が消滅したことで特徴づけられる大事件．大量絶滅は，地球史のある期間を区分して，定義するために用いられる．

炭化水素 (hydrocarbon)：水素原子と結合した炭素原子から成る有機化合物．メタン（CH_4）は，最も簡単な炭化水素．石油と天然ガスは，炭化水素の複雑な混合物である．

炭水化物 (carbohydrates)：炭素 1 と水 1 の比率から成る有機分子（CH_2O）．例えば，グル

コース $C_6H_{12}O_6$ は，6 CH_2O である．あらゆる細胞の主なエネルギー源．

炭素サイクル (carbon cycle)：有機分子，大気，海洋，および石灰岩 ($CaCO_3$) に含まれる炭素を結びつける地球化学循環．地球内部，大気，海洋，および生物を含む複雑な過程．地球の気候を維持し，生命の存在を可能にしている．

炭素質コンドライト (carbonaceous chondrites)：コンドライト隕石の一種．ある程度の加熱によって分解される有機分子を含み，多くの鉱物相から成る．

タンパク質 (protein)：アミノ酸の結合によってつくられる複雑な有機分子．細胞の必須の構築ブロックである．

大理石 (marble)：一般的な変成岩．石灰岩が変成作用を受けて生じる．

地殻 (crust)：モホロビチッチ不連続面の上，海洋と大気の下にある層．海洋地殻と大陸地殻は，はっきりと異なる化学組成と密度を持つ．

地球近傍天体 (Near-Earth objects, NEO)：地球軌道を横切る軌道にある小惑星．

窒素 (nitrogen)：窒素元素 (N) およびその単体分子 (N_2) の名．窒素分子は，現在の地球大気の主成分で，海洋にも溶解している．

中性子 (neutron)：原子の基本的なユニットのひとつ．電荷を持たない．孤立した中性子は，半減期 10.3 分で陽子に崩壊する．

中性子捕獲 (neutron capture)：原子核による中性子の取り込み．

超苦鉄質ノジュール (ultramafic nodules)：マントルから地表に運ばれたマントル起源岩石の岩屑．地球深部から爆発的な火山噴出によって表面に運ばれたキンバリー岩など．

超新星 (supernova)：非常に巨大な恒星の爆発的な死．その過程で，重い核種がつくられる．

長石 (feldspar)：ケイ素四面体とアルミニウム四面体が三次元構造をつくるケイ酸塩鉱物のグループ．カリウム，カルシウム，ナトリウムのいずれかを含む．端成分は，正長石 ($KAlSi_3O_8$)，曹長石 ($NaAlSi_3O_8$)，および灰長石 ($CaAl_2Si_2O_8$)．長石は地球の地殻で最も豊富な鉱物である．

底生有孔虫 (benthic foraminifera)：石灰質の殻を持つ微小な生物で，海洋底に生息する．

テクトニック・サーモスタット (tectonic thermostat)：二酸化炭素 (CO_2) の沈み込みと火山活動による脱ガスを風化の変化と結びつけるフィードバックによって，液体の水が存在する比較的安定した地球の気候が保たれているという仮説．

鉄隕石 (iron meteorites)：ニッケルと鉄の合金から成る隕石．初期太陽系の微惑星のコアの破片．

鉄かんらん石 (fayalite)：かんらん石固溶体の端成分のひとつ．化学組成は，Fe_2SiO_4．苦土かんらん石がもうひとつの端成分である．

天然ガス (natural gas)：自然の過程でつくられ，地球に産するメタン．採掘されている天然ガスのほとんどは生物起源だが，一部は岩石の反応でも生じる．

電子 (electron)：原子の基本ユニットのひとつ．陽子と中性子に比べてはるかに小さな質量，および -1 価の電荷で特徴づけられる．

電子捕獲 (electron capture)：3 つの主な放射性崩壊のひとつ．陽子が電子を捕らえて，中性子になる．

透輝石 (diopside)：輝石鉱物のひとつ．化学式は $CaMgSi_2O_6$．火成岩の主成分である．高温で炭酸カルシウム（$CaCO_3$）がケイ酸塩と反応して分解され，二酸化炭素（CO_2）を放出するときに生じる．

同位体 (isotope)：特定の核種を指す語．また，同じ元素の異なる質量数を持つ核種．異なる同位体は，陽子数は同じだが，中性子数が異なる．

同重体 (isobar)：核図表で用いられる語．同じ数の核子を持つ核種を指す．同重体は必ず異なる元素の核種である．中性子の数の増加は，同数の陽子の減少によって相殺される．電子捕獲およびベータ崩壊は，親核種の同重体である娘核種を生ずる．

同中性子体 (isotone)：核図表の鉛直線上にある核種．中性子数は同じだが，陽子数は異なる．

独立栄養生物 (autotrophs)：外部のエネルギー源を利用して，みずから有機化合物を合成する生物．

ドロマイト (dolomite)：炭酸塩鉱物のひとつ．また，その堆積岩の名．方解石と似ているが，マグネシウムとカルシウムを等量含む．$CaMg(CO_3)_2$．

二酸化炭素 (carbon dioxide)：地球大気の微量ガス．海洋にも溶けている．その強い温室効果のため，気候に重要な役割を果たす．化学式は CO_2．

二酸化炭素の捕集と貯留 (carbon capture and sequestration, CCS)：大気中二酸化炭素の増加に対する解決策のひとつ．大気から CO_2 を除き，隔離すること．

二分子膜 (bilayer)：細胞膜を形成する分子の二重層．分子の親水性（水を好む）末端が膜の外側に，疎水性（水を嫌う）末端が膜の内側にある．

二名法 (binomial nomenclature)：生物種に用いられるラテン語の命名法．先頭の語は属，後の語は種を表す．例，ホモ・サピエンス（Homo sapiens）．

ヌクレオチド (nucleotide)：RNA と DNA のモノマーである有機分子．骨格となる糖に核酸塩基とリン酸が結合している．

熱水噴出孔 (hydrothermal vents)：拡大軸において，新しくつくられた熱い玄武岩を通して海水が循環し，集中された，高温の流体となって海へ噴き出す場所．海底の温泉．

熱対流 (thermal convection)：地球のマントルとコアにおける流れの過程．温度変動に基づく密度差によって起こる．

白色矮星 (white dwarf)：もとは中程度の大きさの恒星で，その核燃料を使いつくした星．

ハロゲン化物 (halides)：非ケイ酸塩鉱物のひとつ．-1 価のハロゲン化物イオン（F^-, Cl^-, Br^-, I^-）とナトリウム，カリウム，銀などの元素から成る二元化合物（例，塩化ナトリウム NaCl）．

半減期 (half-life)：放射性同位体の半数が崩壊するのに要する時間．例えば，10 半減期が経過すると，放射性同位体の 99.9% が崩壊している．

斑れい岩 (gabbro)：苦鉄質の火成岩．玄武岩に似た化学組成の深成岩．斜長石，輝石，かんらん石を主成分とする．

バイオマーカー (biomarkers)：簡単に分解しない複雑な有機化合物で，生物活動の指標となる．

光独立栄養生物 (photoautotrophs)：太陽光のエネルギーを得て成育し，有機物を生産できる生物．

ビッグバン (Big Bang)：宇宙の起源である出来事の名前．

微惑星 (planetesimals)：惑星の小さな前駆体．太陽系星雲の集積の過程で形成された．微惑星は，互いに衝突し，惑星を形成した．

ピークオイル (peak oil)：石油生産の予測される最大値．ピークオイルは，個々の油田と，よく調べられた国々では正確に求められる．世界のピークオイルは，今後 10 年以内に現れる可能性がある．

ピリミジン (pyrimidines)：核酸塩基のシトシン，チミン，ウラシルの基本構造．

不均質集積 (heterogeneous accretion)：地球の層構造形成の仮説のひとつ．最初に金属が集積してコアを形成し，次にケイ酸塩がコアの上に付加され，最後にガスと水が加わって，表面に海洋と大気を形成したという説．この仮説は，固体地球に対しては信じられないが，揮発性物質の収支を説明できる可能性がある．

不混和 (immiscibility)：2 つの相が互いに混じらず，ひとつの相とならない性質．ふつう互いに混じらず，密度差により層をなす 2 つの液体に用いられる語．例えば，油と水，また液体金属と液体ケイ酸塩は不混和である．

部分融解 (partial melting)：地球の地殻を形成した主な過程．多数の固相を含む物質（岩石など）が，さまざまな温度で融解し，部分的に溶けること．

ブラックスモーカー (black smokers)：海底の高温のチムニー．10 階建てのビルの高さに達することもある．最高 400℃ に達する熱水を噴出する．海嶺の火山の熱によって維持される．

ブラックホール (black hole)：宇宙の超高密度の領域．非常に強い重力のため，光でさえ脱出できない．ブラックホールは多くの銀河の中心部に存在すると信じられている．

分子 (molecule)：2 つ以上の原子から成るひとつの化学種．

分裂仮説 (fission hypothesis)：月の起源に関する仮説のひとつ．初期地球でコアが形成された後，非常に高速の自転のために，月が分裂したとする説．

プラズマ (plasma)：物質の 4 つの状態のひとつ．イオンと自由電子から成るガスで，電気伝導性を持つ．

プリン (purines)：核酸塩基のアデニン，グアニンの基本構造．

プレート (plates)：地球の地殻の大きな部分．個別のユニットとしてマントルの上をすべり動き，プレート境界において他のプレートと接している．

プレートテクトニクス (plate tectonics)：地球の表面が剛体のプレートから成るという理

論. プレートは，動きつづけており，海嶺で生産され，沈み込み帯で破壊される．

プレート内火山活動 (intra-plate volcanism)：プレートの中央部で起こる火山活動．一般にマントル深部の熱源と関係があると考えられている．ホットスポットは，大規模なプレート内火山活動の例である．

片岩 (schist)：頁岩が再結晶されて生じる一般的な変成岩．

変成岩 (metamorphic rock)：もとの岩石が熱と圧力により再結晶されて生じる岩石．地球表面では，変成作用はしばしば揮発性物質の取り込みをともなう．圧力と温度の高い深部では，変成作用は揮発性物質を放出する．それにともなって，揮発性物質の相を好むその他の元素も輸送される．

変成作用 (metamorphism)：鉱物を分解し，他の鉱物を生ずる高温，高圧の過程．

ベータ崩壊 (beta decay)：3つの主な放射性崩壊のひとつ．中性子が電子を放出して陽子に変換される．

ペプチド結合 (peptide bond)：アミノ酸どうしを結びつけ，タンパク質をつくる結合．

方解石 (calcite, calcium carbonate)：カルシウム，炭素，および酸素から成る鉱物 ($CaCO_3$)．石灰岩や大理石の主成分．地球表面の炭素の大部分は，炭酸塩鉱物に固定されている．

放射性核種 (radionuclide)：崩壊する放射性同位体．

放射性崩壊 (radioactive decay)：放射性核種が，3つの主な崩壊過程または核分裂によって，他の核種に自発的に変化すること．放射壊変ともいう．

捕獲仮説 (capture hypothesis)：月の起源に関する仮説のひとつ．地球に近い公転軌道に集積した月が，後に地球をまわる軌道に捕らえられたとする説．

補償面の深さ (depth of compensation)：2つの物質の柱の下で，圧力が等しくなる深さ．

ホットスポット (hot spot)：プレートの中央，およびプレート境界で生じる活発な火山活動とマントル融解の領域．有力な仮説によれば，マントルプルームの上昇が原因である．有名な例は，ハワイ諸島およびイエローストーン．

ポリマー (polymer)：高分子．小さな連結ユニットである単量体の繰り返しによって形成される大きな分子．

末期大変動 (terminal cataclysm)：39〜38億年前の短期間に，衝突クレーター生成が著しく増加したこと．後期重爆撃 (LHB) ともいう．

マントル (mantle)：地球内部の主な部分のひとつで，固体ケイ酸塩鉱物から成る．地球のコアの外側を覆っている．

マントルプルーム (mantle plume)：ホットスポットの原因として広く受け入れられている仮説．マントルプルームは熱いマントル−コア境界層で生じ，移動するプレートの下の決まった場所にある安定した柱を通して上昇する．

密度 (density)：物質の質量と体積の比．単位は kg/m^3 など．

ミランコビッチ・サイクル (Milankovitch cycles)：地球に達する太陽光の季節的，緯度的分布の変化を引き起こす軌道と自転軸の周期的変化．

無機分子 (inorganic molecules)：一般に，炭素－水素結合を持たない分子．固体惑星の主な構築ブロックとなる．固体状態で鉱物と呼ばれる．

娘核種 (daughter isotope)：放射性の親核種の崩壊によって生じる同位体．例えば，放射性ルビジウム ^{87}Rb がストロンチウム ^{87}Sr に崩壊するとき，^{87}Rb が親核種，^{87}Sr が娘核種である．

メタン (methane)：地球大気の微量成分．きわめて強い温室効果ガスである．化学式は CH_4.

メタン生成細菌 (methanogens)：メタンを生成する化学反応から，有機化合物を合成するエネルギーを得る微生物．反応の例は，$CO_2 + 4 H_2 \rightarrow CH_4 + 2 H_2O$.

モノマー (monomer)：単量体．互いに結合して長く伸びた分子（高分子）をつくる有機化合物．

モホロビチッチ不連続面 (Mohorovicic discontinuity)：密度が約 2.7 g/cm^3 から 3.3 g/cm^3 に急に増加し，地震波速度が変化する地殻の基部．地殻とマントルの境界．モホとも呼ばれる．

モレーン (moraines)：前進する氷河によって運ばれた岩屑の特徴的な塊．

融解状態 (melting regime)：地球のマントルが融解し，マグマを生ずる領域．表面に火成岩が現れる．主に海洋海嶺の基部を指すのに用いられる．

有機分子 (organic molecules)：炭素と水素を含む分子．生物の基本的な構築ブロック．

陽子 (proton)：原子の基本ユニットのひとつ．＋1 価の電荷によって特徴づけられる．

藍色細菌 (cyanobacteria)：シアノバクテリア．藍藻．浅い水中で酸素発生型光合成を行う細菌．地球表層の段階的酸素化において中心的役割を果たした．

リポソーム (liposome)：二分子膜で自発的につくられる小さな球状体．内部と外部の表面は分子の親水性末端から成る．二分子膜の構造は，疎水性末端を水から隔離する．

硫化物 (sulfides)：硫黄を主な陰イオンとする非ケイ酸塩鉱物のグループ．黄鉄鉱 (FeS_2) は，最もありふれたかつ重要な硫化物である．

緑色片岩 (greenschist)：玄武岩や斑れい岩のような苦鉄質火山岩が水の存在下で変成されて生じる．水を含む（含水）鉱物を含む．緑色片岩は，中央海嶺熱水系で海水と相互作用した海洋地殻によく見られる．

レーマン不連続面 (Lehmann discontinuity)：地球内部の液体（外核）と固体（内核）の間の境界．密度と地震波速度の変化で定義される．

レイリー数 (Rayleigh number)：対流の可能性と特徴を推定するのに用いられる無次元の量．

惑星 (planet)：中心の恒星を公転する大きな天体．十分に大きくなく，核の火を点火できない点で恒星と区別される．

和達－ベニオフ帯 (Wadati-Benioff zone)：ベニオフ帯．沈み込み帯に位置し，次第に深くなる地震源の面．沈み込む海洋プレートとその上のマントルの境界面．

索　引

〔立体の数字は上巻、*斜体の数字は下巻*のページ番号を示す〕

314

［著者紹介］

チャールズ・H・ラングミューアー（Charles H. Langmuir）
ハーバード大学教授，アメリカ芸術科学アカデミー会員
専門：地球化学，地球科学

ウォリー・ブロッカー（Wally Broecker）
1931-2019
元コロンビア大学ニューベリ教授，元米国科学アカデミー会員
専門：地球化学，地質学

［訳者紹介］

宗林由樹（そうりん　よしき）
京都大学教授，公益財団法人海洋化学研究所代表理事
専門：分析化学，水圏化学

生命の惑星　下
　―ビッグバンから人類までの地球の進化　　学術選書 097

2021 年 6 月 10 日　初版第 1 刷発行

著　　　　者…………チャールズ・H・ラングミューアー
　　　　　　　　　　ウォリー・ブロッカー
訳　　　　者…………宗林　由樹
発　行　人…………末原　達郎
発　行　所…………京都大学学術出版会
　　　　　　　　　　京都市左京区吉田近衛町 69 番地
　　　　　　　　　　京都大学吉田南構内（〒 606-8315）
　　　　　　　　　　電話（075）761-6182
　　　　　　　　　　FAX（075）761-6190
　　　　　　　　　　振替 01000-8-64677
　　　　　　　　　　URL http://www.kyoto-up.or.jp

印刷・製本…………㈱クイックス

装　　　　幀…………鷺草デザイン事務所

ISBN　978-4-8140-0360-0　　　　　　　　©Y. Sohrin 2021
定価はカバーに表示してあります　　　　　　Printed in Japan